浙江省高等教育重点建设教材

高 等 数 学

（专升本）

主　编　李永琪

副主编　许红娅　张素红

ZHEJIANG UNIVERSITY PRESS
浙江大学出版社

前　　言

　　《高等数学》（专升本）教材于 2007 年首次出版。本教材编写中充分考虑了专升本学生的特点，既注重与一元微积分的衔接，又贯御"以应用为目的，以必需够用为度"的原则，把重点放在掌握概念，强化应用，培养能力，提高素质上；在课程定位上，不仅把高等数学作为重要的基础课和工具课，而且将其视为素质课，以启发培养学生的思维能力，促进学生学习能力的提高，实现传授知识和提升能力双目的。因此，深受师生的喜爱与好评。

　　结合教材几年的使用情况和专升本学生的现状与需求，我们对原教材的内容作了较大的调整，编写时力求内容精练，表述确切，思路清晰，便于教学；注意定义、定理的实际背景、应用范围和分析问题的方法，以及数学运算能力的培养；注重充实几何、经济等领域的实际问题，通过实例既阐明数学概念，又使课程与其他学科相联系，增强应用数学的意识，为后继课程的学习打好基础。书中带 ＊ 号标记的章节为不同专业选学内容。

　　学习高等数学，做习题是一个极为重要的环节，一本好的教材需要一套数量适中、难易适当的习题相配。我们根据多年的教学积累，对习题做了精选。为了便于教师组织教学和学生自学，在每节后都配有习题；为了便于学生检查自己的学习情况，全面复习和巩固每一章的所学内容，在每一章后都附有自测题，其习题答案附于书后。

目　　录

第1章

一元函数微积分回目

考虑到专升本学生的特点,在本科阶段我们以学习多元函数微积分为主,为了使学习内容上有一个良好的衔接,我们首先回目一元函数微积分的内容.

本章首先复习导数与积分的基本概念及基本运算;其次又特别为经管类学生复习一元微积分在经济方面的某些应用.

1.1 导数运算及其应用

掌握求导运算是学习微积分的基础,要熟记导数基本公式表,以及求导法则,并通过练习熟练掌握求导运算.

本节首先回顾导数的定义、几何意义;其次主要是通过例题复习导数运算;最后说说导数的某些应用.边看边做例题吧.

1.1.1 导数概念

1. 导数定义

导数是表示函数 $f(x)$ 随自变量 x 变化而变化的快慢程度,所以也称为变化率.

设 $y = f(x)$,则 $f(x)$ 在 x_0 点的导数为

$$f'(x_0) = \lim_{\Delta x \to 0} \frac{\Delta y}{\Delta x} = \lim_{\Delta x \to 0} \frac{f(x_0 + \Delta x) - f(x_0)}{\Delta x}.$$

如果函数 $y = f(x)$ 在某区间上每一点都可导,则得到函数在该区间的导函数,记号如下:

$$y', f'(x), \frac{dy}{dx}, \frac{df}{dx},$$

在 x_0 点的导数记号为 $y'\big|_{x=x_0}, f'(x_0), \frac{dy}{dx}\big|_{x=x_0}$ 等.

2. 导数几何意义

$f'(x_0)$：表示曲线 $y = f(x)$ 在点 $(x_0, f(x_0))$ 处切线的斜率（如图 1-1）.

切线方程：$y - f(x_0) = f'(x_0)(x - x_0)$；

法线方程：$y - f(x_0) = -\dfrac{1}{f'(x_0)}(x - x_0)$，

$$f'(x_0) = \tan\alpha.$$

3. 可导与连续的关系

可导 $\Rightarrow$ 连续；连续 $\nRightarrow$ 可导.

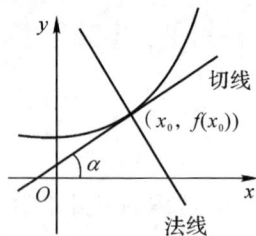

图 1-1

1.1.2　导数运算

1. 常数与基本初等函数的导数公式

$(C)' = 0$ 　　　　　　　　　　　　　$(x^\mu)' = \mu x^{\mu-1}$

$(a^x)' = a^x \ln a$ 　　　　　　　　　$(e^x)' = e^x$

$(\log_a x)' = \dfrac{1}{x \ln a}$ 　　　　　　　$(\ln x)' = \dfrac{1}{x}$

$(\sin x)' = \cos x$ 　　　　　　　　$(\cos x)' = -\sin x$

$(\tan x)' = \sec^2 x$ 　　　　　　　$(\cot x)' = -\csc^2 x$

$(\arcsin x)' = \dfrac{1}{\sqrt{1-x^2}}$ 　　　　　$(\arccos x)' = -\dfrac{1}{\sqrt{1-x^2}}$

$(\arctan x)' = \dfrac{1}{1+x^2}$ 　　　　　$(\text{arccot} x)' = -\dfrac{1}{1+x^2}$

2. 求导法则

◆　函数的和、差、积、商求导公式：

设函数 $u = u(x), v = v(x)$ 可导，则成立

$(u \pm v)' = u' \pm v'$；　　　　　　　　$(Cu)' = Cu'$；

$(uv)' = u'v + uv'$；　　　　　　　　$\left(\dfrac{u}{v}\right)' = \dfrac{u'v - uv'}{v^2}$.

◆　反函数求导公式

$$\frac{dy}{dx} = \frac{1}{\dfrac{dx}{dy}}$$

即,反函数导数等于直接函数导数的倒数.

♦ **复合函数求导公式**

设 $y = f(u)$,$u = \varphi(x)$ 均可导,则复合函数 $y = f(\varphi(x))$ 在 x 点也可导,且

$$\frac{\mathrm{d}y}{\mathrm{d}x} = \frac{\mathrm{d}y}{\mathrm{d}u} \cdot \frac{\mathrm{d}u}{\mathrm{d}x} \quad 或 \quad \frac{\mathrm{d}y}{\mathrm{d}x} = f'(u) \cdot \varphi'(x).$$

3. 求导举例

利用导数基本公式表及求导法则,可以解决初等函数的求导问题,下面看例题.

【**例 1**】 设 $y = x - x^3 + \dfrac{2}{\sqrt{x}} = -\mathrm{e}$,求 y'.

解 利用导数基本公式表,及求导的四则运算,可得

$$y' = (x)' - (x^3)' + 2(x^{-\frac{1}{2}})' - (\mathrm{e})'$$

$$= 1 - 3x^2 + 2 \cdot (-\frac{1}{2}) \cdot x^{-\frac{1}{2}-1} - 0$$

$$= 1 - 3x^2 - x^{-\frac{3}{2}}.$$

【**例 2**】 设 $y = \dfrac{\ln u}{u}$,求 $\dfrac{\mathrm{d}y}{\mathrm{d}u}$,$\dfrac{\mathrm{d}y}{\mathrm{d}u}\Big|_{u=\mathrm{e}}$.

解 利用导数基本公式表及函数商的求导法则,可得

$$\frac{\mathrm{d}y}{\mathrm{d}u} = \frac{(\ln u)' u - (\ln u)(u)'}{u^2} = \frac{\dfrac{1}{u} \cdot u - \ln u}{u^2} = \frac{1 - \ln u}{u^2},$$

$$\frac{\mathrm{d}y}{\mathrm{d}u}\Big|_{u=\mathrm{e}} \frac{1 - \ln u}{u^2}\Big|_{u=\mathrm{e}} = \frac{1 - \ln \mathrm{e}}{\mathrm{e}^2} = 0.$$

下面看几个复合函数求导的例子.

【**例 3**】 设 $y = \ln\cos(3x)$,求 $\dfrac{\mathrm{d}y}{\mathrm{d}x}$.

解 这就是复合函数求导,关键是要弄清该函数是由哪些基本初等函数复合而成,然后从外往里,层层求导,再作乘积,直到对自变量求导为止.

引入中间变量,$y = \ln u$,$u = \cos v$,$v = 3x$.

$$\frac{\mathrm{d}y}{\mathrm{d}x} = \frac{\mathrm{d}y}{\mathrm{d}u} \cdot \frac{\mathrm{d}u}{\mathrm{d}v} \cdot \frac{\mathrm{d}v}{\mathrm{d}x} = (\ln u)' (\cos v)' (3x)'$$

$$= \frac{1}{u} \cdot (-\sin 3x) \cdot 3 = \frac{1}{\cos(3x)} \cdot (-\sin(3x)) \cdot 3 = -3\tan(3x).$$

引入中间变量较麻烦,所以我们一般不引入中间变量,而是直接求导.从复

合函数求导公式可见,复合求导的分解步骤为:观察复合函数,哪部分看成整体就是基本初等函数,然后先用导数基本公式表中相应的公式求导;再乘上看成整体的函数对 x 的导数,依次进行下去.

仍用此例说明,看看下面的分解运算过程:

$$\frac{dy}{dx} = \frac{1}{\cos(3x)}(\cos(3x))'$$

$\cos(3x)$ 看成整体, $(\ln u)' = \frac{1}{u}$

$$= \frac{1}{\cos(3x)}(-\sin(3x))(3x)'$$

$3x$ 看成整体, $(\cos v)' = -\sin v$

$$= \frac{1}{\cos(3x)}(-\sin(3x)) \cdot 3 = -3\tan(3x).$$

【例4】 设 $y = 2^{\sin^2 x}$, 求 y'.

解 $y' = 2^{\sin^2 x} \cdot \ln 2 \cdot (\sin^2 x)'$

$(2^u)' = 2^u \ln 2$

$$= 2^{\sin^2 x} \cdot \ln 2 \cdot 2\sin x \cdot (\sin x)'$$

$(u^2)' = 2u$

$$= 2^{\sin^2 x} \cdot \ln 2 \cdot 2\sin x \cdot \cos x$$

$(\sin x)' = \cos x$

$$= 2^{\sin^2 x} \cdot \ln 2 \cdot \sin(2x).$$

注意:当熟练后,可以一气呵成,不必用上述分解步骤.

【例5】 设 $y = e^{-2x}\cos(3x^2)$, 求 y'.

解 $y' = (e^{-2x})'\cos(3x^2) + e^{-2x}(\cos(3x^2))'$

$$= e^{-2x}(-2)\cos(3x^2) + e^{-2x}(-\sin(3x^2))(6x)$$

$$= -2e^{-2x}\cos(3x^2) - 6x \cdot e^{-2x}\sin(3x^2).$$

【例6】 设 $y = x^{\sin x}$, 求 $\frac{dy}{dx}$.

解 这是幂指函数,可以先转换成指数函数,再求导.

$$\frac{dy}{dx} = (e^{\ln x^{\sin x}})' = (e^{\sin x \cdot \ln x})' = e^{\sin x \cdot \ln x}(\sin x \cdot \ln x)'$$

$$= e^{\sin x \cdot \ln x}((\sin x)'\ln x + \sin x \cdot (\ln x)')$$

$$= x^{\sin x}(\cos x \cdot \ln x + \frac{\sin x}{x}).$$

【例7】 设 $y = \ln(x + \sqrt{1+x^2})$, 求 y', y''.

解 $y' = \frac{1}{x + \sqrt{1+x^2}}(x + \sqrt{1+x^2})'$

$$= \frac{1}{x+\sqrt{1+x^2}}\left(1+\frac{1}{2}(1+x^2)^{-\frac{1}{2}} \cdot 2x\right)$$

$$= \frac{1}{x+\sqrt{1+x^2}} \cdot \frac{\sqrt{1+x^2}+x}{\sqrt{1+x^2}}$$

$$= \frac{1}{x+\sqrt{1+x^2}}\left(1+\frac{x}{\sqrt{1+x^2}}\right) = \frac{1}{\sqrt{1+x^2}},$$

$$y'' = (y')' = ((1+x^2)^{-\frac{1}{2}})' = -\frac{1}{2}(1+x^2)^{-\frac{3}{2}} \cdot 2x = \frac{-x}{(1+x^2)^{\frac{3}{2}}}.$$

【例 8】 设 $y = f(\mathrm{e}^{2x})$,求 $\dfrac{\mathrm{d}y}{\mathrm{d}x}$.

解 这是抽象函数与具体函数复合而成的复合函数,利用复合函数求导法则,设 $y = f(u), u = \mathrm{e}^{2x}$,则

$$\frac{\mathrm{d}y}{\mathrm{d}x} = \frac{\mathrm{d}y}{\mathrm{d}u} \cdot \frac{\mathrm{d}u}{\mathrm{d}x} = f'(u)(\mathrm{e}^{2x})' = f'(\mathrm{e}^{2x}) \cdot \mathrm{e}^{2x} \cdot 2 = 2\mathrm{e}^{2x} \cdot f'(\mathrm{e}^{2x}).$$

下面举几个隐函数与参数函数求导的题目.

【例 9】 设由方程 $x^2 - y^2 = 1$ 确定 y 是 x 的函数 $y(x)$,求 $\dfrac{\mathrm{d}y}{\mathrm{d}x}$.

解 这是隐函数求导的问题,解法如下:

等式两边对 x 求导,并注意到 y 是 x 的函数 $y(x)$,所以当出现 y 时,要将其看成是一种复合函数的求导问题,

> 看成复合函数求导

$$\frac{\mathrm{d}}{\mathrm{d}x}(x^2) - \frac{\mathrm{d}}{\mathrm{d}x}(y^2) = \frac{\mathrm{d}}{\mathrm{d}x}(1),$$

即

$$2x - 2y\frac{\mathrm{d}y}{\mathrm{d}x} = 0.$$

解出 $\dfrac{\mathrm{d}y}{\mathrm{d}x}$,就是此隐函数的导数

$$\frac{\mathrm{d}y}{\mathrm{d}x} = \frac{x}{y}.$$

【例 10】 设由方程 $\mathrm{e}^y + xy = \mathrm{e}$ 确定 y 是 x 的函数 $y(x)$,求 $\dfrac{\mathrm{d}y}{\mathrm{d}x}$, $\dfrac{\mathrm{d}y}{\mathrm{d}x}\Big|_{x=0}$,及此曲线在对应于 $x = 0$ 点处的切线方程与法线方程.

解 这也是隐函数求导,等式两边对 x 求导:

$$\frac{d(e^y)}{dx} + \frac{d(xy)}{dx} = \frac{d(e)}{dx},$$

即

$$e^y \cdot \frac{dy}{dx} + y + x \cdot \frac{dy}{dx} = 0,$$

解出

$$\frac{dy}{dx} = -\frac{y}{x + e^y}.$$

令 $x = 0$，代入原方程，得 $e^y + 0 = e$，解得 $y = 1$.

从而

$$\frac{dy}{dx}\Big|_{x=0} = \left(-\frac{y}{x + e^y}\right)\Big|_{\substack{x=0 \\ y=1}} = -\frac{1}{e}.$$

最后再求切线方程，由上面运算可知，切点为 $(0,1)$，切线斜率为 $y'\big|_{x=0}$ $= -\dfrac{1}{e}$，

故切线方程为

$$y - 1 = -\frac{1}{e}(x - 0),$$

即

$$y = -\frac{1}{e}x + 1,$$

法线方程为

$$y - 1 = e(x - 0),$$

即

$$y = ex + 1.$$

【例 11】 设 $\begin{cases} x = 3e^{-t} \\ y = 2e^t \end{cases}$，求 $\dfrac{dy}{dx}$.

解 这是参数方程求导，公式为 $\dfrac{dy}{dx} = \dfrac{\dfrac{dy}{dt}}{\dfrac{dx}{dt}}$，

$$\frac{dy}{dx} = \frac{\dfrac{dy}{dt}}{\dfrac{dx}{dt}} = \frac{(2e^t)'}{(3e^{-t})'} = \frac{2e^t}{-3e^{-t}} = -\frac{2}{3}e^{2t}.$$

1.1.3 微分

微分是与导数密切相关的一个概念，形象地说，它考虑的是对于自变量 x 的微小改变量 Δx，函数 y 大约改变多少.

设 $y = f(x)$，给 x 一个增量 Δx，得函数增量 $\Delta y = f(x + \Delta x) - f(x)$，若 $\Delta y = A\Delta x + o(\Delta x)$，其中 $\begin{cases} A \text{ 与 } \Delta x \text{ 无关} \\ o(\Delta x) \text{ 是 } \Delta x \text{ 的高阶无穷小} \end{cases}$，则

$$\begin{cases} 称\ f(x)在\ x\ 点可微分 \\ A = f'(x) \\ 微分\ \mathrm{d}y = f'(x)\Delta x \end{cases}.$$

习惯将微分记成　$\mathrm{d}y = y'\mathrm{d}x$.

如例 1：求微分：设 $y = \mathrm{e}^{\sin x}$，则微分

$$\mathrm{d}y = \mathrm{d}(\mathrm{e}^{\sin x}) = (\mathrm{e}^{\sin x})'\mathrm{d}x = \mathrm{e}^{\sin x}\cos x\mathrm{d}x;$$

求微分：$\mathrm{d}(x^2\ln x) = (x^2\ln x)'\mathrm{d}x = (2x\ln x + x)\mathrm{d}x$.

或利用微分法则　$\mathrm{d}(uv) = v\mathrm{d}u + u\mathrm{d}v$，

$$\mathrm{d}(x^2\ln x) = \ln x\mathrm{d}(x^2) + x^2\mathrm{d}(\ln x)$$

$$= \ln x \cdot 2x\mathrm{d}x + x^2 \cdot \frac{1}{x}\mathrm{d}x = (2x\ln x + x)\mathrm{d}x.$$

如例 2：凑微分：$x^2\mathrm{d}x = \frac{1}{3}\mathrm{d}(x^3)$，或 $x^2\mathrm{d}x = \frac{1}{3}\mathrm{d}(x^3 + 1) = \frac{1}{3}\mathrm{d}(x^3 + C)$.

$$\frac{1}{x}\mathrm{d}x = \mathrm{d}(\ln x) = \mathrm{d}(\ln x + C),$$

$$\mathrm{e}^{3x}\mathrm{d}x = \frac{1}{3}\mathrm{e}^{3x}\mathrm{d}(3x) = \frac{1}{3}\mathrm{d}(\mathrm{e}^{3x}) = \frac{1}{3}\mathrm{d}(\mathrm{e}^{3x} + C).$$

注意：可导 $\Leftrightarrow$ 可微.

1.1.4　导数的应用

可以用导数来讨论函数的性态，具体如下：

$$函数一般性态 \begin{cases} 区间性态 \begin{cases} 单调区间 \\ 凹凸区间 \end{cases} \\ 点性态 \begin{cases} 极值点 \\ 拐点 \end{cases} \end{cases}$$

单调区间、极值点 —— 用 y' 讨论；

凹凸区间、拐点 —— 用 y'' 讨论.

◆　用导数判定函数单调性

当 $x \in (a,b)$ 时，$\begin{cases} y' > 0 \\ y' < 0 \end{cases} \Rightarrow y = f(x)$ 在 (a,b) 上 $\begin{cases} 单调增加 \\ 单调减少 \end{cases}$.

注意：单调区间分界点 x_0 的特征是：$f'(x_0) = 0$ 或 $f'(x_0)$ 不存在.

◆　用导数求极值

取到极值必要条件：设 $f(x_0)$ 是极值 $\Rightarrow \begin{cases} f'(x_0) = 0(可导时) \\ f'(x_0) 不存在 \end{cases}$.

取到极值充分条件：

第一充分条件：

设 $y = f(x)$ 在 x_0 的某个去心邻域可导，且 $f'(x_0) = 0$ 或 $f'(x_0)$ 不存在，如果 y' 在 x_0 两侧异号，则 $f(x_0)$ 为极值（如图 1-2）；如果 y' 在 x_0 两侧同号，则 $f(x_0)$ 非极值.

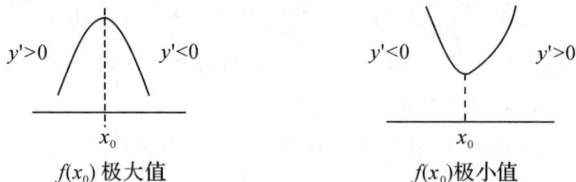

图 1-2

第二充分条件：

设 $f'(x_0) = 0, f''(x_0)$ 存在且 $f''(x_0) \neq 0, \Rightarrow \begin{cases} f''(x_0) > 0, f(x_0) \text{极小值} \\ f''(x_0) < 0, f(x_0) \text{极大值} \end{cases}$.

【例 12】 求 $y = f(x) = \dfrac{\ln x}{x}$ 的单调区间与极值.

解 先求定义域 $(0, +\infty)$，再求 y'，并用 y' 的符号求得单调区间与极值.

$$y' = \frac{1 - \ln x}{x^2}.$$

令 $y' = 0$，得 $x = e$，用 $x = e$ 分划定义域，得单调区间 $(0, e), (e, +\infty)$，当 $x \in (0, e), y' > 0$，所以 y 单调增加；当 $x \in (e, +\infty), y' < 0$，所以 y 单调减少.从而，由取到极值的第一充分条件可知，$f(e) = \dfrac{1}{e}$ 是极大值.

【例 13】 设函数 $f(x)$ 二阶可导，且满足 $f''(x_0) + 1 = f'(x_0) = 0$，说明：$f(x_0)$ 是极大值.

解 由题设 $f'(x_0) = 0$，所以 x_0 是可能极值点，又 $f''(x_0) + 1 = 0$，得 $f''(x_0) = -1 < 0$，从而由取得极值的第二充分条件可知，$f(x_0)$ 是极大值.

【例 14】 欲围建一个面积为 $288m^2$ 的矩形场地，其中一边可利用原有的墙壁，其他三面墙壁新建，且围建场地的高是确定的常数 h，问场地的长与宽各为多少时，才能使所用材料最省.

解 （1）先建立目标函数.

按照题意可知，要所用的材料最省，就是三面围墙的表面积最小（高是确定的）.

设所围矩形场地正面长为 xm,另一边长为 ym(如图 1-3),表面积为 Am^2,则

$$A = xh + 2yh.$$

又因为 $xy = 288$,所以 $y = \dfrac{288}{x}$,从而表面积为

$$A = xh + 2\,\frac{288}{x}h = h\left(x + \frac{576}{x}\right).$$

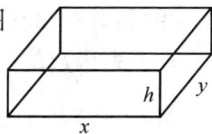

图 1-3

(2)求极值问题

$$\frac{\mathrm{d}A}{\mathrm{d}x} = h\left(1 - \frac{576}{x^2}\right),\ \text{令}\ \frac{\mathrm{d}A}{\mathrm{d}x} = 0,\ \text{得}\ x = 24,\ \text{又}\ \frac{\mathrm{d}^2 A}{\mathrm{d}x^2} = h \cdot 2 \cdot \frac{576}{x^3}\bigg|_{x=24} > 0,$$

故 $x = 24$ 是唯一极小值点,从而也使最小值点.所以当正面长为 24m,另一边长为 12m 时,所用材料最省.

【例 15】 证明:当 $x > 1$ 时,$\mathrm{e}^x > \mathrm{e}x$.

解 可利用函数的单调性来证明不等式,具体如下:

令 $f(x) = \mathrm{e}^x - \mathrm{e}x$,则 $f'(x) = \mathrm{e}^x - \mathrm{e}$,由于 e^x 是单调增加函数,所以当 $x > 1$ 时,$f'(x) = \mathrm{e}^x - \mathrm{e} > \mathrm{e} - \mathrm{e} = 0$,从而 $f(x)$ 单调增加函数,所以当 $x > 1$ 时,$f(x) > f(1)$,又 $f(1) = \mathrm{e} - \mathrm{e} = 0$,所以 $f(x) > 0$,即当 $x > 1$ 时,$\mathrm{e}^x > \mathrm{e}x$.

习题 1.1

1.求下列函数的导数:

(1)$y = x^3 + \dfrac{1}{x^2} + 3^x - \mathrm{e}^2$,求 y';

(2)$y = (3x^2 + 2)^3 + \dfrac{1}{\sqrt{x+1}}$,求 y';

(3)$y = \cos x \cdot \ln\tan x$,求 y';

(4)$y = \arctan\dfrac{x+1}{x-1}$,求 y',y'';

(5)$y = f(\cos^2 x)$,其中 $f(u)$ 可导,求 $\dfrac{\mathrm{d}y}{\mathrm{d}x}$;

(6)设由方程 $y = 1 + x\mathrm{e}^y$ 确定 y 是 x 的函数,求 $\dfrac{\mathrm{d}y}{\mathrm{d}x}$ 及 $\mathrm{d}y$;

(7)设 $\begin{cases} x = 2t + t^2 \\ y = 3t - t^3 \end{cases}$,求 $\dfrac{\mathrm{d}y}{\mathrm{d}x}$.

2.试确定 a,b 的值,使得曲线 $y = x^2 + ax + b$ 和 $2y = -1 + xy^3$ 在点 $(1, -1)$ 处

相切,并写出在该点的切线与法线方程.

3. 求下列函数的单调区间与极值:

(1) $y = x\mathrm{e}^{2x}$;　　　　　　　　　(2) $y = 2x + \dfrac{8}{x}(x > 0)$.

4. 判定曲线 $y = \ln(1 + x^2)$ 的凹凸性,并求拐点.

5. 证明不等式:当 $x < 0$ 时, $x > \dfrac{x^3}{3} + \arctan x$.

1.2　积分运算及其应用

积分学由不定积分与定积分两部分组成,本节首先回目不定积分运算,主要是复习两大基本积分方法,即换元与分部积分法;其次讲定积分的计算及简单的应用;最后说说变限定积分所确定的函数及导数的问题.一定要动手做例题.

1.2.1　不定积分

1. 不定积分概念

设函数 $f(x)$ 在某区间 I 上有定义,如果存在函数 $F(x)$,使得对于任一 $x \in I, F'(x) = f(x)$ 成立,则称 $F(x)$ 是 $f(x)$ 的一个原函数,且 $f(x)$ 的不定积分为

$$\int f(x)\mathrm{d}x = F(x) + C.$$

注意:如果将求导看成一种运算,那么积分是其逆运算,也就是已知 $f(x)$,要找一个函数 $F(x)$,使得 $F'(x) = f(x)$,所以相对而言,积分比求导要困难.

如例 1:因为 $(x^3)' = 3x^2$,　故 $\int 3x^2 \mathrm{d}x = x^3 + C$;

如例 2:因为 $(\sin 5x)' = 5\cos 5x$,　故 $\int 5\cos 5x \mathrm{d}x = \sin 5x + C$.

2. 基本积分表

$$\int k\mathrm{d}x = kx + C \qquad \int x^{\mu}\mathrm{d}x = \frac{x^{\mu+1}}{\mu+1} + C(\mu \neq -1) \qquad \int \frac{1}{x}\mathrm{d}x = \ln|x| + C$$

$$\int e^x dx = e^x + C \qquad \int a^x dx = \frac{a^x}{\ln a} + C$$

$$\int \frac{dx}{\sqrt{1-x^2}} = \arcsin x + C \quad \int \frac{dx}{1+x^2} = \arctan x + C$$

$$\int \sin x dx = -\cos x + C \qquad \int \cos x dx = \sin x + C$$

$$\int \frac{dx}{\cos^2 x} = \tan x + C \qquad \int \frac{dx}{\sin^2 x} = -\cot x + C$$

注意:要掌握求积分,首先要熟记这张基本积分表.

利用这张基本积分表及不定积分的线性性质,可以求一些简单的不定积分了.

如例 1:$\int (3 - \frac{2}{x^2} + \frac{1}{x}) dx = \int 3 dx - 2 \int x^{-2} dx + \int \frac{1}{x} dx$

$$= 3x - 2 \cdot \frac{x^{-2+1}}{-2+1} + \ln|x| + C = 3x + 2 \cdot \frac{1}{x} + \ln|x| + C;$$

如例 2:$\int \frac{x^2}{1+x^2} dx = \int \frac{x^2+1-1}{1+x^2} dx = \int \left(1 - \frac{1}{1+x^2}\right) dx = x - \arctan x + C;$

如例 3:$\int \sin^2 \frac{x}{2} dx = \int \frac{1}{2}(1 - \cos x) dx = \frac{1}{2}(x - \sin x) + C.$

从这些例子也可以看到求不定积分比求导要困难,也没有通用公式,但我们还是给它适当地归类,找到两种常用的积分方法,即换元积分法与分部积分法.下面逐一回目一下.

3. 换元积分法

◆ 换元积分公式

$$\int f[\varphi(x)]\varphi'(x) dx = \int f[\varphi(x)] d\varphi(x) \xrightarrow{t = \varphi(x)} \int f(t) dt.$$

从左往右看此式 —— 第一换元积分公式(也称"凑微分"法)

从右往左看此式 —— 第二换元积分公式

下面通过例题来分别说明第一与第二换元积分法.

① 第一换元积分法 ——"凑微分"法

说明:比如积分表中有公式 $\int e^u du = e^u + C.$

此处变量 u 可以是自变量,也可以是中间变量 $u(x)$,

$$\int e^{u(x)} du(x) = e^{u(x)} + C.$$

如例 1：$\int e^{2x}d(2x) = e^{2x} + C$;　　　　　$u(x)=2x$

$\int e^{\cos x}d(\cos x) = e^{\cos x} + C$.　　　$u(x)=\cos x$

如例 2：$\int e^{3x}3dx = \int e^{3x}d(3x) = e^{3x} + C$;

$\int e^{\sin x}\cos x dx = \int e^{\sin x}d(\sin x) = e^{\sin x} + C$.

注意：从上面的说明可以看到，第一换元积分法的思路，就是"凑微分，使得变量一致"，将积分变成基本积分表中某积分的形式，从而求出积分.　$dx = \frac{1}{a}d(ax+b)$

【例 1】　求积分 $\int \cos(2x+1)dx$.

解　因为 $d(2x+1) = (2x+1)'dx = 2dx$，故 $dx = \frac{1}{2}d(2x+1)$，

$\int \cos(2x+1)dx = \frac{1}{2}\int \cos(2x+1)d(2x+1) = \frac{1}{2}\sin(2x+1) + C$.

【例 2】　求积分 $\int \frac{dx}{(x-1)(x+2)}$.

解　$\int \frac{dx}{(x-1)(x+2)} = \frac{1}{3}\int(\frac{1}{x-1} - \frac{1}{x+2})dx$

$= \frac{1}{3}\int \frac{d(x-1)}{x-1} - \frac{1}{3}\int \frac{d(x+2)}{x+2}$

$= \frac{1}{3}\ln|x-1| - \frac{1}{3}\ln|x+2| + C$

$= \frac{1}{3}\ln\left|\frac{x-1}{x+2}\right| + C$.

【例 3】　求积分 $\int x^2 e^{x^3}dx$.

解　因为 $d(x^3) = (x^3)'dx = 3x^2dx$，故 $x^2dx = \frac{1}{3}d(x^3)$;

$\int x^2 e^{x^3}dx = \frac{1}{3}\int e^{x^3}d(x^3) = \frac{1}{3}e^{x^3} + C$.　$x^{n-1}dx = \frac{1}{n}d(x^n)$

【例 4】　求积分 $\int \frac{\sqrt{\ln x}}{x}dx$.

解　因为 $d(\ln x) = (\ln x)'dx = \frac{1}{x}dx$，即 $\frac{dx}{x} = d(\ln x)$，

$\int \frac{\sqrt{\ln x}}{x}dx = \int(\ln x)^{\frac{1}{2}}d\ln x = \frac{2}{3}(\ln x)^{\frac{3}{2}} + C$.

【例 5】　求积分 $\displaystyle\int \cos^3 t \,\mathrm{d}t$.

解　$\displaystyle\int \cos^3 t \,\mathrm{d}t = \int \cos^2 t \cdot \cos t \,\mathrm{d}t = \int (1 - \sin^2 t)\,\mathrm{d}\sin t = \sin t - \frac{1}{3}\sin^3 t + C.$

【例 6】　求积分 $\displaystyle\int \frac{x + \arctan x}{1 + x^2}\,\mathrm{d}x$.

解　$\displaystyle\int \frac{x + \arctan x}{1 + x^2}\,\mathrm{d}x = \int \frac{x}{1 + x^2}\,\mathrm{d}x + \int \frac{\arctan x}{1 + x^2}\,\mathrm{d}x$

$\displaystyle\qquad\qquad = \frac{1}{2}\int \frac{\mathrm{d}(1 + x^2)}{1 + x^2} + \int \arctan x \,\mathrm{d}(\arctan x)$

$\displaystyle\qquad\qquad = \frac{1}{2}\ln(1 + x^2) + \frac{1}{2}(\arctan x)^2 + C.$

② 第二换元积分法

要求同学们主要掌握简单的根式替换与三角替换.

下面首先讲一下替换方式,再举例说明.

◆　简单的根式替换

> 目的:去掉根号

当被积函数含有根式: $\sqrt[n]{ax + b}$,可令 $t = \sqrt[n]{ax + b}$,去掉根号,化成有理函数积分.

◆　三角替换

$f(x)$中含有根式	作替换
$\sqrt{a^2 - x^2}$	$x = a\sin t$(利用 $1 - \sin^2 t = \cos^2 t$)
$\sqrt{a^2 + x^2}$	$x = a\tan t$(利用 $1 + \tan^2 t = \sec^2 t$)
$\sqrt{x^2 - a^2}$	$x = a\sec t$(利用 $\sec^2 t - 1 = \tan^2 t$)

【例 7】　求积分 $\displaystyle\int \frac{\mathrm{d}x}{1 + \sqrt[3]{1 + x}}$.

解　这是简单的根式替换题,令 $t = \sqrt[3]{1 + x}$,则 $x = t^3 - 1$.

$\displaystyle\int \frac{\mathrm{d}x}{1 + \sqrt[3]{1 + x}} = \int \frac{\mathrm{d}((t^3 - 1))}{1 + t} = 3\int \frac{t^2 \,\mathrm{d}t}{1 + t} = 3\int \frac{t^2 - 1 + 1}{1 + t}\,\mathrm{d}t$

$\displaystyle\qquad = 3\int \left(t - 1 + \frac{1}{1 + t}\right)\mathrm{d}t = 3\left(\frac{t^2}{2} - t + \ln|1 + t|\right) + C$

$\displaystyle\qquad = 3\left(\frac{(\sqrt[3]{1 + 2x})^2}{2} - \sqrt[3]{1 + x} + \ln\left|1 + \sqrt[3]{1 + x}\right|\right) + C.$

4. 分部积分法

◆ 分部积分公式：

$$\int u'v\,\mathrm{d}x = \left[\int v\,\mathrm{d}u = uv - \int u\,\mathrm{d}v\right] = uv - \int uv'\,\mathrm{d}x.$$

注意：① 分部积分法一般适用于两种不同类函数乘积的积分.

② 分部积分法的第一步是凑微分,再用上述公式(看上式方括号内表示式).

③ 分部积分法的基本题型有三类,分类如下：

$$\mathrm{I} \longrightarrow \int x^n(\underline{\mathrm{e}^{ax},\sin ax,\cos ax,\cdots})\,\underline{\mathrm{d}x}$$

$$\mathrm{II} \longrightarrow \int \underline{x^n}(\ln x,\arcsin x,\arctan x,\cdots)\,\underline{\mathrm{d}x}$$

$$\mathrm{III} \longrightarrow \int \mathrm{e}^{ax}(\sin bx,\cos bx)\,\mathrm{d}x$$

对第 Ⅰ、Ⅱ 类积分画线处凑微分,对第 Ⅲ 类积分两次分部积分后还原,再解方程即可.同学们首先应看清第 Ⅰ、Ⅱ、Ⅲ 类积分的特征,做题时先判断此积分属于哪一类,再用相应的方法求解.

总的说,经过一次分部积分后,再出现的积分应比前一次积分简单些,这也是划分第 Ⅰ、Ⅱ 类积分的标准.

【例 8】 求积分 $\int x\cos x\,\mathrm{d}x$.

解 这是典型的分部积分题,属于第 Ⅰ 类,所以应该是 $\cos x\,\mathrm{d}x$ 凑微分.

$$\int x\cos x\,\mathrm{d}x = \int x\,\mathrm{d}\sin x = \left(x\sin x - \int \sin x\,\mathrm{d}x\right)$$

$$= (x\sin x + \cos x) + C.$$

【例 9】 求积分 $\int x^2\mathrm{e}^{2x}\,\mathrm{d}x$.

解 这也是典型的分部积分题,属于第 Ⅰ 类,所以应该是 $\mathrm{e}^{2x}\,\mathrm{d}x$ 凑微分.

$$\int x^2\mathrm{e}^{2x}\,\mathrm{d}x = -\int x^2\,\mathrm{d}\mathrm{e}^{2x}$$

$$= \frac{1}{2}x^2\mathrm{e}^{2x} - \frac{1}{2}\int x\mathrm{e}^{2x}\cdot 2x\,\mathrm{d}x \qquad \text{再分部积分}$$

$$= \frac{1}{2}x^2\mathrm{e}^{2x} - \frac{1}{2}\int x\,\mathrm{d}\mathrm{e}^{2x}$$

$$= \frac{1}{2}x^2\mathrm{e}^{2x} - \frac{1}{2}\left(x\mathrm{e}^{2x} - \int \mathrm{e}^{2x}\,\mathrm{d}x\right)$$

$$= \frac{1}{2}x^2 \mathrm{e}^{2x} - \frac{1}{2}\left(x\mathrm{e}^{2x} - \frac{1}{2}\mathrm{e}^{2x}\right) + C.$$

【例 10】 求积分 $\int x\arctan x \mathrm{d}x$.

解 这也是分部积分题，属于第 Ⅱ 类，所以应该是 $x\mathrm{d}x$ 凑微分.

$$\int x\arctan x \mathrm{d}x = \frac{1}{2}\int \arctan x \mathrm{d}x^2 = \frac{1}{2}\left(x^2\arctan x - \int x^2 \mathrm{d}\arctan x\right)$$

$$= \frac{1}{2}\left(x^2\arctan x - \int \frac{x^2}{1+x^2}\mathrm{d}x\right) = \frac{1}{2}x^2\arctan x - \frac{1}{2}\int \frac{x^2+1-1}{1+x^2}\mathrm{d}x$$

$$= \frac{1}{2}x^2\arctan x - \frac{1}{2}(x - \arctan x) + C.$$

【例 11】 求积分 $\int \mathrm{e}^x \sin x \mathrm{d}x$.

解 这也是分部积分题，属于第 Ⅲ 类，两次分部积分后还原，再解方程即可.

$$\int \mathrm{e}^x\sin x \mathrm{d}x = \int \sin x \mathrm{d}\mathrm{e}^x = \mathrm{e}^x\sin x - \int \mathrm{e}^x \mathrm{d}\sin x$$

$$= \mathrm{e}^x\sin x - \int \mathrm{e}^x\cos x \mathrm{d}x$$

$$= \mathrm{e}^x\sin x - \int \cos x \mathrm{d}\mathrm{e}^x$$

第一次分部积分

第二次分部积分

$$= \mathrm{e}^x\sin x - \left(\mathrm{e}^x\cos x - \int \mathrm{e}^x \mathrm{d}\cos x\right)$$

$$= \mathrm{e}^x\sin x - \mathrm{e}^x\cos x - \int \mathrm{e}^x\sin x \mathrm{d}x$$

所以

$$\int \mathrm{e}^x\sin x \mathrm{d}x = \frac{1}{2}(\mathrm{e}^x\sin x - \mathrm{e}^x\cos x) + C.$$

1.2.2 定积分

1. 定积分概念

定义：定积分是一个特殊的和式极限，其定义为

$$\int_a^b f(x)\mathrm{d}x = \lim_{\lambda \to 0}\sum_{i=1}^n f(\xi_i)\Delta x_i$$

几何意义：

$\int_a^b f(x)\mathrm{d}x$ —— 由曲线 $y = f(x)$，直线 $x =$

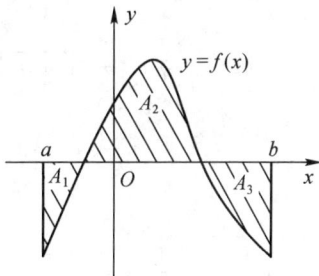

图 1-4

第 1 章 一元函数微积分回目

015

$a, x = b$，及 x 轴所围的曲边梯形面积的代数和，其中图形在 x 轴上方取"＋"，下方取"－"．如图 1-4 所示，分别记三块阴影部分的面积

为 A_1, A_2, A_3，则 $\int_a^b f(x)\mathrm{d}x = A_1 - A_2 + A_3$．

如，$\int_0^{2\pi} \sin x\mathrm{d}x = 0$ （如图 1-5）

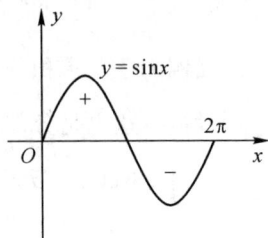

2. 定积分计算

◆ 牛顿 — 莱布尼兹公式

设 $f(x)$ 在 $[a,b]$ 上连续，且 $F'(x) = f(x)$，则

$$\int_a^b f(x)\mathrm{d}x = F(x)\big|_a^b = F(b) - F(a).$$

图 1-5

由此可见，定积分的计算是转化成不定积分来完成的，也就是先求不定积分，得原函数，再代入上、下限求函数值之差即可．

◆ 定积分的换元积分公式

$$\int_a^b f(x)\mathrm{d}x \xrightarrow{x = \varphi(t)} \int_\alpha^\beta f(\varphi(t))\varphi'(t)\mathrm{d}t,$$

其中 $f(x)$、$\varphi'(t)$ 连续，且 $a = \varphi(\alpha), b = \varphi(\beta)$．

注意：在定积分中换元时，要改变积分的上下限，但不用代回原变量．

◆ 定积分的分部积分公式

$$\int_a^b u'v\mathrm{d}x = uv\big|_a^b - \int_a^b uv'\mathrm{d}x.$$

【例 12】 求积分 $\int_1^2 \dfrac{1}{x-3}\mathrm{d}x$.

解 $\int_1^2 \dfrac{1}{x-3}\mathrm{d}x = \ln|x-3|\big|_1^2 = \ln|2-3| - \ln|1-3| = -\ln 2.$

【例 13】 求积分 $\int_0^2 \sqrt{x^2 - 2x + 1}\mathrm{d}x$.

加绝对值

解 $\int_0^2 \sqrt{x^2-2x+1}\mathrm{d}x = \int_0^2 \sqrt{(x-1)^2}\mathrm{d}x = \int_0^2 |x-1|\mathrm{d}x$

$= \int_0^1 (1-x)\mathrm{d}x + \int_1^2 (x-1)\mathrm{d}x$

$= -\dfrac{1}{2}(1-x)^2\big|_0^1 + \dfrac{1}{2}(x-1)\big|_1^2$

$= -\dfrac{1}{2}(0-1) + \dfrac{1}{2}(1-0) = 1.$

【例 14】 求积分 $\int_{-1}^2 f(x)\mathrm{d}x$，其中 $f(x) = \begin{cases} \mathrm{e}^{2x} & x \leqslant 0 \\ 1+x & x > 0 \end{cases}$.

解　这是分段函数求积分,先分段求积分,再求和.

$$\int_{-1}^{2} f(x)\,\mathrm{d}x = \int_{-1}^{0} \mathrm{e}^{2x}\,\mathrm{d}x + \int_{0}^{2} (1+x)\,\mathrm{d}x = \frac{1}{2}\mathrm{e}^{2x}\Big|_{-1}^{0} + \frac{(1+x)^2}{2}\Big|_{0}^{2}$$

$$= \frac{1}{2}(1-\mathrm{e}^{-2}) + \frac{9-1}{2} = \frac{1}{2}(9-\mathrm{e}^{-2}).$$

【例 15】　求积分 $\int_{1}^{4} \dfrac{\mathrm{d}x}{1+\sqrt{x}}$.

解　这是简单的根式替换题,作根式替换,去掉根号,并改变积分的上、下限.

令 $t = \sqrt{x}$,则 $x = t^2$,且 $\begin{cases} x=1 \to t=1 \\ x=4 \to t=2 \end{cases}$,

$$\int_{1}^{4} \frac{\mathrm{d}x}{1+\sqrt{x}} = \int_{1}^{2} \frac{\mathrm{d}t^2}{1+t} = 2\int_{1}^{2} \frac{t\,\mathrm{d}t}{1+t} = 2\int_{1}^{2} \frac{t+1-1}{1+t}\,\mathrm{d}t$$

$$= 2\int_{1}^{2}\left(1 - \frac{1}{1+t}\right)\mathrm{d}t = 2(t - \ln|1+t|)\big|_{1}^{2} = 2\left(1 - \ln\frac{3}{2}\right).$$

【例 16】　求积分 $\int_{-2}^{2} \sqrt{4-x^2}\,\mathrm{d}x$.

解　这是三角替换题,作三角替换,去掉根号,并改变积分的上、下限.

令 $x = 2\sin t$,则 $\begin{cases} x=-2 \to -2 = 2\sin t \to t = -\dfrac{\pi}{2} \\ x=2 \to 2 = 2\sin t \to t = \dfrac{\pi}{2} \end{cases}$,

$$\int_{-2}^{2} \sqrt{4-x^2}\,\mathrm{d}x$$

$$= \int_{-\frac{\pi}{2}}^{\frac{\pi}{2}} \sqrt{4-(2\sin t)^2}\,\mathrm{d}(2\sin t)$$

$$= \int_{-\frac{\pi}{2}}^{\frac{\pi}{2}} 2\cos t \cdot 2\cos t\,\mathrm{d}t$$

$$= 4\int_{-\frac{\pi}{2}}^{\frac{\pi}{2}} \cos^2 t\,\mathrm{d}t = 2\int_{-\frac{\pi}{2}}^{\frac{\pi}{2}} (1+\cos 2t)\,\mathrm{d}t$$

$$= 2\left(t + \frac{1}{2}\sin 2t\right)\Big|_{-\frac{\pi}{2}}^{\frac{\pi}{2}} = 2\pi.$$

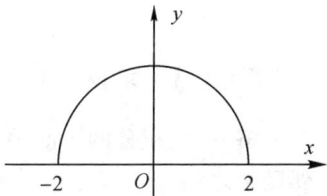

图 1-6

注意:此题利用定积分的几何意义求解很方便,因为 $y = \sqrt{4-x^2}$ 是上半圆周,所以此积分的值为 $\dfrac{1}{2}$ 圆的面积(如图 1-6),即

$$\int_{-2}^{2} \sqrt{4-x^2}\,\mathrm{d}x = \frac{\pi 2^2}{2} = 2\pi.$$

【例 17】 求积分 $\int_1^e \ln x \mathrm{d}x$.

解 这是分部积分题,属于第 Ⅱ 类,被积函数只有一项,可看成已经凑好微分了,直接用分部积分公式就行了,具体如下:

$$\int_1^e \ln x \mathrm{d}x = x\ln x \Big|_1^e - \int_1^e x \mathrm{d}\ln x$$

$$= e\ln e - \ln 1 - \int_1^e \frac{x}{x} \mathrm{d}x = e - (e-1) = 1.$$

【例 18】 求积分 $\int_0^1 \sin\sqrt{x}\,\mathrm{d}x$.

解 先作变量替换去掉根号,再分部积分.

令 $t = \sqrt{x}$,则 $\begin{cases} x = 0 \to t = 0 \\ x = 1 \to t = 1 \end{cases}$,　　分部积分

$$\int_0^1 \sin\sqrt{x}\,\mathrm{d}x = \int_0^1 \sin t \mathrm{d}t^2 = 2\int_0^1 \sin t \cdot t \mathrm{d}t = -2\int_0^1 t \mathrm{d}\cos t$$

$$= -2\left(t\cos t \Big|_0^1 - \int_0^1 \cos t \mathrm{d}t\right) = -2\left(t\cos t \Big|_0^1 - \sin t \Big|_0^1\right)$$

$$= 2(\sin 1 - \cos 1).$$

下面回顾一下奇偶函数在关于原点对称区间上的积分公式.

$$\int_{-a}^a f(x)\mathrm{d}x = \begin{cases} 2\int_0^a f(x)\mathrm{d}x & f(x)\text{为偶函数} \\ 0 & f(x)\text{为奇函数} \end{cases}.$$

【例 19】 求积分 $\int_{-1}^1 \frac{(1+x)^2}{1+x^2}\cos x \mathrm{d}x$.

解 此积分的区间关于原点对称,整个被积函数没有奇偶性,但可分成奇偶函数之和.

$$\int_{-1}^1 \frac{(1+x)^2}{1+x^2}\cos x \mathrm{d}x = \int_{-1}^1 \frac{1+x^2+2x}{1+x^2}\cos x \mathrm{d}x$$

这是奇函数

$$= \int_{-1}^1 \cos x \mathrm{d}x + \int_{-1}^1 \frac{2x}{1+x^2}\cos x \mathrm{d}x$$

$$= 2\int_0^1 \cos x \mathrm{d}x + 0 = 2\sin x \Big|_0^1 = 2\sin 1.$$

【例 20】 求由曲线 $y = \sin x, y = \cos x$ 所围的介于 $x = 0, x = \pi$ 之间的图形的面积.

解 这是简单的定积分应用题,如图 1-7 所示,要求的是阴影部分图形的

面积. 先求两曲线在 $[0, \pi]$ 上的交点 $\begin{cases} y = \sin x, \\ y = \cos x, \end{cases} x = \dfrac{\pi}{4}$.

利用定积分的几何意义, 此平面图形面积为

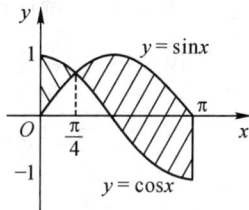

图 1-7

$$A = \int_0^{\frac{\pi}{4}} (\cos x - \sin x)\,\mathrm{d}x + \int_{\frac{\pi}{4}}^{\pi} (\sin x - \cos x)\,\mathrm{d}x$$

$$= (\sin x + \cos x)\Big|_0^{\frac{\pi}{4}} + (-\cos x - \sin x)\Big|_{\frac{\pi}{4}}^{\pi} = 2\sqrt{2}.$$

3. 变限定积分所确定的函数及其导数

设 $f(x)$ 在 $[a,b]$ 上连续, $x \in [a,b]$, 则

$$\Phi(x) = \int_a^x f(t)\,\mathrm{d}t \ \text{称为变上限定积分所确定的函数}$$

◆ 变限定积分所确定函数的导数公式

$$\frac{\mathrm{d}}{\mathrm{d}x}\int_a^x f(t)\,\mathrm{d}t = f(x), \qquad \frac{\mathrm{d}}{\mathrm{d}x}\int_a^{\varphi(x)} f(t)\,\mathrm{d}t = f[\varphi(x)]\varphi'(x).$$

【例 21】 设 $y = \int_1^{x^2} \sqrt{1+t^4}\,\mathrm{d}t$, 求 $\dfrac{\mathrm{d}y}{\mathrm{d}x}$.

解 直接套用上述公式即可,

$$\frac{\mathrm{d}y}{\mathrm{d}x} = \frac{\mathrm{d}}{\mathrm{d}x}\int_1^{x^2} \sqrt{1+t^4}\,\mathrm{d}t = \sqrt{1+(x^4)^2} \cdot (x^2)' = 2x\sqrt{1+x^8}.$$

【例 22】 设 $\int_2^x f(t)\,\mathrm{d}t = x\mathrm{e}^{2x}$, 其中 $f(x)$ 连续, 求 $f(x)$.

解 直接套用上述公式, 等式两边对 x 求导, 得

$$\left(\int_2^x f(t)\,\mathrm{d}t\right)' = (x\mathrm{e}^{2x})',$$

即

$$f(x) = \mathrm{e}^{2x} + 2x\mathrm{e}^{2x}.$$

【例 23】 求极限 $\lim\limits_{x \to 0} \dfrac{x - \int_0^x \cos t^2\,\mathrm{d}t}{x^5}$.

解 因为 $\lim\limits_{x \to 0}\int_0^x \cos t^2\,\mathrm{d}t = 0$, 所以这是 $\dfrac{0}{0}$ 型不定式, 可用洛必达法则.

$$\lim_{x \to 0} \frac{x - \int_0^x \cos t^2\,\mathrm{d}t}{x^5} = \lim_{x \to 0} \frac{\left(x - \int_0^x \cos t^2\,\mathrm{d}t\right)'}{(x^5)'} = \lim_{x \to 0} \frac{1 - \cos x^2}{5x^4}\left(\frac{0}{0}\right)$$

$$= \lim_{x \to 0} \frac{\sin x^2 \cdot 2x}{20x^3} = \frac{1}{10}\lim_{x \to 0} \frac{\sin x^2}{x^2} = \frac{1}{10}.$$

【例 24】 设 $f(x)$ 在 $(-\infty, +\infty)$ 内连续, 证明: 若 $f(x)$ 为奇函数, 则 $F(x)$

$= \int_0^x f(t)\mathrm{d}t$ 为偶函数.

证明 由奇偶函数的定义可以知道,只要证明 $F(-x)=F(x)$ 即可.

因为 $F(-x)=\int_0^{-x}f(t)\mathrm{d}t$,令 $t=-u$,则 $\begin{cases} t=0 \rightarrow u=0 \\ t=-x \rightarrow u=x \end{cases}$,从而

$$F(-x)=\int_0^{-x}f(t)\mathrm{d}t=\int_0^x f(-u)\mathrm{d}(-u)$$

$f(x)$ 为奇函数

$$=-\int_0^x -f(u)\mathrm{d}u=\int_0^x f(u)\mathrm{d}u$$

$$=F(x).$$

习题 1.2

1.求下列各不定积分：

(1) $\int (3^x+\dfrac{1}{x}-x+\dfrac{3}{\sqrt{x}})\mathrm{d}x$；

(2) $\int x\sin x^2 \mathrm{d}x$；

(3) $\int \dfrac{1-r}{\sqrt{4-r^2}}\mathrm{d}r$；

(4) $\int (\sin^2 x+\sin^3 x)\mathrm{d}x$；

(5) $\int \arctan x\mathrm{d}x$；

(6) $\int x^2 \mathrm{e}^{-x}\mathrm{d}x$.

2.求下列各定积分：

(1) $\int_0^1 \dfrac{1}{1+x^2}\mathrm{d}x$；

(2) $\int_{-1}^3 |x-2|\mathrm{d}x$；

(3) $\int_0^4 \dfrac{x+2}{\sqrt{2x+1}}\mathrm{d}x$；

(4) $\int_{\frac{1}{2}}^1 \dfrac{\sqrt{1-x^2}}{x^2}\mathrm{d}x$；

(5) $\int_0^1 x\sin(\pi x)\mathrm{d}x$；

(6) $\int_1^e \dfrac{\ln x}{x^2}\mathrm{d}x$；

(7) $\int_0^3 f(x)\mathrm{d}x$,其中 $f(x)=\begin{cases} \sin(\dfrac{\pi}{2}x) & x<1 \\ x+1 & x\geqslant 1 \end{cases}$.

3.求极限 $\lim\limits_{x\to 1}\dfrac{\int_1^x \mathrm{e}^{t^2}\mathrm{d}t}{\ln x}$.

4.求函数 $I(x)=\int_0^x t\mathrm{e}^{-t^2}\mathrm{d}t$ 的极值.

5.求由抛物线 $y=x^2$ 与直线 $y=2x+3$ 所围的平面图形的面积.

6.求曲线 $y=\mathrm{e}^x$ 的一条切线,使得该切线与曲线及直线 $x=0$,$x=2$ 所围的平面图形的面积最小.

1.3 一元微积分在经济分析中的应用

本节专门为经管类专业的学生回顾一元微积分在经济分析中的某些应用，主要是讲述边际分析与弹性分析的概念，并举例说明求最大利润与最低成本等经济应用问题.

1.3.1 边际分析

按照导数的定义，函数 $y = f(x)$ 的导数 $y' = f'(x)$ 是描述因变量 y 随自变量 x 变化的快慢程度，即变化率.

在经济分析中，通常用"边际"概念来描述因变量 y 随自变量 x 变化的变化率问题. 正因为如此，对经济学中函数而言，导数称为"边际".

$f'(x_0)$：称为函数 $f(x)$ 在 x_0 点的变化率；

$f'(x_0)$：也称为函数 $f(x)$ 在 x_0 点的边际函数值.

下面对边际函数值作一个解释：

在 $x = x_0$ 处，x 从 x_0 改变一个单位，y 相应改变的增值应为 $f(x_0 + 1) - f(x_0)$，但当 x 改变的"单位"很小时，或 x 的一个"单位"与 x_0 的值相对来说很小时，则有

$$f(x_0 + 1) - f(x_0) \approx f'(x_0).$$

$$\Delta y \approx dy$$

这说明 $f(x)$ 在 $x = x_0$ 处，当 x 产生一个单位改变时，y 近似的改变 $f'(x_0)$ 个单位. 但在解释边际函数值意义时，常略去"近似"两字.

比如，成本函数 $C = C(Q)$（Q 为产量），则称 $C'(Q) = \dfrac{dC}{dQ}$ 为边际成本（函数）.

一般西方经济学家对边际成本的解释为：生产第 Q 个单位产品，总成本增加（实际上是近似）的数量，即为生产第 Q 个单位产品所花费的成本.

1.3.2 最值在经济问题中应用

我们先来回顾几个常用的经济应用函数，然后来讨论平均成本最低与利润最大等问题.

1. 需求与供给函数

需求 —— 在一定条件下,消费者愿意购买,并有支付能力购买的商品量.

设 Q 为商品量, P 为价格,则 $Q = \varphi(P)$ 为需求函数.

由于需求随价格的上涨而减少;随价格的下降而增加,所以需求函数 $Q = \varphi(P)$ 是单调减少函数.

供给 —— 在一定价格条件下,生产者愿意出售并且有可供出售的商品量.

设 Q 为供给量, P 为价格,则 $Q = f(P)$ 为供给函数.

由于当价格较低时,生产者不愿意生产,从而供给减少;当价格高时,生产者又往往愿意生产,因此供给多了,所以供给函数 $Q = f(P)$ 是单调增加函数.

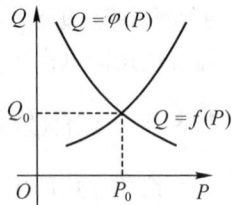

图 1-8

均衡价格 —— 市场需求量与供给量相等时的价格.

如图 1-8 所示,点 (P_0, Q_0) 为均衡价格点,由图可见,当 $P < P_0$ 时,需求大于供给,由于"供不应求",必然导致价格上涨;当 $P > P_0$ 时,供给大于需求,由于"供过于求",从而导致价格下降.所以可见,商品的价格将围绕均衡价格摆动.

2. 成本函数

总成本 —— 生产一定数量的产品所需要的费用总额.它包括固定成本与可变成本.

设 C 为总成本, $C_0 (\geqslant 0)$ 为固定成本,则总成本函数为

$$C = C(Q) = C_0 + V(Q).$$

可见总成本函数 $C(Q)$ 是单调增加函数.

平均成本 —— 平均每个单位产品的成本.所以平均成本函数为

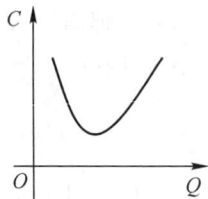

图 1-9

$$\overline{C} = \frac{\text{总成本}}{\text{产量}} = \frac{C(Q)}{Q}.$$

在经济学中,平均成本曲线如图 1-9 所示,故有最小值.

3. 收益函数

总收益 —— 生产者出售一定量产品所得到的全部收入.

设 R 为总收益, Q 为销量, P 为价格,则

$$R = R(Q) = P \cdot Q.$$

平均收益——生产者出售一定量产品,平均每出售单位产品所得到的收入,即为单位商品的售价.

所以,平均收益为

$$\bar{R} = \frac{R(Q)}{Q} = \frac{P \cdot Q}{Q} = P.$$

4.利润函数

在假设产量与销量一致的情况下,总利润函数定义为总收益函数 $R(Q)$ 与总成本函数 $C(Q)$ 之差,若用 L 代表总利润,则总利润函数为

$$L = L(Q) = R(Q) - C(Q).$$

$L = L(Q)$ 取得最大值的必要条件为 $L' = L'(Q) = R'(Q) - C'(Q) = 0$,

即

$$R'(Q) = C'(Q).$$

下面看几道求最大利润、最低成本的应用题.

【例1】 已知某产品的成本函数为 $C = C(Q) = \frac{1}{4}Q^2 + 8Q + 4900(元)$,求

(1) 当 $Q = 100$ 吨时的平均成本与边际成本;

(2) 最低平均成本及相应产量的边际成本.

解 (1) 平均成本函数为 $\bar{C} = \frac{C(Q)}{Q} = \frac{1}{4}Q + 8 + \frac{4900}{Q}$;边际成本函数为 $C' = \frac{1}{2}Q + 8$,所以当 $Q = 100$ 时,$\bar{C}(100) = \frac{C(100)}{100} = \frac{1}{4} \cdot 100 + 8 + \frac{4900}{100} = 82$,

当 $Q = 100$ 时,$C'(100) = \frac{1}{2} \cdot 100 + 8 = 58$.

(2) 求最低平均成本及相应产量的边际成本,平均成本函数 $\bar{C} = \frac{1}{4}Q + 8 + \frac{4900}{Q}$,所以 $\bar{C}' = \frac{1}{4} - \frac{4900}{Q^2} = 0$,解得唯一驻点 $Q = 140$,又 $\bar{C}'' = 2 \cdot \frac{4900}{Q^3}\Big|_{140} > 0$,故 $Q = 140$ 是极小值点,也是最小值点.

因此,当产量 $Q = 140$ 吨时,其平均成本最低,最低的平均成本为

$$\bar{C}(140) = \frac{C(140)}{140} = \frac{1}{4} \cdot 140 + 8 + \frac{4900}{140} = 78(元),$$

当产量 $Q = 140$ 吨时,其边际成本为 $C'(140) = \frac{1}{2} \cdot 140 + 8 = 78(元)$.

看上面结果,当 $Q = 140$ 时,$\bar{C}(140) = C'(140) = 78$,即平均成本等于边际成本,能解释原因吗?

注意:当边际成本等于平均成本时,平均成本达到最小值.

实际上，平均成本 $\overline{C} = \dfrac{C(Q)}{Q}$，则 $\overline{C}' = \dfrac{C'(Q)Q - C(Q)}{Q^2} = 0$，

得 $$C'(Q) = \dfrac{C(Q)}{Q}.$$

【例2】 设某商品每天生产 Q 单位时，固定成本为 40 元，边际成本 $C'(Q) = 0.2Q + 2$（元 / 单位）.

（1）求总成本函数 $C(Q)$；

（2）为了使平均成本最小，应生产多少单位产品？

（3）若该商品的销售单价为 20 元，且商品全部售出，问每天生产多少单位时，才能获得最大利润？

解 （1）因为边际成本 $C'(Q) = 0.2Q + 2$，所以

总成本 $C(Q) = \displaystyle\int_0^Q C'(Q)\mathrm{d}Q + 40 = \int_0^Q (0.2Q + 2)\mathrm{d}Q + 40$

$$= 0.1Q^2 + 2Q + 40.$$

（2）平均成本 $\overline{C}(Q) = \dfrac{C(Q)}{Q} = 0.1Q + 2 + \dfrac{40}{Q}$.

令 $\overline{C}'(Q) = 0.1 - \dfrac{40}{Q^2} = 0$，得 $Q_1 = 20, Q_2 = -20$（舍去）.

因为 $\overline{C}''(20) = \dfrac{80}{Q^3}\Big|_{Q=20} > 0$，所以，在 $Q = 20$ 时取得最小值，即生产 20 单位时，平均成本最小.

（3）由题意可知，总收益为 $R(Q) = 20Q$，

总利润 $L(Q) = R(Q) - C(Q) = 18Q - 0.1Q^2 - 40$.

令 $L'(Q) = 18 - 0.2Q = 0$，得 $Q = 90$，

又 $L''(Q) = -0.2 < 0$.

故在 $Q = 90$ 时，取得最大值，又 $L(90) = 770$ 元.

所以每天生产 90 单位时才能获得最大利润，最大利润为 770 元.

【例3】 某商店以每条 100 元的价格购进一批牛仔裤，已知市场的需求函数为 $Q = 400 - 2P$，问应选择怎样的售价 P（元 / 条），可以使所获利润最大？

解 由题意可知，利润函数为

$$L = R(Q) - C(Q) = PQ - 100Q,$$

因为 $Q = 400 - 2P$，代入上式，得

$$L = P(400 - 2P) - 100(400 - 2P)$$

$$= -2P^2 + 600P - 40000.$$

令 $\dfrac{\mathrm{d}L}{\mathrm{d}P}=-4P+600=0$，得 $P=150$，又因为 $\dfrac{\mathrm{d}^2L}{\mathrm{d}P^2}=-4<0$，故在 $P=150$ 时，L 取得最大值，$L(150)=5000$，即当每条售价为 150 元时，商店可获得最大利润 5000 元.

1.3.3 函数的弹性

前面所谈的函数变化率是指绝对变化率，但从实践中我们体会到，仅仅研究函数的绝对变化率是不完善的.

比如，商品甲每单位价格 10 元，涨价 1 元；商品乙每单位价格 1000 元，也涨价 1 元，两种商品价格的绝对变化率都是 1 元，但各与其原价相比，两者涨价的百分比却有很大不同，商品甲涨价 10%，商品乙涨价 0.1%. 因此我们有必要研究函数的相对变化率.

弹性 —— 定量地描述一个经济变量对另一个经济变量变化的反应程度.

即一个经济变量变动百分之一会使另一个经济变量变动百分之几.

已知 $y=f(x),$

$\dfrac{\Delta x}{x}$ —— 自变量的相对变化率；

$\dfrac{\Delta y}{y}$ —— 函数的相对变化率.

定义 设 $y=f(x)$ 在 x 点可导，则极限

$$\lim_{\Delta x\to 0}\dfrac{\dfrac{\Delta y}{y}}{\dfrac{\Delta x}{x}}=\lim_{\Delta x\to 0}\dfrac{\Delta y}{\Delta x}\cdot\dfrac{x}{y}=\dfrac{x}{y}\cdot\dfrac{\mathrm{d}y}{\mathrm{d}x}=x\cdot\dfrac{f'(x)}{f(x)}$$

称为函数 $f(x)$ 在点 x 的弹性，记作 $\dfrac{Ey}{Ex}$ 或 $\dfrac{Ef(x)}{Ex}$.

也就是函数 $f(x)$ 在点 x 的弹性为

$$\dfrac{Ey}{Ex}=x\cdot\dfrac{f'(x)}{f(x)}.$$

> 弹性与任何度量单位无关

函数 $f(x)$ 在点 x 的弹性 $\dfrac{Ef(x)}{Ex}$ 反映了随着 x 的变化 $f(x)$ 变化幅度的大小，也就是 $f(x)$ 对 x 的变化反应的强烈程度或灵敏度.

$\dfrac{Ef(x_0)}{Ex}$ 表示在点 $x=x_0$ 处，当 x 产生 1% 的改变时，$f(x)$ 近似地改变 $\dfrac{Ef(x_0)}{Ex}\%$. 在应用问题中解释弹性的具体意义时，我们略去"近似"两字.

【例4】 求函数 $y = 30\mathrm{e}^{2x}$ 在点 $x = 4$ 的弹性.

解 直接套用公式,先求弹性函数,$y' = 60\mathrm{e}^{2x}$,所以弹性函数为

$$\frac{Ey}{Ex} = x \cdot \frac{y'}{y} = x \cdot \frac{60\mathrm{e}^{2x}}{30\mathrm{e}^{2x}} = 2x.$$

从而在点 $x = 4$ 的弹性为 $\left.\dfrac{Ey}{Ex}\right|_{x=4} = 2x\Big|_{x=4} = 8.$

下面以需求弹性为例来说明弹性的经济意义

设 Q 为某商品的需求量,P 为价格,若需求函数 $Q = \varphi(P)$ 可导,则需求弹性为

$$E_d = \frac{EQ}{EP} = P \cdot \frac{\varphi'(P)}{\varphi(P)}.$$

> 需求函数是单调减少的

因为 $Q > 0, P > 0, \varphi'(P) < 0$,所以需求弹性 $E_d < 0$.

也就是说当价格上涨(或降低)1% 时,需求将减少(或增加)约 $|E_d|$%.

当 $|E_d| > 1$ 时,称为高弹性,此时商品需求量变动的百分比高于价格变动的百分比,即价格的变动对需求量的影响较大.

当 $|E_d| < 1$ 时,称为低弹性,即价格变动对需求量的影响不大.

当 $|E_d| = 1$ 时,称为单位弹性,即价格与需求变动的幅度相同.

【例5】 设某商品的需求函数为 $Q = \mathrm{e}^{-\frac{P}{5}}$,试求:(1)需求价格弹性函数;(2)当 $P = 3, P = 5, P = 6$ 时的需求价格弹性,并作经济解释.

解 (1) $E_d = P \cdot \dfrac{Q'(P)}{Q(P)} = P \cdot \dfrac{-\dfrac{1}{5}\mathrm{e}^{-\frac{P}{5}}}{\mathrm{e}^{-\frac{P}{5}}} = -\dfrac{P}{5}.$

(2) $E_d(3) = -\dfrac{3}{5} = -0.6$;$E_d(5) = -\dfrac{5}{5} = -1$;$E_d(6) = -\dfrac{6}{5} = -1.2.$

下面作经济解释:

$|E_d(3)| = |-0.6| < 1$,说明当 $P = 3$ 时,需求变动的幅度小于价格变动的幅度.即当 $P = 3$ 时,若价格上涨或降低 1%,需求只减少或上涨 0.6%.

$|E_d(6)| = |-1.2| > 1$,说明当 $P = 6$ 时,需求变动的幅度大于价格变动的幅度.即当 $P = 6$ 时,若价格上涨或降低 1%,需求将减少或上涨 1.2%.

$|E_d(5)| = |-1| = 1$,说明当 $P = 5$ 时,需求与价格变动的幅度相同.

注意:经济领域中的任何函数都可以类似地定义弹性.

习题 1.3

1.已知某商品的成本函数为 $C = C(Q) = 100 + \dfrac{Q^2}{4}$,求:

(1) 当 $Q = 10$ 时的总成本、平均成本及边际成本；

(2) 当产量 Q 为多少时，平均成本最低？

2. 已知某厂的总收益函数为 $R = 26Q - 2Q^2 - 4Q^3$，总成本函数为 $C = 8Q + Q^2$，其中 Q 为产品的产量. 求：

(1) 边际收益函数、边际成本函数；

(2) 厂家获得最大利润时的产量和最大利润.

3. 某商品的需求函数为 $Q(P) = 75 - P^2$，其中 P 为商品的价格.

(1) 求 $P = 4$ 的需求弹性，若价格 P 上涨 1%，收益是增加还是减少？总收益将变化百分之几？

(2) 当 P 为多少时，总收益最大？

综合测试题一

一、填空题：

1. 设 $y = \sin(x^2 + 1)$，则 $y' = $ _____；

2. 积分 $\displaystyle\int_{-1}^{1} (x^3 \cos x + \sqrt{1 - x^2}) \, dx = $ _____；

3. 设 $\displaystyle\int_{0}^{x^3 - 1} f(t) \, dt = x$，则 $f(7) = $ _____；

4. 当 $a = $ _____，函数 $f(x) = a\sin x + \dfrac{1}{3}\sin 3x$ 在 $x = \dfrac{\pi}{3}$ 处取得极值.

二、试解下列各题：

1. 设 $y = \dfrac{x}{\sqrt{1 + x^2}}$，求 y'；

2. 设 $y = x^x$，求 y'；

3. 设 $f(u)$ 可导，$y = f(\ln x)$，求 $\dfrac{dy}{dx}$；

4. 设 $f(x) = \begin{cases} 1 + x^2 & x \leqslant 0 \\ e^{-2x} & x > 0 \end{cases}$，求 $\displaystyle\int_{1}^{3} f(x - 2) \, dx$；

5. 求积分 $\displaystyle\int \dfrac{1 - x}{\sqrt{1 - x^2}} \, dx$；

6. 求积分 $\displaystyle\int (x + 1)\cos 2x \, dx$；

7. 求积分 $\displaystyle\int_{1}^{5} e^{\sqrt{x-1}} \, dx$.

三、求曲线 $x^2 - xy = 2y^2$ 在点 $(-2, 2)$ 处的切线方程与法线方程.

四、求函数 $y = xe^{-x}$ 的单调区间、极值、凹凸区间及拐点.

五、证明不等式：当 $x \geqslant 0$ 时，$2x\arctan x \geqslant \ln(1+x^2)$.

六、设 $S_1(t)$ 是曲线 $y = x^2$ 与直线 $x = 0$ 及 $y = t(0 < t < 1)$ 所围图形的面积，$S_2(t)$ 是曲线 $y = x^2$ 与直线 $x = 1$ 及 $y = t(0 < t < 1)$ 所围图形的面积. 试求当 t 为何值时，$S(t) = S_1(t) + S_2(t)$ 最小？最小值是多少？（如图 1-10）

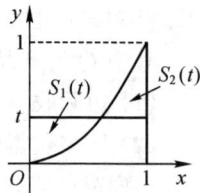

图 1-10

七、已知：$f(x) = \begin{cases} \sin x & x \leqslant 0 \\ \ln(1+2x) & x > 0 \end{cases}$，讨论 $f(x)$ 在 $x = 0$ 点的连续性与可导性.

第2章

微 分 方 程

运用高等数学解决实际问题,首先要找出实际问题中变量之间的函数关系,如果无法直接找出变量之间的关系,但根据问题所提供的信息,有时可以列出含有要找的函数及其导数的关系式,这样的关系式就是所谓的微分方程.建立微分方程后,对它进行研究,再找出未知函数,这就是解微分方程.

本章首先介绍微分方程的一些基本概念,然后讨论几种常用微分方程的求解方法.

2.1 微分方程的基本概念

2.1.1 引例

下面先看两个简单的几何、物理应用问题.

【例1】 假设某曲线通过点 $(1,4)$,且该曲线上任意点 $P(x,y)$ 处切线斜率等于 $3x^2$,求此曲线的方程.

解 设所求曲线方程为 $y=y(x)$,由导数的几何意义可知,曲线 $y=y(x)$ 上任意点 $P(x,y)$ 的切线斜率为 $\dfrac{\mathrm{d}y}{\mathrm{d}x}$,故由题设,该曲线应该满足方程

$$\frac{\mathrm{d}y}{\mathrm{d}x}=3x^2,$$

通过积分得
$$y=\int 3x^2\,\mathrm{d}x=x^3+C.$$

又曲线过点 $(1,4)$,所以 $y=y(x)$ 还应满足条件: $y\Big|_{x=1}=4$,代入上式,得

$4 = 1 + C$, 即 $C = 3$. 于是所求曲线方程为

$$y = x^3 + 3.$$

【例2】 自由落体运动规律问题. 设有一质量为 m 的物体, 从空中某处受重力作用自由降落(不计空气阻力), 试求物体的运动规律, 即物体所经过的路程 s 与时间 t 的函数关系.

解 首先建立坐标(如图2-1), 取物体下落的起点为坐标原点, s 轴垂直向下, 则在 t 时刻, 物体所经过的路程 $s = s(t)$, 由导数的力学意义可知, 物体运动的速度为 $v = \dfrac{\mathrm{d}s}{\mathrm{d}t}$, 加速度为 $a = \dfrac{\mathrm{d}^2 s}{\mathrm{d}t^2}$.

由于不计空气阻力, 作用在物体上唯一外力为 $F = mg$ (重力), 根据牛顿第二定律 $ma = F$, 便可得到, $m\dfrac{\mathrm{d}^2 s}{\mathrm{d}t^2} = mg$, 即

图 2-1

$$\frac{\mathrm{d}^2 s}{\mathrm{d}t^2} = g,$$

积分一次得 $$\frac{\mathrm{d}s}{\mathrm{d}t} = gt + C_1,$$

再积分一次得 $$s = \frac{1}{2} g t^2 + C_1 t + C_2.$$

由于物体由静止状态自由降落, 所以 $s(t)$ 还应满足条件: $s\big|_{t=0} = 0$, $\dfrac{\mathrm{d}s}{\mathrm{d}t}\Big|_{t=0} = 0$, 代入上面两式, 得 $C_1 = 0, C_2 = 0$, 于是, 所求的自由落体运动规律方程为

$$s = \frac{1}{2} g t^2.$$

这两个例子很简单, 但它包含了用微分方程解决实际问题的全过程, 即首先建立微分方程; 其次求出微分方程的通解; 最后由初始条件得出此问题的特解.

下面介绍微分方程的一些基本概念.

2.1.2 微分方程的基本概念

微分方程: 含有自变量、未知函数及未知函数导数(或微分)的方程, 称为微分方程.

若未知函数是一元函数, 称为常微分方程; 若未知函数是多元函数, 则称为偏微分方程. 本章只介绍常微分方程中的一些常见方程, 为了方便起见, 将常微

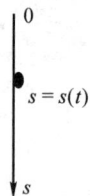

分方程简称微分方程或方程.

阶:在微分方程中未知函数的导数的最高阶数,称为方程的阶数.

如　　　$\dfrac{\mathrm{d}y}{\mathrm{d}x} = 3x^2$　　　——　　一阶方程

　　　　$s'' = g$　　　——　　二阶方程

　　　　$(y')^4 + y''' + 5y = \mathrm{e}^x$　——　　三阶方程

n 阶方程的一般形式为

$$F(x, y, y', y'', \cdots, y^{(n)}) = 0$$

解:如果某函数代入微分方程中,能使该方程成为恒等式,则称此函数为该微分方程的解.

比如,在例 1 中,函数 $y = x^3 + C$ 和 $y = x^3 + 3$,都是一阶方程 $\dfrac{\mathrm{d}y}{\mathrm{d}x} = 3x^2$ 的解.

在例 2 中,函数 $s = \dfrac{1}{2}gt^2 + C_1 t + C_2$ 和 $s = \dfrac{1}{2}gt^2$,都是二阶方程 $\dfrac{\mathrm{d}^2 s}{\mathrm{d}t^2} = g$ 的解.

可以看到,解可以含有任意常数,也可以不含有任意常数,这样的解有不同的名称.

通解:含有任意常数,且彼此独立的任意常数的个数等于方程的阶数的解,称为微分方程的通解.

特解:不含有任意常数的解,称为微分方程的特解.

比如例 1 中,一阶方程 $\dfrac{\mathrm{d}y}{\mathrm{d}x} = 3x^2$, $\begin{cases} y = x^3 + C & \text{通解} \\ y = x^3 + 3 & \text{特解} \end{cases}$,

例 2 中,二阶方程 $\dfrac{\mathrm{d}^2 s}{\mathrm{d}t^2} = g$, $\begin{cases} s = \dfrac{1}{2}gt^2 + C_1 t + C_2 & \text{通解} \\ s = \dfrac{1}{2}gt^2 & \text{特解} \end{cases}$.

初始条件:当自变量取定某个特定值时,给出未知函数及其导数的已知值,称为该微分方程的初始条件.

对于一阶方程,初始条件 $y\big|_{x=x_0} = y_0$;

对于二阶方程,初始条件 $y\big|_{x=x_0} = y_0, y'\big|_{x=x_0} = y'_0$;

以此类推.

从例 1、例 2 可知,特解可由方程的通解根据初始条件得出.

n 阶线性微分方程:关于 $y, y', y'', \cdots, y^{(n)}$ 均为一次的微分方程,称为线性微分方程.

一般形式为

$$y^{(n)} + a_{n-1}(x)y^{(n-1)} + \cdots + a_1(x)y' + a_0(x)y = f(x),$$

其中 $f(x), a_0(x), a_1(x), \cdots, a_{n-1}(x)$ 均为已知函数.

积分曲线：微分方程的解所表示的曲线，称为积分曲线.

一阶微分方程通解的几何意义是以常数 C 为参数的曲线族；而满足初始条件 $y\big|_{x=x_0} = y_0$ 的特解表示过点 (x_0, y_0) 的那条积分曲线. 它也称为一阶微分方程的初值问题，

记作
$$\begin{cases} F(x, y, y') = 0 \\ y\big|_{x=x_0} = y_0 \end{cases}.$$

类似的，二阶微分方程通解的几何意义是以常数 C_1、C_2 为参数的曲线族；而满足初始条件 $y\big|_{x=x_0} = y_0$，$y'\big|_{x=x_0} = y_0'$ 的特解表示过点 (x_0, y_0) 且在该点的切线的斜率为 y_0' 的那条积分曲线. 也称为二阶微分方程的初值问题，记作
$$\begin{cases} F(x, y, y', y'') = 0 \\ y\big|_{x=x_0} = y_0, y'\big|_{x=x_0} = y_0'. \end{cases}$$

比如，例 1 中的 $y = x^3 + 3$ 就是方程 $y' = 3x^2$ 的一条积分曲线，而 $y = x^3 + C$ 是方程的积分曲线族（如图 2-2）.

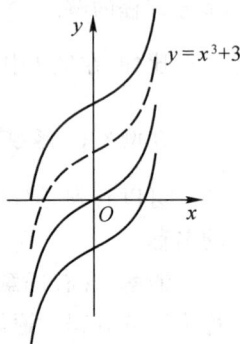

图 2-2

2.2 可分离变量的微分方程

我们首先讨论几种特殊的一阶微分方程及其求解方法.

2.2.1 可分离变量的微分方程

一阶微分方程的一般形式为
$$F(x, y, y') = 0 \quad \text{或} \quad F(x, y, \frac{dy}{dx}) = 0.$$

我们指出，并不是所有的一阶微分方程都能求出它的解，下面只介绍可以通过积分求出其通解的几种特殊的微分方程.

如果一个一阶微分方程可以将导数 $\dfrac{\mathrm{d}y}{\mathrm{d}x}$ 解出,即可以表示成如下形式

$$\frac{\mathrm{d}y}{\mathrm{d}x} = f(x, y) \quad \text{或} \quad P(x, y)\mathrm{d}x + Q(x, y)\mathrm{d}y = 0.$$

进一步,如果还可以将方程中的 x 与 y 分离,即可以写成

$$g(y)\mathrm{d}y = h(x)\mathrm{d}x \quad (\ast).$$

则称其为可分离变量的微分方程.

可分离变量方程的特点是,方程的一边只含有变量 y 的函数与 $\mathrm{d}y$ 的乘积,另一边只含有变量 x 的函数与 $\mathrm{d}x$ 乘积,一般我们把一个一阶微分方程变形为上述方程($\ast$)的过程,称为分离变量.

如:方程 $y' = x \cdot \sin y$,$y' = \mathrm{e}^{x+y}$ 为可分离变量的微分方程;但 $y' = x^2 + y^2$ 就不是可分离变量的微分方程.

对于这类变量可分离的微分方程,先分离变量,再两边同时积分,便得到方程的通解了.

$$\int g(y)\mathrm{d}y = \int h(x)\mathrm{d}x + C,$$

其中 $\int g(y)\mathrm{d}y$ 和 $\int g(x)\mathrm{d}x$ 分别表示两个确定的原函数,C 为任意常数,易知此式就是方程的通解了.

我们介绍了什么是可分离变量方程,及求解的方法.思路是简单的,难点可能还是在积分上.下面看几个例题吧.

【例 1】 求方程 $\dfrac{\mathrm{d}y}{\mathrm{d}x} = \dfrac{2x}{3y^2}$ 的通解.

解 这是可分离变量的微分方程,先分离变量

$$3y^2\mathrm{d}y = 2x\mathrm{d}x,$$

再两边求不定积分 $\qquad \int 3y^2\mathrm{d}y = \int 2x\mathrm{d}x + C,$

得 $\qquad\qquad\qquad\qquad y^3 = x^2 + C,$

这就是所给方程的通解.

【例 2】 求方程 $\sqrt{1-x^2}\,\mathrm{d}y - y\mathrm{d}x = 0$ 的通解.

解 移项得 $\sqrt{1-x^2}\,\mathrm{d}y = y\mathrm{d}x$,这也是可分离变量方程,分离变量得

$$\frac{\mathrm{d}y}{y} = \frac{\mathrm{d}x}{\sqrt{1-x^2}},$$

再两边积分 $\qquad\qquad \displaystyle\int \frac{\mathrm{d}y}{y} = \int \frac{\mathrm{d}x}{\sqrt{1-x^2}}.$

得 $$\ln|y| = \arcsin x + C_1,$$
即 $$|y| = e^{\arcsin x + C_1} = e^{\arcsin x} \cdot e^{C_1}$$
或记成 $$y = \pm e^{C_1} \cdot e^{\arcsin x}.$$

若记 $C = \pm e^{C_1}$，它仍是任意常数，便得到所给微分方程的通解为
$$y = Ce^{\arcsin x}.$$

【例3】 求方程 $2x \cdot \sin y dx + (x^2+1)\cos y dy = 0$ 满足 $y\big|_{x=0} = \dfrac{\pi}{4}$ 的特解.

解 这也是可分离变量方程，可先求通解，再由初始条件定出特解.

分离变量 $$\frac{\cos y}{\sin y}dy = -\frac{2xdx}{1+x^2},$$

两边积分 $$\int \frac{\cos y}{\sin y}dy = -\int \frac{2x}{x^2+1}dx,$$

即 $$\int \frac{d\sin y}{\sin y} = -\int \frac{d(x^2+1)}{x^2+1},$$

得 $\ln|\sin y| = -\ln(1+x^2) + C_1$，即 $\ln|(x^2+1)\sin y| = C_1$，

即 $|(1+x^2)\sin y| = e^{C_1}$，或 $(x^2+1)\sin y = \pm e^{C_1}$.

记 $C = \pm e^{C_1}$，它仍是任意常数，便得到此方程的通解
$$(x^2+1)\sin y = C.$$

再求满足初始条件的特解，把初始条件 $y\big|_{x=0} = \dfrac{\pi}{4}$，代入通解中，得

$$(0+1)\sin \frac{\pi}{4} = C, \ 得 \ C = \frac{\sqrt{2}}{2}.$$

于是，所求方程满足初始条件的特解为
$$(x^2+1)\sin y = \frac{\sqrt{2}}{2}.$$

*2.2.2 齐次微分方程

如果一阶微分方程可以转化成以下形式
$$\frac{dy}{dx} = \varphi\left(\frac{y}{x}\right),$$

则称它为齐次微分方程.

如：(1) $y' = \sin \dfrac{y}{x} + \dfrac{y}{x}$ 是齐次方程；

(2) $(y-x)dy - (y+x)dx = 0$ 也是齐次方程，这是因为上式可写成

$$\frac{\mathrm{d}y}{\mathrm{d}x} = \frac{y+x}{y-x},$$

即
$$\frac{\mathrm{d}y}{\mathrm{d}x} = \frac{\dfrac{y}{x}+1}{\dfrac{y}{x}-1}.$$

齐次方程中的变量 x 与 y 一般不能分离,但是我们可以通过变量替换转化成可分离变量的方程,具体解法如下:

令
$$u = \frac{y}{x},$$

则有 $y = ux$(注意:u 可看成是 x 的函数),所以 $\dfrac{\mathrm{d}y}{\mathrm{d}x} = u + x\dfrac{\mathrm{d}u}{\mathrm{d}x}$,代入 $\dfrac{\mathrm{d}y}{\mathrm{d}x} = \varphi\left(\dfrac{y}{x}\right)$ 中,得

$$u + x\frac{\mathrm{d}u}{\mathrm{d}x} = \varphi(u),$$

即
$$x\frac{\mathrm{d}u}{\mathrm{d}x} = \varphi(u) - u.$$

可见,这是可分离变量方程了,分离变量并积分得

$$\int \frac{\mathrm{d}u}{\varphi(u)-u} = \int \frac{\mathrm{d}x}{x} + C.$$

再代回 $u = \dfrac{y}{x}$,便是齐次方程的通解了.

【例 4】 求通解 $\dfrac{\mathrm{d}y}{\mathrm{d}x} = \dfrac{y}{x} + \tan\dfrac{y}{x}$.

解 这是齐次方程,令 $u = \dfrac{y}{x}$,则 $y = ux$,所以 $\dfrac{\mathrm{d}y}{\mathrm{d}x} = u + x\dfrac{\mathrm{d}u}{\mathrm{d}x}$,代入方程得

$$u + x\frac{\mathrm{d}u}{\mathrm{d}x} = u + \tan u,$$

即
$$x\frac{\mathrm{d}u}{\mathrm{d}x} = \tan u.$$

这是变量可分离方程,分离变量并积分得

$$\int \frac{\cos u}{\sin u}\mathrm{d}u = \int \frac{\mathrm{d}x}{x},$$

即
$$\ln|\sin u| = \ln|x| + C_1,$$

即
$$\sin u = Cx \quad (C = \pm \mathrm{e}^{C_1}).$$

再代回 $u = \dfrac{y}{x}$，即得此方程通解

$$\sin\frac{y}{x} = Cx.$$

下面看两道应用题.

【例5】 某一曲线通过点$(1,1)$，且它在两坐标轴间的任意切线段均被切点所平分，求此曲线的方程.

解 （1）首先根据题意建立微分方程.

设所求曲线方程为 $y = y(x)$，由导数的几何意义可知，曲线上任一点 $P(x,y)$ 处的切线的斜率为 y'，切线方程为

$$Y - y = y'(X - x),$$

其中 X,Y 是切线上点的流动坐标. 令 $X = 0$，得切线在 y 轴上截距为 $Y = y - y'x$.

按题意，切点平分切线在两坐标轴间的切线段，所以 $Y = 2y$（如图 2-3），从而

图 2-3

$$y - y'x = 2y, \quad 即 \quad y' = -\frac{y}{x}.$$

这就得到了曲线 $y = y(x)$ 所满足的微分方程

$$\frac{\mathrm{d}y}{\mathrm{d}x} = -\frac{y}{x}.$$

（2）其次求此方程的通解. 可见它为可分离变量方程

分离变量并积分

即

$$\int \frac{\mathrm{d}y}{y} = -\int \frac{\mathrm{d}x}{x},$$

得

$$\ln|y| = -\ln|x| + C_1.$$

即

$$\ln|xy| = C_1, \quad 即 \ |xy| = \mathrm{e}^{C_1}, \quad 即 \ xy = \pm\mathrm{e}^{C_1},$$

记 $C = \pm\mathrm{e}^{C_1}$，得方程的通解为

$$xy = C.$$

（3）求特解.

由题设，曲线过点$(1,1)$，代入通解中，得 $C = 1$，所以，特解为

$$xy = 1.$$

这就是所求的曲线方程.

【例6】（供经管类学生选读） 假设某商品的需求函数与供给函数分别为

$$Q_1 = a - bP, \quad Q_2 = -c + dP \quad (a,b,c,d \ 为正常数)$$

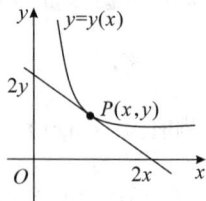

再假设商品价格 P 为时间 t 的函数,其中初始价格为 $P\big|_{t=0}=P_0$,且在任意时刻 t,价格 $P(t)$ 的变化率总与这一时刻的超额需求 Q_1-Q_2 成正比(比例常数为 $k>0$).

(1) 求供需相等时的价格 P_e(即均衡价格);

(2) 求价格 $P(t)$ 的表达式.

解　这是简单的经济应用题.

(1) 所谓供需相等,即 $Q_1=Q_2$,得 $a-bP=-c+dP$,得 $P_e=\dfrac{a+c}{b+d}$.

(2) 由题意可得价格 $P(t)$ 应满足的微分方程

$$\frac{\mathrm{d}P}{\mathrm{d}t}=k(Q_1-Q_2),$$

代入 Q_1,Q_2 的表达式,并整理得到

$$\frac{\mathrm{d}P}{\mathrm{d}t}=k(a+c)-k(b+d)P.$$

这是可分离变量方程,分离变量并积分

$$\int\frac{\mathrm{d}P}{k(a+c)-k(b+d)P}=\int\mathrm{d}t,$$

$$-\frac{1}{k(b+d)}\ln|k(a+c)-k(b+d)P|=t+C_1.$$

整理此式,解出 $P(t)$

$$P(t)=\frac{a+c}{b+d}+Ce^{-k(b+d)t}.$$

由 $P\big|_{t=0}=P_0$,代入上式,　$P_0=\dfrac{a+c}{b+d}+C,$

解得　$C=P_0-\dfrac{a+c}{b+d}=P_0-P_e,$

所以价格 $P(t)$ 的表达式为

$$P(t)=\frac{a+c}{b+d}+(P_0-P_e)e^{-k(b+d)t}.$$

从 $P(t)$ 的表达式可以看到,由于 P_0-P_e 与 $k(b+d)>0$ 均为常数,所以在时间 $t\to+\infty$ 时,$(P_0-P_e)e^{-k(b+d)t}\to 0$,因此

$$P(t)\to P_e\quad(t\to+\infty).$$

由此可见,随着时间的推移,价格趋向于均衡价格.

习题 2.2

1.求下列方程的通解：

(1) $\dfrac{\mathrm{d}y}{\mathrm{d}x} = \mathrm{e}^{x+y}$；　　　　　　　　(2) $y'x^2 = y\ln y$；

(3) $x(1+y^2)\mathrm{d}x - (1+x^2)y\mathrm{d}y = 0$；(4) $y\mathrm{d}x + (x^2 - 4x)\mathrm{d}y = 0$.

2.求下列方程满足初始条件的特解：

(1) $x\mathrm{d}y + 2y\mathrm{d}x = 0, y\Big|_{x=2} = 1$；

(2) $(1 + \mathrm{e}^x)yy' = \mathrm{e}^x, y(0) = 1$.

* 3.求下列方程的通解：

(1) $(x - 2y)\mathrm{d}y = 2y\mathrm{d}x$；　　　　　(2) $xy' = y(\ln y - \ln x)$.

4.某一曲线上各点的法线都通过点$(3,4)$，且曲线过原点，求该曲线的方程.

5.设某商品净利润p与广告费x之间关系为：净利润随广告费增加率正比于常数a与净利润p之差，$k(>0)$为比例常数，已知当$x=0$时，$p=p_0$，求净利润p与广告费x之间函数关系，并问广告费无限增加时，净利润最终趋于何值.

2.3　一阶线性微分方程

2.3.1　一阶线性微分方程

在本章第一节中，我们提到了线性方程的概念，如果一阶微分方程可以表示成

$$\frac{\mathrm{d}y}{\mathrm{d}x} + P(x)y = Q(x),$$

则称它为一阶线性微分方程，其中$P(x), Q(x)$为定义在某区间上的已知连续函数.

进一步

$$\frac{\mathrm{d}y}{\mathrm{d}x} + P(x)y = \begin{cases} Q(x) & \text{一阶非齐次线性微分方程} \\ 0 & \text{一阶齐次线性微分方程} \end{cases}.$$

下面讨论一阶线性微分方程的求解方法.

第一步：先求对应的齐次线性微分方程的通解

$$\frac{\mathrm{d}y}{\mathrm{d}x} + P(x)y = 0,$$

这是可分离变量方程,分离变量

$$\frac{\mathrm{d}y}{y} = -P(x)\mathrm{d}x,$$

两边积分 $$\int \frac{\mathrm{d}y}{y} = -\int P(x)\mathrm{d}x + C_1,$$

即 $$\ln|y| = -\int P(x)\mathrm{d}x + C_1,$$

得通解 $$y = Ce^{-\int P(x)\mathrm{d}x}(C = \pm e^{C_1}).$$

其次,用常数变易法求非齐次线性微分方程的通解.

由于非齐次与齐次方程的左边是相同的,只是右边不同,因此,我们可设想非齐次方程的通解也具有类似的形式,当然其中的 C 不可能是常数了,而必定是一个 x 的函数 $C(x)$. 因此,可设

$$y = C(x)e^{-\int P(x)\mathrm{d}x}$$

是非齐次线性微分方程的通解,其中 $C(x)$ 是待定函数.

下面将此设想的通解代入方程,求出 $C(x)$.

因为 $$y = C(x)e^{-\int P(x)\mathrm{d}x},$$

所以 $$\frac{\mathrm{d}y}{\mathrm{d}x} = C'(x)e^{-\int P(x)\mathrm{d}x} + C(x)e^{-\int P(x)\mathrm{d}x}(-P(x)).$$

代入非齐次方程,得

$$C'(x)e^{-\int P(x)\mathrm{d}x} + C(x)e^{-\int P(x)\mathrm{d}x}(-P(x)) + P(x)C(x)e^{-\int P(x)\mathrm{d}x} = Q(x),$$

即 $$C'(x)e^{-\int P(x)\mathrm{d}x} = Q(x),$$

即 $$C'(x) = Q(x)e^{\int P(x)\mathrm{d}x},$$

积分得 $$C(x) = \int Q(x)e^{\int P(x)\mathrm{d}x}\mathrm{d}x + C.$$

再代入前面的(∗)式,于是非齐次线性方程的通解为

$$y = e^{-\int P(x)\mathrm{d}x}\left[\int Q(x)e^{\int P(x)\mathrm{d}x}\mathrm{d}x + C\right].$$

下面我们来看几道例题吧.

【例 1】 求方程 $\frac{\mathrm{d}y}{\mathrm{d}x} - \frac{1}{x} \cdot y = x^2$ 的通解.

解 这是一阶非齐次线性微分方程,可以直接用上面的通解公式来求其通解.

对照一阶非齐次线性方程的标准形式,可见 $P(x) = -\frac{1}{x}$,$Q(x) = x^2$,代

入通解公式得

$$y = \mathrm{e}^{-\int P(x)\,\mathrm{d}x}\left[\int Q(x)\mathrm{e}^{\int P(x)\,\mathrm{d}x}\mathrm{d}x + C\right]$$

$$= \mathrm{e}^{-\int -\frac{1}{x}\mathrm{d}x}\left[\int x^2 \mathrm{e}^{\int -\frac{1}{x}\mathrm{d}x}\mathrm{d}x + C\right]$$

$$= \mathrm{e}^{\ln x}(\int x^2 \mathrm{e}^{-\ln x}\mathrm{d}x + C)$$

$$= x(\int x^2 \cdot x^{-1}\mathrm{d}x + C)$$

$$= x(\int x\,\mathrm{d}x + C) = x(\frac{x^2}{2} + C).$$

【例2】 求初值问题 $\begin{cases} xy' + y - \mathrm{e}^x = 0 \\ y(1) = \mathrm{e} \end{cases}$.

解 所谓求初值问题,也就是求特解.

我们先利用通解公式求出此方程的通解,为然首先要将方程写成标准形式

$$y' + \frac{1}{x}y = \frac{\mathrm{e}^x}{x},$$

得 $\qquad P(x) = \frac{1}{x}, \quad Q(x) = \frac{\mathrm{e}^x}{x}.$

代入公式,得通解为

$$y = \mathrm{e}^{-\int \frac{1}{x}\mathrm{d}x}\left[\int \frac{\mathrm{e}^x}{x}\mathrm{e}^{\int \frac{1}{x}\mathrm{d}x}\mathrm{d}x + C\right]$$

$$= \mathrm{e}^{-\ln x}\left(\int \frac{\mathrm{e}^x}{x}\mathrm{e}^{\ln x}\mathrm{d}x + C\right) = \frac{1}{x}\left(\int \mathrm{e}^x\mathrm{d}x + C\right) = \frac{1}{x}(\mathrm{e}^x + C),$$

由初始条件 $y(1) = \mathrm{e}$, 得 $\mathrm{e} = \mathrm{e} + C$, 得 $C = 0$, 所以, 此初值问题的解为

$$y = \frac{\mathrm{e}^x}{x}.$$

注意:利用公式求通解时,三处不定积分都不要加常数 C 了,因为在推导过程中常数都已经加过了.

【例3】 求通解 $y\mathrm{d}x + (x - y^3)\mathrm{d}y = 0$.

解 如果将此方程写成

$$\frac{\mathrm{d}y}{\mathrm{d}x} = \frac{y}{y^3 - x},$$

则显然不是线性微分方程,但如果将方程改写成

$$\frac{\mathrm{d}x}{\mathrm{d}y} = \frac{y^3 - x}{y},$$

即 $$\frac{\mathrm{d}x}{\mathrm{d}y} + \frac{1}{y} \cdot x = y^2.$$

可见将 y 看成自变量,它是一阶非齐次线性微分方程.

在一阶非齐次线性微分方程的通解公式中,把变量 x 与 y 互换,就得到相应的通解公式

$$x = \mathrm{e}^{-\int P(y)\mathrm{d}y}\left[\int Q(y)\mathrm{e}^{\int P(y)\mathrm{d}y}\mathrm{d}y + C\right].$$

此题中 $$P(y) = \frac{1}{y}, Q(y) = y^2,$$

代入通解公式

$$\begin{aligned}
x &= \mathrm{e}^{-\int \frac{1}{y}\mathrm{d}y}(\int y^2 \mathrm{e}^{\int \frac{1}{y}\mathrm{d}y}\mathrm{d}y + C) \\
&= \mathrm{e}^{-\ln y}(\int y^2 \mathrm{e}^{\ln y}\mathrm{d}y + C) \\
&= y^{-1}(\int y^2 \cdot y\mathrm{d}y + C) \\
&= y^{-1}(\frac{y^4}{4} + C).
\end{aligned}$$

所以通解为 $$x = \frac{y^3}{4} + \frac{C}{y}.$$

注意:在微分方程中,变量 x 与 y 的地位是同等的,x 可以作为自变量,y 也可以作为自变量,所以在解题过程中,当不易求解时,也可以考虑以 y 作为自变量的情况.

*2.3.2　用适当的变量替换转换方程的类型

在解微分方程时,有一个常用的思路,就是寻找适当的变量替换,将方程转化成已知求解方法的那些类型的方程(比如可分离变量的方程,一阶线性方程等),再进行求解,前面对于齐次方程,我们就是作替换 $u = \frac{y}{x}$,化成可分离变量方程的,从而顺利地求出了通解.下面我们再看几道例子,来感觉一下解题的思路.

【例 4】 转换方程类型,并求出通解.

$$\frac{\mathrm{d}y}{\mathrm{d}x} = \frac{1}{x+y} - 1.$$

解　令 $u = x + y$,则 $y = u - x$,$\dfrac{\mathrm{d}y}{\mathrm{d}x} = \dfrac{\mathrm{d}u}{\mathrm{d}x} - 1$,代入原方程,得

$$\frac{\mathrm{d}u}{\mathrm{d}x} - 1 = \frac{1}{u} - 1, \text{即} \frac{\mathrm{d}u}{\mathrm{d}x} = \frac{1}{u}.$$

这是可分离变量方程,分离变量,并积分

$$\int u \mathrm{d}u = \int \mathrm{d}x,$$

得
$$\frac{1}{2}u^2 = x + C.$$

再用 $u = x + y$ 代入上式,则得到此方程的通解

$$\frac{1}{2}(x + y)^2 = x + C.$$

【例 5】 转换方程类型,并求出通解

$$y' + \frac{1}{x}y = 2x^2 y^2.$$

解 这方程的形式类似于一阶线性方程,就是方程右边多了因式 y^2,此类方程可化成一阶线性方程.具体做法如下:

首先方程两边同乘 y^{-2},

得
$$y^{-2}y' + \frac{1}{x}y^{-1} = 2x^2,$$

即
$$-(y^{-1})' + \frac{1}{x}y^{-1} = 2x^2.$$

令 $z = y^{-1}$,整理得 $-z' + \frac{1}{x}z = 2x^2$,即 $z' - \frac{1}{x}z = -2x^2$.

这是一阶线性方程,利用公式求它的通解为

$$z = \mathrm{e}^{-\int -\frac{1}{x}\mathrm{d}x}\left[\int (-2x^2)\mathrm{e}^{\int -\frac{1}{x}\mathrm{d}x}\mathrm{d}x + C\right]$$

$$= \mathrm{e}^{\ln x}\left[\int (-2x^2)\mathrm{e}^{-\ln x}\mathrm{d}x + C\right]$$

$$= x\left[\int (-2x)\mathrm{d}x + C\right]$$

$$= x[-x^2 + C].$$

再以 y^{-1} 代 z,得所求方程的通解为

$$y^{-1} = -x^3 + Cx.$$

注意:此例中出现的方程称为贝努里(Bernoulli)方程,其一般形式为

$$\frac{\mathrm{d}y}{\mathrm{d}x} + P(x)y = Q(x)y^n \quad (n \neq 0,1).$$

通常可以像此例的解法那样,用 y^{-n} 乘方程的两边,再令 $z = y^{1-n}$,化成以 z 为函

数的一阶线性方程,从而可求出其通解.具体如下:

用 y^{-n} 乘方程的两边,得

$$y^{-n}\frac{\mathrm{d}y}{\mathrm{d}x}+P(x)y^{1-n}=Q(x).$$

因为 $\dfrac{\mathrm{d}(y^{1-n})}{\mathrm{d}x}=(1-n)y^{-n}\dfrac{\mathrm{d}y}{\mathrm{d}x}$,故 $y^{-n}\dfrac{\mathrm{d}y}{\mathrm{d}x}=\dfrac{1}{1-n}\cdot\dfrac{\mathrm{d}(y^{1-n})}{\mathrm{d}x}$.

上式为 $$\frac{1}{1-n}\frac{\mathrm{d}(y^{1-n})}{\mathrm{d}x}+P(x)y^{1-n}=Q(x).$$

令 $z=y^{1-n}$,得 $$\frac{\mathrm{d}z}{\mathrm{d}x}+(1-n)P(x)z=(1-n)Q(x).$$

可见这是一阶线性方程,求出其通解后,以 y^{1-n} 代 z,便得到贝努里方程的通解了.

习题 2.3

1.求下列方程的通解:

(1) $y'+\dfrac{1}{x}y=x+3$; (2) $y'-y\tan x=\sec x$;

(2) $(x^2-1)y'+2xy=\cos x$; (4) $\dfrac{\mathrm{d}y}{\mathrm{d}x}=\dfrac{y}{x+y^3}$.

2.求下列方程的特解:

(1) $y'+y=\mathrm{e}^x$,$y\big|_{x=0}=2$; (2) $xy'+y=\sin x$,$y\big|_{x=\pi}=1$.

3.设某曲线通过原点,且它在任意点 (x,y) 处的切线的斜率为 $2x+y$,求此曲线方程.

4.设有连接点 $O(0,0)$ 和 $A(1,1)$ 的一段向上凸的曲线弧 OA,对于 OA 上的每一点 $P(x,y)$,曲线弧 OP 与直线段 $\overline{OP}$ 所围图形的面积为 x^2,求曲线弧 OA 的方程.

*5.用适当的变量代换转换方程的类型,然后求出通解.

(1) $\dfrac{\mathrm{d}y}{\mathrm{d}x}=(x+y)^2$; (2) $xy'+y=y\ln(xy)$.

*6.已知函数 $f(x)$ 满足方程 $xy'+y-y^2\ln x=0$,且过点 $(1,1)$,求 $y(e)$ 的值.

2.4　可降阶的高阶微分方程

二阶及二阶以上的微分方程统称为高阶微分方程.

本节讨论最高阶导数能解出的三种容易降阶的高阶微分方程的求解法.

2.4.1　$y^{(n)} = f(x)$ 型微分方程

形式：$y^{(n)} = f(x)$.

特征：方程的右端只显含 x.

求解法：依次积分 n 次，就可以求出方程的通解了.

【例1】　求通解 $y''' = x + \cos x$.

解　依次积分三次，得

$$y'' = \int y''' \mathrm{d}x = \int (x + \cos x) \mathrm{d}x = \frac{1}{2}x^2 + \sin x + C_1$$

$$y' = \int y'' \mathrm{d}x = \int (\frac{1}{2}x^2 + \sin x + C_1) \mathrm{d}x = \frac{x^3}{6} - \cos x + C_1 x + C_2$$

$$y = \int y' \mathrm{d}x = \int (\frac{1}{6}x^3 - \cos x + \frac{C_1}{2}x^2 + C_2) \mathrm{d}x$$

$$= \frac{x^4}{24} - \sin x + \frac{C_1}{6}x^3 + \frac{C_2}{2}x^2 + C_3.$$

这就是原方程的通解.

2.4.2　$y'' = f(x, y')$ 型微分方程

形式：$y'' = f(x, y')$.

特征：方程中不显含 y.

求解法：令 $y' = p$，则 $y'' = p'$，代入方程，得

$$p' = f(x, p),$$

即

$$\frac{\mathrm{d}p}{\mathrm{d}x} = f(x, p).$$

可见这是关于变量 x 和 p 的一阶微分方程，可按前面介绍的一阶微分方程的求解方法求解.

设其通解为

$$p = \varphi(x, C_1), \quad 即 \quad \frac{dy}{dx} = \varphi(x, C_1).$$

再积分一次,即可得到原方程的通解

$$y = \int \varphi(x, C_1)\,dx + C_2.$$

【例 2】 求方程 $xy'' + y' = x$ 的通解.

解 此方程中不显含 y,令 $y' = p$,则 $y'' = p'$,代入方程,得

$$xp' + p = x,$$

即

$$p' + \frac{1}{x}p = 1.$$

可见,这是一阶非齐次线性微分方程,利用通解公式,其通解为

$$p = e^{-\int \frac{1}{x}dx}\left(\int 1 \cdot e^{\int \frac{1}{x}dx}\,dx + C_1\right) = e^{-\ln x}\left(\int 1 \cdot e^{\ln x}\,dx + C_1\right)$$

$$= x^{-1}\left(\int x\,dx + C_1\right) = \frac{1}{x}\left(\frac{x^2}{2} + C_1\right) = \frac{x}{2} + \frac{C_1}{x},$$

即

$$\frac{dy}{dx} = \frac{x}{2} + \frac{C_1}{x}.$$

再积分,得

$$y = \int\left(\frac{x}{2} + \frac{C_1}{x}\right)dx = \frac{x^2}{4} + C_1\ln|x| + C_2.$$

这就是此二阶方程的通解.

【例 3】 求初值问题的解 $\begin{cases}(1+x^2)y'' = 2xy' \\ y|_{x=0} = 1, y'|_{x=0} = 3\end{cases}.$

解 此方程中不显含 y,令 $y' = p$,则 $y'' = p'$,代入方程,得

$$(1+x^2)p' = 2xp$$

可见,这是变量可分离的一阶方程,分离变量,并积分得

$$\int \frac{dp}{p} = \int \frac{2x}{1+x^2}\,dx,$$

从而 $\quad \ln|p| = \ln(1+x^2) + C.$

整理得到 $\quad p = C_1(1+x^2) \quad (C_1 = \pm e^C),$

即 $\quad \dfrac{dy}{dx} = C_1(1+x^2).$

因为 $y'|_{x=0} = 3$,代入上式,得 $C_1 = 3$,于是

$$\frac{dy}{dx} = 3(1+x^2).$$

再积分一次，得 $\qquad y = \int 3(1+x^2)\,\mathrm{d}x = 3x + x^3 + C_2$,

又因为 $y\big|_{x=0} = 1$，代入原方程，得 $C_2 = 1$.

所以此初值问题的解为

$$y = 3x + x^3 + 1.$$

注意：在以上求特解的过程中，出现任意常数后，立即用初始条件代入，确定了任意常数，这样往往可使运算简化.

*2.4.3 $y'' = f(y, y')$ 型微分方程

形式：$y'' = f(y, y')$.

特征：方程中不显含 x.

求解法：令 $y' = p$，$y'' = \dfrac{\mathrm{d}p}{\mathrm{d}x} = \dfrac{\mathrm{d}p}{\mathrm{d}y} \cdot \dfrac{\mathrm{d}y}{\mathrm{d}x} = p\dfrac{\mathrm{d}p}{\mathrm{d}y}$，

> 注意此处将 y 看成自变量，这是与第二类型方程的区别

代入方程，得

$$p\frac{\mathrm{d}p}{\mathrm{d}y} = f(y, p).$$

可见这是关于变量 y 和 p 的一阶微分方程，可按前面介绍的一阶微分方程求解法求解.

设其通解为

$$p = \phi(y, C_1), \quad 即 \quad \frac{\mathrm{d}y}{\mathrm{d}x} = \varphi(y, C_1).$$

分离变量后，再积分一次，可得到原方程的通解为

$$\int \frac{\mathrm{d}y}{\varphi(y, C_1)} = x + C_2.$$

注意：第 2、3 两种方程的特征，及降阶求解的异同点.

【例 4】 求方程 $2yy'' = 1 + y'^2$，满足初始条件 $y\big|_{x=0} = y'\big|_{x=0} = 1$ 的特解.

解 可见此方程不显含 x，令 $y' = p$，并将 y 看成自变量，则 $y'' = \dfrac{\mathrm{d}p}{\mathrm{d}x} = \dfrac{\mathrm{d}p}{\mathrm{d}y} \cdot \dfrac{\mathrm{d}y}{\mathrm{d}x} = p\dfrac{\mathrm{d}p}{\mathrm{d}y}$，代入方程，得

$$2yp\frac{\mathrm{d}p}{\mathrm{d}y} = 1 + p^2.$$

这是可分离变量方程，分离变量，并积分，

$$\int \frac{2p}{1+p^2}\mathrm{d}p = \int \frac{\mathrm{d}y}{y},$$

得　　　　　　　　　$$\ln(1+p^2) = \ln|y| + C_1.$$

下面要去掉对数，解出 p，$\mathrm{e}^{\ln(1+p^2)} = \mathrm{e}^{\ln|y|+C_1}$，即 $1+p^2 = |y| \cdot \mathrm{e}^{C_1}$，即 $1+p^2 = \pm \mathrm{e}^{C_1} \cdot y$，记 $C = \pm \mathrm{e}^{C_1}$，则

$$1+p^2 = C_1 y, \text{即 } 1+y'^2 = C_1 y.$$

用初始条件 $y\big|_{x=0} = y'\big|_{x=0} = 1$，代入上式，得 $C_1 = 2$，所以 $1+y'^2 = 2y$，

即　　　　　　　　$$y'^2 = 2y - 1, \text{得 } y' = \pm\sqrt{2y-1}.$$

由于初始条件 $y'\big|_{x=0} = 1 > 0$，所以上式应取"＋"号，得

$$\frac{\mathrm{d}y}{\mathrm{d}x} = \sqrt{2y-1}.$$

这又是可分离变量方程，分离变量，并积分，得

$$\int \frac{\mathrm{d}y}{\sqrt{2y-1}} = \int \mathrm{d}x,$$

得　　　　　　　　　$$\sqrt{2y-1} = x + C_2.$$

再用条件 $y\big|_{x=0} = 1$ 代入，解得 $C_2 = 1$，所以得到

$$\sqrt{2y-1} = x + 1.$$

这就是此方程的特解.

习题 2.4

1.求下列方程的通解：

(1) $y''' = x + \mathrm{e}^{-3x}$；　　　　　　　(2) $xy'' + y' = 0$；

(3) $xy'' + y' - x^2 = 0$；　　　　　　(4) $yy'' - (y')^2 = 0$；

(5) $y'' = 1 + y'^2$.

2.求下列初值问题：

(1) $\begin{cases} y'' = 2yy' \\ y\big|_{x=0} = 1, y'\big|_{x=0} = 2 \end{cases}$；　　　(2) $\begin{cases} (1+x)y'' + y' = \ln(1+x) \\ y(0) = 1, \ y'(0) = -1 \end{cases}$.

3.设某曲线满足方程 $y'' = 6x + 2$，且经过点 $M(0,1)$，并在该点与直线 $y = 2x + 1$ 相切，试求该曲线的方程.

2.5 二阶线性微分方程解的结构

形如
$$y'' + P(x)y' + Q(x)y = f(x)$$
的方程称为二阶线性微分方程，其中 $P(x)$，$Q(x)$，$f(x)$ 为定义在某区间上的已知连续函数，$f(x)$ 称为自由项.

进一步 $y'' + P(x)y' + Q(x)y = \begin{cases} 0 & \text{二阶齐次线性微分方程} \\ f(x) & \text{二阶非齐次线性微分方程} \end{cases}$.

本节主要介绍二阶齐次与非齐次线性微分方程解的性质与结构.

2.5.1 二阶齐次线性微分方程

我们首先讨论二阶齐次线性微分方程
$$y'' + P(x)y' + Q(x)y = 0 \quad (*)$$
的解的性质与结构.

定理 1 设 $y_1(x)$，$y_2(x)$ 是齐次方程 $y'' + P(x)y' + Q(x)y = 0$ 的两个解，则 $C_1 y_1(x) + C_2 y_2(x)$ 也是该方程的解，其中 C_1，C_2 是任意常数.

证 因为 y_1，y_2 是齐次方程 $y'' + P(x)y' + Q(x)y = 0$ 的两个解，所以 y_1，y_2 应满足方程，从而
$$y_1'' + P(x)y_1' + Q(x)y_1 = 0; \quad y_2'' + P(x)y_2' + Q(x)y_2 = 0.$$
将 $C_1 y_1 + C_2 y_2$ 代入方程，得
$$(C_1 y_1 + C_2 y_2)'' + P(x)(C_1 y_1 + C_2 y_2) + Q(C_1 y_1 + C_2 y_2)$$
$$= C_1(y_1'' + P(x)y_1' + Q(x)y_1) + C_2(y_2'' + P(x)y_2' + Q(x)y_2) = 0,$$
即 $C_1 y_1 + C_2 y_2$ 也满足方程，所以 $C_1 y_1 + C_2 y_2$ 是方程的解.

由于这是二阶方程的解，解中又含有两个任意常数，所以自然要问：$C_1 y_1 + C_2 y_2$ 是否是方程的通解呢？回答是：不一定.

比如：设 y_1 是方程的解，则由解的叠加性可知，$y_2 = 2y_1$ 也是方程的解，但 $y = C_1 y_1 + C_2 y_2 = (C_1 + 2C_2)y_1 = Cy_1 (C = C_1 + 2C_2)$，显然它不是方程的通解.

在这里，两个任意常数可以合并的原因是，$\dfrac{y_2}{y_1} = 2$，即 y_2 是 y_1 的常数倍，如

果 $\dfrac{y_2}{y_1} \not\equiv$ 常数,那么它们叠加后的任意常数就不可以合并了,从而叠加后的解必定是方程的通解.

注意:如果函数 y_1,y_2,满足 $\dfrac{y_2}{y_1} \not\equiv$ 常数,则称 y_1,y_2 是线性无关的,否则称为线性相关(有关线性相关性的完整理论,可看线性代数教材).

由此,我们得到二阶齐次线性微分方程解的结构.

定理 2 设 $y_1(x)$,$y_2(x)$ 是齐次方程($*$)的两个线性无关解(即 $\dfrac{y_2}{y_1} \not\equiv$ 常数),则 $C_1 y_1 + C_2 y_2$ 是该方程($*$)的通解,其中 C_1,C_2 是任意常数.

从此定理可以可见,求齐次方程的通解,可归结为求它的两个线性无关的特解.

2.5.2 二阶非齐次线性微分方程

下面讨论二阶非齐次线性微分方程

$$y'' + P(x)y' + Q(x)y = f(x)$$

的解的性质与结构.

定理 3 设 $y^*(x)$ 是非齐次方程 $y'' + P(x)y' + Q(x)y = f(x)$ 的一个特解,$Y(x) = C_1 y_1 + C_2 y_2$ 是对应齐次方程 $y'' + P(x)y' + Q(x)y = 0$ 的通解,则 $y = Y + y^* = C_1 y_1 + C_2 y_2 + y^*$ 是非齐次方程 $y'' + P(x)y' + Q(x)y = f(x)$ 的通解.

证 由假设条件可知,y^*,Y 分别满足

$$(y^*)'' + P(x)(y^*)' + Q(x)y^* = f(x), \quad Y'' + P(x)Y' + Q(x)Y = 0.$$

将 $y = Y + y^*$ 代入非齐次方程 $y'' + P(x)y' + Q(x)y = f(x)$,得

$$(Y + y^*)'' + P(x)(Y + y^*)' + Q(x)(Y + y^*)$$
$$= [Y'' + P(x)Y' + Q(x)Y] + [(y^*)'' + P(x)(y^*)' + Q(x)(y^*)]$$
$$= f(x).$$

这说明 $y = Y + y^*$ 是非齐次方程 $y'' + P(x)y' + Q(x)y = f(x)$ 的解,又由于 Y 是对应齐次方程的通解,所以含有两个任意常数,从而 $y = Y + y^*$ 是方程的通解了.

从定理 3 可见,非齐次方程的通解由两部分组成,即它是非齐次方程的一个特解与对应齐次方程的通解之和.

定理 4 设 y_1^*,y_2^* 分别是非齐次方程

$$y'' + P(x)y' + Q(x)y = f_1(x), \quad y'' + P(x)y' + Q(x)y = f_2(x)$$

的特解,则 $y^* = y_1^* + y_2^*$ 是非齐次方程

$$y'' + P(x)y' + Q(x)y = f_1(x) + f_2(x)$$

的特解.(请同学们自己动手验证一下)

这个定理通常称为线性微分方程解的叠加原理.

注意:本节定理的结果均可以推广到 n 阶线性微分方程.

2.6 二阶常系数齐次线性微分方程

设 p,q 是常数,则形如

$$y'' + py' + qy = 0$$

的方程,称为二阶常系数齐次线性微分方程.

可见它是上节讲的二阶齐次线性微分方程的特殊情况(即 $P(x) = p$ 为常数,$Q(x) = q$ 为常数),所以由上节定理 2 知道,只要求出此方程的两个线性无关的特解,就可得到它的通解了.

我们先分析一下:

在此方程中,因为 p,q 是常数,所以要使 y'',py',qy 三项之和为零,容易猜想到 y'',y',y 应是同一类型的函数,由于指数函数 $y = \mathrm{e}^{rx}$(r 是常数)符合这一要求,于是推测,如果适当选取常数 r,就有可能使 $y = \mathrm{e}^{rx}$ 满足方程.

将 $y = \mathrm{e}^{rx}$ 代入方程,因为 $y' = r\mathrm{e}^{rx}$,$y'' = r^2\mathrm{e}^{rx}$,所以代入方程得到

$$(r^2 + pr + q)\mathrm{e}^{rx} = 0$$

由于 $\mathrm{e}^{rx} \neq 0$,于是有

$$r^2 + pr + q = 0$$

由此可见,只要 r 是此二次三项式的根,则 $y = \mathrm{e}^{rx}$ 就是此常系数齐次方程的一个特解.我们称这个二次三项式为特征方程.

通过以上的分析可见,只要求出特征方程的根,就可写出该方程的特解了.所以我们要特别关注特征方程.

首先,特征方程 $r^2 + pr + q = 0$ 中 r^2,r 的系数及常数项依次是方程 $y'' + py' + qy = 0$ 中 y'',y' 及 y 的系数.

其次,由二次三项式的求根公式,可知特征方程的两个根为

$$r_1, r_2 = \frac{-p \pm \sqrt{p^2 - 4q}}{2}.$$

下面根据特征方程根是相异实根、重根、复根三种情况,分别讨论此方程的通解.

(1) 当 $p^2 - 4q > 0$ 时,特征方程有两个相异实根 r_1, r_2,从而得到方程两个特解 $y_1 = \mathrm{e}^{r_1 x}$, $y_2 = \mathrm{e}^{r_2 x}$,且 $\frac{y_1}{y_2} = \mathrm{e}^{(r_1 - r_2) x} \not\equiv$ 常数,所以该方程的通解为

$$Y = C_1 \mathrm{e}^{r_1 x} + C_2 \mathrm{e}^{r_2 x}.$$

(2) 当 $p^2 - 4q = 0$ 时,特征方程有两个相同实根 $r = -\frac{p}{2}$,从而得到方程一个特解 $y_1 = \mathrm{e}^{rx}$. 为了求与 y_1 线性无关的另一个特解 y_2,即使 $\frac{y_2}{y_1} \not\equiv$ 常数,可设

$$y_2 = u(x) y_1 = u(x) \mathrm{e}^{rx}.$$

其中 $u(x)$ 为待定函数.

将 $y_2 = u(x) \mathrm{e}^{rx}$ 代入方程 $y'' + p y' + q y = 0$,以求出 $u(x)$,先求导

$$y_2' = (u' + ru) \mathrm{e}^{rx}, \qquad y_2'' = (u'' + 2ru' + r^2 u) \mathrm{e}^{rx}.$$

代入方程,并整理得

$$\mathrm{e}^{rx} [u'' + (2r + p) u' + (r^2 + pr + q) u] = 0.$$

因为 $\mathrm{e}^{rx} \neq 0$,所以

$$u'' + (2r + p) u' + (r^2 + pr + q) u = 0.$$

由于 $r = -\frac{p}{2}$ 是特征方程 $r^2 + pr + q = 0$ 的重根,因此 $2r + p = 0$, $r^2 + pr + q = 0$,于是上式成为

$$u'' = 0.$$

积分两次,得

$$u = C_1 x + C_2,$$

取 $C_1 = 1, C_2 = 0$,得 $u = x$,从而 $y_2 = x \mathrm{e}^{rx}$,所以该方程的通解为

$$Y = (C_1 + C_2 x) \mathrm{e}^{rx}.$$

(3) 当 $p^2 - 4q < 0$ 时,特征方程有一对共轭复根 $r_1 = \alpha + \mathrm{i}\beta$, $r_2 = \alpha - \mathrm{i}\beta$,从而得到两个复函数解 $y_1 = \mathrm{e}^{(\alpha + \mathrm{i}\beta) x}$, $y_2 = \mathrm{e}^{(\alpha - \mathrm{i}\beta) x}$. 但是一般我们采用实函数解,应用欧拉公式

$$\mathrm{e}^{\mathrm{i}\theta} = \cos\theta + \mathrm{i}\sin\theta$$

可以转换为实函数解. 因为

$$y_1 = \mathrm{e}^{(\alpha+\mathrm{i}\beta)x} = \mathrm{e}^{\alpha x} \cdot \mathrm{e}^{\mathrm{i}\beta x} = \mathrm{e}^{\alpha x}(\cos\beta x + \mathrm{i}\sin\beta x)$$

$$y_2 = \mathrm{e}^{(\alpha-\mathrm{i}\beta)x} = \mathrm{e}^{\alpha x} \cdot \mathrm{e}^{-\mathrm{i}\beta x} = \mathrm{e}^{\alpha x}(\cos\beta x - \mathrm{i}\sin\beta x)$$

得到

$$\overline{y_1} = \frac{1}{2}(y_1 + y_2) = \mathrm{e}^{\alpha x}\cos\beta x$$

$$\overline{y_2} = \frac{1}{2\mathrm{i}}(y_1 - y_2) = \mathrm{e}^{\alpha x}\sin\beta x$$

由上一节解性质定理 1 可知，$\overline{y_1}$，$\overline{y_2}$ 也是此方程的解，且 $\dfrac{\overline{y_2}}{\overline{y_1}} = \tan\beta x \not\equiv$ 常数，所以此方程的通解为

$$Y = \mathrm{e}^{\alpha x}(C_1\cos\beta x + C_2\sin\beta x)$$

综上所述，微分方程的通解与特征方程的根之间的关系如下表：

特征方程 $r^2 + pr + q = 0$ 的根	微分方程 $y'' + py' + qy = 0$ 的通解
相异实根 $r_1 \neq r_2$	$Y = C_1\mathrm{e}^{r_1 x} + C_2\mathrm{e}^{r_2 x}$
重根 r	$Y = (C_1 + C_2 x)\mathrm{e}^{rx}$
共轭复根 $r_1 = \alpha + \mathrm{i}\beta, r_2 = \alpha - \mathrm{i}\beta$	$Y = \mathrm{e}^{\alpha x}(C_1\cos\beta x + C_2\sin\beta x)$

下面看一下求解步骤.

第一步：写出微分方程 $y'' + py' + qy = 0$ 的特征方程 $r^2 + pr + q = 0$；

第二步：求特征方程的两个根 r_1, r_2；

第三步：利用上表写出微分方程的通解.

【例 1】 求方程 $y'' + y' - 2y = 0$ 的通解.

解 先写出特征方程为 $r^2 + r - 2 = 0$，因式分解，$(r+2)(r-1) = 0$，得 $r_1 = -2, r_2 = 1$，这是相异实根，从而根据上表，该方程的通解为

$$Y = C_1\mathrm{e}^{-2x} + C_2\mathrm{e}^x.$$

【例 2】 求方程 $y'' + 2y' + 3y = 0$ 的通解.

解 它的特征方程为 $r^2 + 2r + 3 = 0$，用求根公式，

$$r = \frac{-p \pm \sqrt{p^2 - 4q}}{2} = \frac{-2 \pm \sqrt{4-12}}{2} = \frac{-2 \pm 2\sqrt{2}\,\mathrm{i}}{2} = -1 \pm \sqrt{2}\,\mathrm{i}.$$

这是一对共轭复根，$r_1, r_2 = -1 \pm \sqrt{2}\,\mathrm{i}$，对照上面表格，$\alpha = -1$，$\beta = \sqrt{2}$，所以该方程的通解为

$$Y = \mathrm{e}^{-x}(C_1\cos\sqrt{2}\,x + C_2\sin\sqrt{2}\,x).$$

【例 3】 求方程 $s'' + 4s' + 4s = 0$ 满足条件 $s(0) = 4, s'(0) = 2$ 的特解.

解 它的特征方程为 $r^2 + 4r + 4 = 0$，即 $(r+2)^2 = 0$，故 $r = -2$ 是重根，

所以该方程的通解为
$$S = (C_1 + C_2 t)\mathrm{e}^{-2t},$$
求导,得 $S' = C_2 \mathrm{e}^{-2t} - 2(C_1 + C_2 t)\mathrm{e}^{-2t}$.

将条件 $s(0) = 4, s'(0) = 2$,代入,得 $4 = C_1, 2 = C_2 - 2C_1$,解得 $C_1 = 4, C_2 = 10$,所以此方程的特解为
$$S = (4 + 10t)\mathrm{e}^{-2t}.$$

习题 2.6

1.求下列方程的通解:

(1) $y'' - 2y' - 3y = 0$;　　　　　　(2) $y'' + 9y = 0$;

(3) $y'' - 2y' = 0$;　　　　　　　(4) $y'' - 2y' + 5y = 0$.

2.求下列方程满足初始条件的特解:

(1) $y'' - 2y' + y = 0$, $y\big|_{x=0} = 2$, $y'\big|_{x=0} = 1$;

(2) $y'' + 25y = 0$, $y\big|_{x=0} = 2$, $y'\big|_{x=0} = 5$.

3.求方程 $y'' + ky = 0$ 的通解,其中 k 为常数.

2.7　二阶常系数非齐次线性微分方程

设 p, q 是常数,则形如
$$y'' + py' + qy = f(x)$$
的方程,称为二阶常系数非齐次线性微分方程.

可见它也是 2.5 节讲的二阶非齐次线性微分方程的特殊情况(即 $P(x) = p$ 为常数,$Q(x) = q$ 为常数),所以由 2.5 节定理 3 知道,此类方程的求解有以下步骤:

第一步:先求对应齐次方程 $y'' + py' + qy = 0$ 的通解 $Y(x) = C_1 y_1 + C_2 y_2$;

第二步:再求非齐次方程 $y'' + py' + qy = f(x)$ 的一个特解 y^*;

第三步:最后写出非齐次方程 $y'' + py' + qy = f(x)$ 的通解 $y = Y + y^*$.

可见这里的第一步在上节已经完成了,余下是解决第二步,下面就讨论怎样求非齐次方程的一个特解 y^*.

非齐次方程的特解 y^* 与自由项 $f(x)$ 的形式有关,本节针对 $f(x)$ 为多项

式与指数函数、正弦函数、余弦函数的乘积等几种特殊形式进行讨论,介绍所谓的待定系数法求特解 y^* 的方法.

2.7.1　$f(x)=P_m(x)\mathrm{e}^{\lambda x}$ 型

设 $f(x)=P_m(x)\mathrm{e}^{\lambda x}$,其中 λ 是常数,$P_m(x)$ 是已知的 m 次多项式

$$P_m(x)=b_m x^m+b_{m-1}x^{m-1}+\cdots+b_1 x+b_0,$$

即方程形式为

$$y''+py'+qy=P_m(x)\mathrm{e}^{\lambda x}.$$

下面分析并介绍待定系数法.

此方程的右端是多项式与指数函数的乘积,我们知道多项式与指数函数的乘积的各阶导数仍是多项式与指数函数的乘积.由此推测,此方程的特解 y^* 可能是某个多项式 $Q(x)$ 与指数函数 $\mathrm{e}^{\lambda x}$ 的乘积,即

$$y^*=Q(x)\mathrm{e}^{\lambda x}.$$

将 y^* 代入方程,以确定多项式 $Q(x)$.先对 y^* 求一、二阶导数

$$(y^*)'=(Q'(x)+\lambda Q(x))\mathrm{e}^{\lambda x},(y^*)''=(Q''(x)+2\lambda Q'(x)+\lambda^2 Q(x))\mathrm{e}^{\lambda x}.$$

将 $y^*,(y^*)',(y^*)''$ 代入方程 $y''+py'+qy=P_m(x)\mathrm{e}^{\lambda x}$,并整理得

$$[Q''+(2\lambda+p)Q'+(\lambda^2+p\lambda+q)Q]\mathrm{e}^{\lambda x}=P_m(x)\mathrm{e}^{\lambda x}.$$

因为 $\mathrm{e}^{\lambda x}\neq0$,得

$$Q''+(2\lambda+p)Q'+(\lambda^2+p\lambda+q)Q=P_m(x).　（*）$$

由此可见,若 $y^*=Q(x)\mathrm{e}^{\lambda x}$ 是方程的解,则 $Q(x)$ 应满足（*）式,我们就从此式来确定多项式 $Q(x)$,当然先要确定它的次数,再确定它的系数.

多项式 $Q(x)$ 的次数与 λ 有关,具体如下:

(1)若 λ 不是特征方程的根,即 $\lambda^2+p\lambda+q\neq0$,则（*）式左边的最高次幂在 $Q(x)$ 中,因此,要使（*）式两端恒等,$Q(x)$ 必须也是 m 次多项式,因此可设

$$Q(x)=Q_m(x).$$

(2)若 λ 是特征方程的单根,即 $\lambda^2+p\lambda+q=0$,但 $2\lambda+p\neq0$,则（*）式成为

$$Q''+(2\lambda+p)Q'=P_m(x),$$

而多项式求导一次后,其次幂要降低一次,因此要使上式成立,应取 $Q(x)$ 为 $m+1$ 次多项式,为了方便起见,取

$$Q(x)=xQ_m(x).$$

(3)若 λ 是特征方程的重根,即 $\lambda^2+p\lambda+q=0$,且 $2\lambda+p=0$,则（*）式成为

$$Q'' = P_m(x),$$

于是 $Q(x)$ 为 $m+2$ 次多项式，为了方便起见，取

$$Q(x) = x^2 Q_m(x).$$

综上所述，该方程的特解形式如下

$$y^* = \begin{cases} Q_m(x)\mathrm{e}^{\lambda x} & \lambda \text{ 不是特征方程根} \\ x Q_m(x)\mathrm{e}^{\lambda x} & \lambda \text{ 是特征方程单根}, \\ x^2 Q_m(x)\mathrm{e}^{\lambda x} & \lambda \text{ 是特征方程重根} \end{cases}$$

其中 $Q_m(x)$ 是与 $P_m(x)$ 同次幂的待定多项式.

然后再将特解 $y^* = x^k Q_m(x)\mathrm{e}^{\lambda x}$ $(k = 0,1,2)$ 代入方程 $y'' + py' + qy = P_m(x)\mathrm{e}^{\lambda x}$，求得 $Q_m(x)$ 的系数.

下面我们来看几道例题，具体感受一下. 当然，这之前先要熟悉特解的形式，要仔细弄清 y^* 中每个符号、参数的含义.

【例1】 写出下列方程特解的形式：

(1) $y'' + y = 5x\mathrm{e}^x$;

(2) $y'' + 2y' + y = 2(x^2 + x)\mathrm{e}^{-x}$.

解 (1) 先求出特征方程的根，特征方程为 $r^2 + 1 = 0$，得特征根 $r = \pm \mathrm{i}$，又 $f(x) = 5x\mathrm{e}^x (= P_m(x)\mathrm{e}^{\lambda x})$，从而 $P_m(x) = P_1(x) = 5x, \lambda = 1$，可见 $\lambda = 1$ 不是特征方程根，$k = 0$，所以由公式可知，此方程的特解形式为

$$y^* = Q_1(x)\mathrm{e}^x = (ax + b)\mathrm{e}^x.$$

(2) 特征方程为 $r^2 + 2r + 1 = 0$，故特征方程重根为 $r = -1$，这里 $f(x) = 2(x^2 + x)\mathrm{e}^{-x} (= P_m(x)\mathrm{e}^{-x})$，从而 $P_m(x) = P_2(x) = 2(x^2 + x), \lambda = -1$，可见 $\lambda = -1$ 是特征方程重根，$k = 2$，所以由公式可知，此方程的特解形式为

$$y^* = x^2 Q_2(x)\mathrm{e}^{-x} = x^2(ax^2 + bx + c)\mathrm{e}^{-x}.$$

【例2】 求方程 $y'' - y = x\mathrm{e}^{2x}$ 的通解.

解 (1) 先求对应齐次方程 $y'' - y = 0$ 的通解 Y.

特征方程 $r^2 - 1 = 0$，故 $r_1 = 1, r_2 = -1$，从而对应齐次方程 $y'' - y = 0$ 的通解为

$$Y = C_1\mathrm{e}^x + C_2\mathrm{e}^{-x}.$$

(2) 再求非齐次方程的一个特解 y^*.

因为 $f(x) = x\mathrm{e}^{2x} (= P_m(x)\mathrm{e}^{\lambda x})$，从而 $P_m(x) = P_1(x) = x\mathrm{e}^{2x}, \lambda = 2$，可见 $\lambda = 2$ 不是特征方程根，$k = 0$，所以由公式可知，此方程的特解形式为

$$y^* = Q_1(x)\mathrm{e}^{2x} = (ax + b)\mathrm{e}^{2x}$$

求导得 $(y^*)' = a\mathrm{e}^{2x} + 2(ax + b)\mathrm{e}^{2x}, (y^*)'' = 4a\mathrm{e}^{2x} + 4(ax + b)\mathrm{e}^{2x}$，代入非

齐次方程,得

$$4a\mathrm{e}^{2x} + 4(ax+b)\mathrm{e}^{2x} - (ax+b)\mathrm{e}^{2x} = x\mathrm{e}^{2x},$$

约去 e^{2x},整理得到 $\quad 3ax + (4a+3b) = x,$

比较关于 x 同次幂的系数,得到 $\begin{cases} 3a = 1 \\ 4a+3b = 0 \end{cases}$,求得 $a = \dfrac{1}{3}, b = -\dfrac{4}{9},$

所以特解 $\qquad y^* = (\dfrac{1}{3}x - \dfrac{4}{9})\mathrm{e}^{2x}.$

（3）最后得到原方程的通解

$$y = y^* + Y = (\dfrac{1}{3}x - \dfrac{4}{9})\mathrm{e}^{2x} + C_1\mathrm{e}^x + C_2\mathrm{e}^{-x}.$$

【例 3】 求初值问题 $\begin{cases} y'' + y' = x^2 - 1 \\ y(0) = 1, \ y'(0) = 2 \end{cases}$ 的解.

解 （1）先求对应齐次方程 $y'' + y' = 0$ 的通解 Y.

特征方程 $r^2 + r = 0$,故 $r_1 = 0, r_2 = -1$,从而对应齐次方程 $y'' + y' = 0$ 的通解为

$$Y = C_1 + C_2\,\mathrm{e}^{-x}.$$

（2）再求非齐次方程的一个特解 y^*.

因为 $f(x) = x^2 - 1 (= P_m(x)\mathrm{e}^{\lambda x})$,从而 $P_m(x) = P_2(x) = x^2 - 1, \lambda = 0,$ 可见 $\lambda = 0$ 是特征方程单根,$k = 1$,所以由公式可知,此方程的特解形式为

$$y^* = xQ_2(x) = x(ax^2 + bx + c).$$

因为 $\quad y^* = ax^3 + bx^2 + cx, (y^*)' = 3ax^2 + 2bx + c, (y^*)'' = 6ax + 2b,$

代入方程为

$$6ax + 2b + 3ax^2 + 2bx + c = x^2 - 1,$$

即 $\qquad 3ax^2 + (6a+2b)x + 2b + c = x^2 - 1.$

比较等式两边关于 x 的同次幂的系数,可以得到

$$\begin{cases} 3a = 1 \\ 6a+2b = 0, \\ 2b+c = -1 \end{cases} \qquad 解得 \quad a = \dfrac{1}{3}, \quad b = -1, \quad c = 1.$$

因此特解 $\quad y^* = x(\dfrac{1}{3}x^2 - x + 1).$

（3）得到原方程的通解为

$$y = y^* + Y = x(\dfrac{1}{3}x^2 - x + 1) + C_1 + C_2\,\mathrm{e}^{-x}.$$

（4）由初始条件 $y(0) = 1, y'(0) = 2$,定出常数 C_1, C_2.

$$y = x(\frac{1}{3}x^2 - x + 1) + C_1 + C_2 e^{-x},$$

$$y' = (\frac{1}{3}x^2 - x + 1) + x(\frac{2}{3}x - 1) - C_2 e^{-x},$$

代入 $y(0) = 1$, $y'(0) = 2$,得到 $\begin{cases} C_1 + C_2 = 1 \\ 1 - C_2 = 2 \end{cases}$,求得 $C_1 = 2$, $C_2 = -1$,

所以,此初值问题的解为

$$y = x(\frac{1}{3}x^2 - x + 1) + 2 - e^{-x}.$$

2.7.2　$f(x) = e^{\lambda x}[P_l(x)\cos\omega x + P_n(x)\sin\omega x]$型

设 $f(x) = e^{\lambda x}[P_l(x)\cos\omega x + P_n(x)\sin\omega x]$,其中 λ, ω 是常数,$P_l(x)$,$P_n(x)$ 分别是 l, n 次多项式,这时方程成为

$$y'' + py' + qy = e^{\lambda x}[P_l(x)\cos\omega x + P_n(x)\sin\omega x].$$

可以证明(从略),此方程特解的形式为

$$y^* = x^k e^{\lambda x}[R_m^{(1)}(x)\cos\omega x + R_m^{(2)}(x)\sin\omega x],$$

其中 $k = \begin{cases} 0 & \lambda \pm i\omega \ \text{不是特征方程的根} \\ 1 & \lambda \pm i\omega \ \text{是特征方程的根} \end{cases}$,$m = \max(l, n)$($l$ 与 n 中取大的),

$R_m^{(1)}(x), R_m^{(2)}(x)$ 是两个不同的 m 次待定多项式.

特别地,当 $f(x) = P_n(x)e^{\lambda x}\cos\omega x$ 或 $P_n(x)e^{\lambda x}\sin\omega x$ 时,特解为

$$y^* = x^k e^{\lambda x}[R_n^{(1)}(x)\cos\omega x + R_n^{(2)}(x)\sin\omega x]$$

注意:在具体的例题中,上面特别的情形出现得更多,所以要根据具体情况具体对待.

下面看几道例题,同样先来熟悉特解的形式.

【例 4】　写出下列方程特解的形式:

(1) $y'' + y = 2x\sin x$;

(2) $y'' + 2y' - 3y = e^x\cos 2x$;

(3) $y'' - y = xe^{-x} + 2\sin x$.

解　(1) 特征方程为 $r^2 + 1 = 0$,故特征方程根为 $r = \pm i$,这里 $f(x) = 2x\sin x (= P_n(x)e^{\lambda x}\sin\omega x)$,从而 $P_n(x) = P_l(x) = x$,$\lambda = 0$,$\omega = 1$,故 $\lambda \pm i\omega = \pm i$ 是特征方程的根,所以由公式可知,取 $k = 1$,则此方程特解的形式为

$$y^* = x(R_1^{(1)}(x)\cos x + R_1^{(2)}(x)\sin x)$$

$$= x((ax + b)\cos x + (cx + d)\sin x).$$

（2）特征方程为 $r^2+2r-3=0,(r+3)(r-1)=0$，故特征方程根为 $r_1=-3,r_2=1$，这里 $f(x)=\mathrm{e}^x\cos2x(=P_m(x)\mathrm{e}^{\lambda x}\cos\omega x)$，从而 $P_n(x)=P_0(x)=1,\lambda=1,\omega=2$，故 $\lambda\pm\mathrm{i}\omega=1\pm2\mathrm{i}$ 不是特征方程的根，所以由公式可知，取 $k=0$，且此方程特解的形式为

$$y^*=x^0\mathrm{e}^x(R_0^{(1)}(x)\cos2x+R_0^{(2)}(x)\sin2x)$$
$$=\mathrm{e}^x(a\cos2x+b\sin2x).$$

（3）特征方程为 $r^2-1=0$，故特征方程根为 $r=\pm1$，这里 $f(x)=x\mathrm{e}^{-x}+2\sin x$，它是两种类型的自由项之和，应用上节定理 4，解的叠加原理，可设 $f(x)=f_1(x)+f_2(x)$，其中

$$f_1(x)=x\mathrm{e}^{-x},\quad f_2(x)=2\sin x.$$

对 $f_1(x)=x\mathrm{e}^{-x}$，因为 $\lambda=-1$ 是特征方程单根，所以其特解形式为

$$y_1^*=xQ_1(x)\mathrm{e}^{-x}=x(ax+b)\mathrm{e}^{-x}.$$

对 $f_2(x)=2\sin x$，因为 $\lambda\pm\mathrm{i}\omega=\pm\mathrm{i}$，不是特征方程的根，所以其特解形式为

$$y_2^*=R_0^{(1)}(x)\cos x+R_0^{(2)}(x)\sin x=c\cos x+d\sin x.$$

由本节定理 2 可知，对此 $f(x)=x\mathrm{e}^{-x}+2\sin x$，其特解形式为

$$y^*=y_1^*+y_2^*=x(ax+b)\mathrm{e}^{-x}+c\cos x+d\sin x.$$

【例 5】 求通解 $y''+9y=3\sin3x$.

解 （1）先求对应齐次方程 $y''+9y=0$ 的通解.

特征方程 $r^2+9=0,r=\pm3\mathrm{i}$，于是通解为

$$Y=C_1\cos3x+C_2\sin3x.$$

（2）再求非齐次方程一个特解 y^*.

因为 $f(x)=3\sin3x$，故 $\lambda\pm\mathrm{i}\omega=\pm3\mathrm{i}$ 是特征方程的根，故 $k=1$，从而可设特解为

$$y^*=x(a\cos3x+b\sin3x),$$

求导，

$$(y^*)'=a\cos3x+b\sin3x+x(-3a\sin3x+3b\cos3x),$$
$$(y^*)''=2(-3a\sin3x+3b\cos3x)+x(-9a\cos3x-9b\sin3x).$$

代入原方程，并整理得

$$-6a\sin3x+6b\cos3x=3\sin3x.$$

比较等式两边同类项系数，得到

$$\begin{cases}-6a=3\\6b=0\end{cases},\text{解得}\quad a=-\frac{1}{2},\quad b=0,$$

从而

$$y^*=-\frac{1}{2}x\cos3x.$$

因此，所求方程的通解为

$$y = C_1\cos3x + C_2\sin3x - \frac{1}{2}x\cos3x.$$

习题 2.7

1. 求下列方程的通解：

(1) $y'' - 2y' + y = \mathrm{e}^x$；

(2) $y'' + 4y = x\mathrm{e}^{2x}$；

(3) $y'' + 3y' + 2y = 3x\mathrm{e}^{-x}$；

(4) $y'' + 4y = x\sin x$；

(5) $y'' - 2y' + 5y = \mathrm{e}^x\sin2x$；

(6) $y'' + 3y' + 2y = 3x - 2\mathrm{e}^x$.

2. 求下列方程满足初始条件的特解：

(1) $y'' + y = 3\mathrm{e}^{-x}$，$y(0) = 0$，$y'(0) = 1$；

(2) $y'' - 3y' - 4y = 6$，$y(0) = 1$，$y'(0) = 2$；

(3) $y'' + y = -\sin2x$，$y(\pi) = y'(\pi) = 1$.

3. 设函数 $f(x)$ 连续，且满足方程

$$f(x) = \mathrm{e}^x + \int_0^x tf(t)\mathrm{d}t - x\int_0^x f(t)\mathrm{d}t$$

求 $f(x)$.

综合测试题 二

一、填空题：

1. 方程 $\mathrm{d}y = x(2y\mathrm{d}x - x\mathrm{d}y)$ 满足 $y(1) = 4$ 的特解为_____；

2. 若连续函数 $f(x)$ 满足 $f(x) = \int_0^{2x} f(\frac{t}{2})\mathrm{d}t + \ln2$，则 $f(x)$ 等于_____；

3. 方程 $y'' + y = 0$ 的通解为_____；

4. 设 $y = \mathrm{e}^{2x}$ 是微分方程 $y'' + py' + 6y = 0$ 的一个解，则此方程的通解为_____.

二、选择题：

1. 下列方程中为一阶线性微分方程的是（　　）.

(A) $y' = \dfrac{1}{x+y}$

(B) $y' = \mathrm{e}^{x+y}$

(C) $\dfrac{\mathrm{d}y}{\mathrm{d}x} + \sin y = \sin x$

(D) $x\ln y\mathrm{d}x + y\ln x\mathrm{d}y = 0$

2. 微分方程（　　）的通解为 $y = C_1\mathrm{e}^{2x} + C_2x\mathrm{e}^{2x}$.

(A) $y'' + 4y' + 4y = 0$

(B) $y'' - 4y = 0$

    (C)$y'' + 4y = 0$　　　　　　　　(D)$y'' - 4y' + 4y = 0$

3.方程 $y'' - 4y = 5xe^{-2x}$ 的特解形式 y^* 为（　　）.

    (A)$ax + b + e^{-2x}$　　　　　　　　(B)axe^{-2x}

    (C)$x(cx + d)e^{-2x}$　　　　　　　　(D)$ax + b + cxe^{-2x}$

4.设 $y_1^* = e^x$，$y_2^* = e^{-x}$，$y_3^* = x + e^x$ 是某个二阶非齐次线性微分方程的
   解，则此方程的通解为（　　）.

    (A)$y = C_1 e^x + C_2 e^{-x} + x$　　　　(B)$y = C_1(x + e^x) + C_2 e^{-x} + e^{-x}$

    (C)$y = C_1 x + C_2 e^{-x} + e^x$　　　　(D)$y = C_1 x + C_2(e^x - e^{-x}) + e^x$

三、求通解或特解：

    1.$\sqrt{1 - y^2} = 3x^2 yy'$；

    2.$(y - x^3)\mathrm{d}x - 2x\mathrm{d}y = 0$；

    3.$y'' + y = x^2 + 1$；

    4.$(1 - x^2)y'' - xy' = 0$，$y(0) = 0$，$y'(0) = 1$；

    5.$xy' + y = 2\sqrt{xy}$.

四、设 $f(x)$ 是连续函数，且满足方程 $f(x) - 2\int_0^x f(t)\mathrm{d}t = x^2 + 1$，求 $f(x)$.

五、设 $y = y(x)$ 在点 $(0,1)$ 处与抛物线 $y = x^2 - x + 1$ 相切，并满足方程 $y'' - 3y' + 2y = 2e^x$，求 $y(x)$.

第3章

向量代数与空间解析几何

    解析几何是用代数方法研究几何图形的学科.与平面解析几何类似,空间解析几何首先利用坐标法把空间上的点与有序数组对应起来,把空间的曲面、曲线与代数方程对应起来,从而可以用代数的方法来研究几何问题.空间解析几何的知识对学习多元函数微积分是必不可少的.

    本章首先建立空间直角坐标系,并引进向量的概念,介绍向量的一些运算,然后用向量作为工具研究空间的平面与直线,最后介绍一些常见的二次曲面和空间曲线.

3.1　空间直角坐标系

3.1.1　空间直角坐标系

    在中学的平面解析几何中,我们首先建立平面直角坐标系,将平面上的点与实数对(x,y)联系起来,进而将方程与曲线联系起来了,所以建立坐标系是用代数方法研究几何图形的基础.同样,要研究空间解析几何,我们从建立空间直角坐标系着手.

    下面先来介绍空间直角坐标系.

    在空间取定一点O,过点O作三条相互垂直的数轴,它们均以O为原点,且一般具有相同的长度单位,这三条数轴分别称为**x轴**、**y轴**、**z轴**,统称为**坐标轴**,三条坐标轴的正向要符合右手系,通俗地说,就是当右手的四个手指由x轴的正向转$\dfrac{\pi}{2}$的角度到y轴的正向握拳,大拇指所指的方向应是z轴的正向(如图

3-1). 这样的三条坐标轴就构成了一个**空间直角坐标系**, 记为 $Oxyz$, 点 O 称为**坐标原点**, 简称原点.

由任意两条坐标轴所确定的平面称为**坐标面**, 如由 x 轴和 y 轴确定的坐标面叫作 xOy 坐标面, 类似地还有 yOz, xOz 坐标面. 三个坐标面将空间分成八个部分, 每个部分称为一个**卦限**; 八个卦限依次称为第 1 卦限、第 2 卦限 …… 第 8 卦限(如图 3-2).

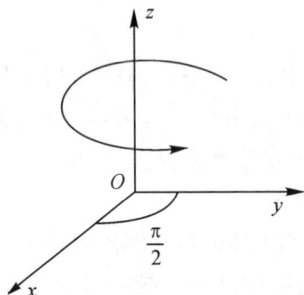

图3-1

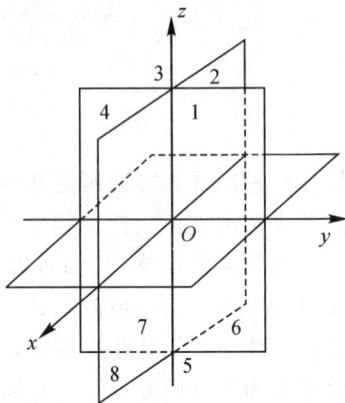

图3-2

在建立了空间直角坐标系后, 就能将空间中的点 M 与一个三元有序数组一一对应起来了, 方法如下(如图 3-3): 过点 M 分别作垂直于 x 轴、y 轴、z 轴的平面, 与坐标轴的交点依次记为 A, B, C, 点 A, B, C 在各自所在的坐标轴上的坐标记为 x, y, z, 这样空间中的任意一点 M 就有唯一的一组有序数组 (x, y, z) 与之对应, 反之, 任意给定一组有序数组 (x, y, z), 也必有唯一的一点 M 与之对应. 因此, 空间点 M 与有序数组 (x, y, z) 之间就构成了一一对应关系, 称这样的有序数组 (x, y, z) 为点 M 的空间直角坐标, 记为 $M(x, y, z)$, 并把其中的 x, y, z 分别称为点 M 的**横坐标**、**纵坐标**和**竖坐标**.

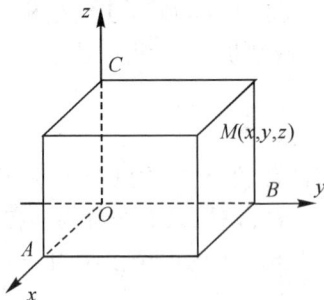

图3-3

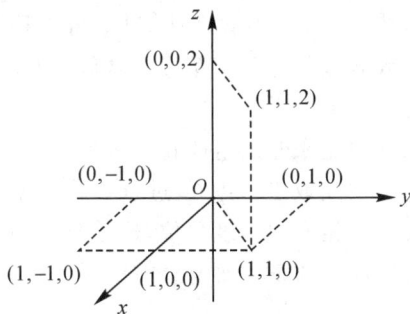

图3-4

这里需要指出,位于坐标面或坐标轴上的点,我们规定它不属于任何卦限,这些点有以下特征:

x 轴上点的坐标:$(x,0,0)$;y 轴上点的坐标:$(0,y,0)$;z 轴上点的坐标:$(0,0,z)$.坐标原点:$(0,0,0)$.

xOy 面上点的坐标:$(x,y,0)$;yOz 面上点的坐标:$(0,y,z)$;xOz 面上点的坐标:$(x,0,z)$.

在图 3-4 中,显示了坐标轴,坐标面上的点的特征,同学们可以再仔细琢磨一下.

3.1.2　空间两点间的距离公式

设 $M_1(x_1,y_1,z_1)$ 和 $M_2(x_2,y_2,z_2)$ 为空间两点,过点 M_1,M_2 各作三个平面,分别垂直于三个坐标轴,这六个平面围成一个以 M_1M_2 为对角线的长方体(如图 3-5),由勾股定理得

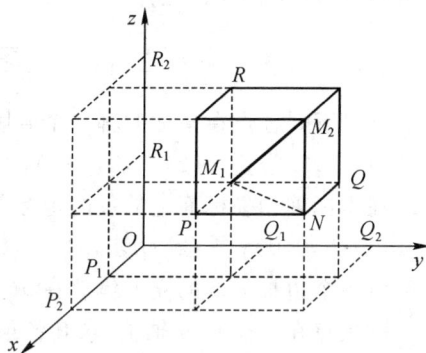

图 3-5

$$|M_1M_2|^2 = |M_1N|^2 + |NM_2|^2$$
$$= |M_1P|^2 + |M_1Q|^2 + |M_1R|^2$$

因为

$$|M_1P| = |P_1P_2| = |x_2 - x_1|;$$
$$|M_1Q| = |Q_1Q_2| = |y_2 - y_1|;$$
$$|M_1R| = |R_1R_2| = |z_2 - z_1|;$$

所以空间两点间距离公式为

$$|M_1M_2| = \sqrt{(x_2 - x_1)^2 + (y_2 - y_1)^2 + (z_2 - z_1)^2}.$$

特别,点 $M(x,y,z)$ 与原点 $O(0,0,0)$ 的距离为

$$|OM| = \sqrt{x^2 + y^2 + z^2}.$$

【例 1】　证明:以 $A(5,2,3)$,$B(7,1,2)$,$C(4,3,1)$ 为顶点的三角形为等腰三角形.

解　因为

$$|AB|^2 = (7-5)^2 + (1-2)^2 + (2-3)^2 = 6,$$
$$|BC|^2 = (4-7)^2 + (3-1)^2 + (1-2)^2 = 14,$$
$$|CA|^2 = (4-5)^2 + (3-2)^2 + (1-3)^2 = 6,$$

可见 $|AB|^2 = |CA|^2$,所以 $\triangle ABC$ 为等腰三角形.

【例2】 在 z 轴上求一点,使之到点 $A(-1,-1,2)$ 与到点 $B(1,0,1)$ 的距离相等.

解 因为要求的点在 z 轴上,所以可设为 $M(0,0,z)$,由题意 $|MA|=|MB|$,于是得

$$\sqrt{(0+1)^2+(0+1)^2+(z-2)^2}=\sqrt{(0-1)^2+(0-0)^2+(z-1)^2},$$

平方后得 $\qquad 1+1+z^2-4z+4=1+0+z^2-2z+1,$

解得 $\qquad\qquad\qquad\qquad z=2.$

所以,该点为 $M(0,0,2)$.

习题 3.1

1. 指出下列各点在坐标的哪一个卦限?

   (1)$(1,2,2)$; (2)$(3,2,-1)$; (3)$(-1,-1,2)$;(4)$(-1,-1,-2)$.

2. 在坐标轴和坐标面上的点的坐标各有什么特征?指出下列各点的位置:

   (1)$(2,0,0)$; (2)$(0,0,3)$; (3)$(1,-2,0)$; (4)$(0,3,4)$.

3. 将一个边长为 2 的立方体放在 xOy 平面上,其底面的中心在坐标原点,底面的顶点在 x 轴和 y 轴上,求其各顶点的坐标.

4. 设 $A(1,-2,3),B(1,-4,-3)$,求点 A,B 之间的距离.

5. 求点 $P(1,2,3)$ 到原点和各坐标轴的距离.

6. 在 yOz 面上求一点 P,使它到三点 $A(4,-2,-2)$;$B(0,5,1)$;$C(3,1,2)$ 的距离相等.

3.2 向量及其线性运算

3.2.1 向量的概念

向量是用代数方法研究几何图形的基本工具,在物理学的问题中,我们一般会遇到两类不同属性的量:一类是**数量**(或**标量**),它仅具有大小,可以直接用一个数来表示,如物体的长度、面积、体积、温度、质量等;另一类就是**向量**(或**矢量**),它是既有大小又有方向的量,如物体的位移、速度、加速度、力等.

向量通常用有向线段来表示(如图 3-6).这条有向线段的长度表示向量的大小,有向线段的正向,表示向量的方向.一条起点为 A 和终点为 B 的有向线段

所表示的向量记作**AB**,习惯上,向量常用英文字母上加箭头表示,
如**a**, **b** 等.

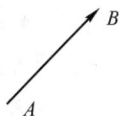

向量的模:向量的大小也称为向量的模,记作 $|\boldsymbol{AB}|$、$|\boldsymbol{a}|$ 等.

图 3-6

单位向量:模为 1 的向量又叫做单位向量. 对于一个非零向量
a,与**a** 具有相同方向的单位向量称为**a** 的单位向量,记作$\boldsymbol{a}^0$.

零向量:模为 0 的向量又叫做零向量,记作**o**. 显然,零向量的起点与终点重
合,零向量没有固定的方向,也可以说零向量的方向是任意的.

自由向量:与起点位置无关的向量称为自由向量. 因为确定向量的要素是
向量的大小与方向,因此,我们讨论向量时,通常只考虑向量的大小与方向,而
不关心向量的起点位置,所以我们称它为自由向量.

向量的相等:如果向量**a** 与**b** 的大小相等,方向相同,则称这两个向量是相
等的,记作**a** = **b**. 可见,经过平行移动后能够完全重合的向量是相等的.

负向量:如果一个向量与向量**a** 的大小相等而方向相反,则称它是向量**a** 的
负向量,记作 −**a**.

向量的夹角:将两个向量**a** 与**b** 平移到同一起点,它们之间的夹角 θ(规定 $0 \leqslant \theta \leqslant \pi$),称为向量**a** 与**b** 的夹角.

特别,当 $\theta = \dfrac{\pi}{2}$ 时,称向量**a** 与**b** 垂直,记作**a** $\perp$ **b**;

当 $\theta = 0$ 或 $\theta = \pi$ 时,称向量**a** 与**b** 平行,记作**a** // **b**.

3.2.2　向量的线性运算

1. 向量的加法运算

根据求合力的原理,向量的加法运算可用平行四边形法则来确定.

定义　从一定点 O 为起点作向量**a** 与**b**,以这两个向量为邻边作平行四边
形,则从点 O 到平行四边形对角的顶点所构成的向量**c**,称为**a** 与**b** 的和,记作**a** +
b,即**a** + **b** = **c**(如图 3-7).

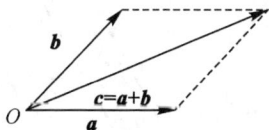

图3-7

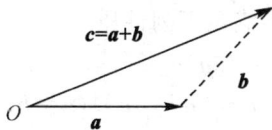

图3-8

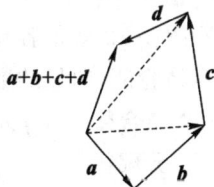

3-9

由于平行四边形的对边平行且相等,所以对照图 3-7 与图 3-8 可以看到,将

向量b平行移动,使b的起点重合于a的终点,则从a的起点到b的终点所引的向量也是c. 此法称为向量加法的三角形法则.

在多个向量求和时,用三角形法还是比较方便的,如图 3-9 所示.

建议同学们考虑一下,当向量a与b平行时,$a+b$运算. 动手画一下吧.

2. 向量的减法运算

定义　　$a-b=a+(-b)$.

我们将向量a与b的减法$a-b$看成a加上$-b$向量,如图 3-10 所示.

从图 3-11 可以看到,以a,b为邻边作平行四边形,则其两条对角线向量分别就是向量$a+b$与$a-b$.

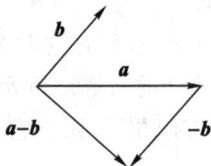

图3-10

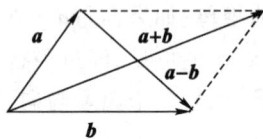

图3-11

容易验证,向量的加减法运算满足下列运算律:

(1) **交换律**　　$a+b=b+a$

(2) **结合律**　　$(a+b)+c=a+(b+c)$

(3) $a+0=a$

(4) $a+(-a)=0$

3. 向量的数乘运算

定义　　给定一个向量a与一个实数λ,定义数λ与向量a的乘积是一个向量,记作λa,称为向量的**数乘**.

$$\lambda a \begin{cases} \text{模 } |\lambda a|=|\lambda||a| \\ \text{方向} \begin{cases} \lambda>0,\lambda a \text{ 与 } a \text{ 同向}. \\ \lambda<0,\lambda a \text{ 与 } a \text{ 反向} \\ \lambda=0,\lambda a=0 \end{cases} \end{cases}$$

看图 3-12 就很容易理解向量数乘的意义了.

容易验证,向量的数乘满足下列性质

(1) **结合律**　　$\lambda(\mu a)=(\lambda\mu)a$

(2) **分配律**　　$(\lambda+\mu)a=\lambda a+\mu a,\lambda(a+b)=\lambda a+\lambda b$

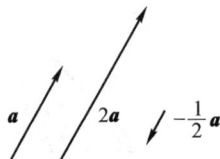

图 3-12

利用向量的数乘,我们可以得到与向量a同向的单位

向量的表示方式:

设向量 $a \neq 0$,则 $a^0 = \dfrac{1}{|\vec{a}|}$,$a$ 表示与 a 同向的单位向量.

由此可见,向量 a 又可以表示为 $a = |a| a^0$,应该看到,这样的表示显示了向量的两个特征,即向量大小与方向.

利用向量 λa 与 a 平行,我们还可以说明两向量平行的关系.

定理:设向量 $a \neq 0$,则向量 b 与 a 平行的充分必要条件是:存在唯一的实数 λ,使得 $b = \lambda a$.

证明　充分性是显然的,下面仅证必要性.

设向量 $b \ /\!/ \ a$ 平行,则 b 与 a 同向或反向,从而 $b^0 = \pm a^0$,即 $\dfrac{1}{|b|} b = \pm \dfrac{1}{|a|} a$,

即 　　$b = \pm \left| \dfrac{b}{a} \right| a$,取 $\lambda = \pm \left| \dfrac{a}{b} \right|$(同向取"$+$",反向取"$-$"),则 $b = \lambda a$.

再说明数 λ 的唯一性.设又 $b = \mu a$,两式相减,便得到

$$(\lambda - \mu) a = \vec{0}.$$

因为 $a \neq 0$,所以 $\lambda - \mu = 0$,即 $\lambda = \mu$.

3.2.3　向量的坐标表示

为了更方便地运用向量,下面引入向量的坐标,从而可以将向量的几何运算转化为向量坐标的代数运算.

设 a 为非零向量,将 a 的起点放在坐标原点 O,其终点坐标为 $M(x,y,z)$,则 $a = OM$.过点 M 作三个平面,分别垂直于 x,y,z 轴,得三个交点 P,Q,R(如图 3-13),这三个平面与三个坐标面构成一个长方体,OM 是长方体的对角线,于是由向量的加法得到

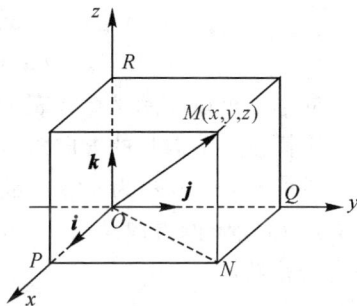

图 3-13

$$OM = ON + NM = OP + OQ + OR.$$

在空间直角坐标系中,设 i,j,k 分别表示 x,y,z 轴正向的单位向量,并称它们是坐标系的**基本单位向量**.则易见

$$OP = x i, \quad OQ = y j, \quad OR = z k,$$

从而向量 a 可以表示为

$$a = OM = OP + OQ + OR = x\boldsymbol{i} + y\boldsymbol{j} + z\boldsymbol{k}.$$

此式称为向量的**坐标表示式**.

这样,在空间直角坐标系下,对于空间中任一向量,总可以找到一组有序实数 (x,y,z) 与之对应;反之,任意给定一组有序实数 (x,y,z),总有空间一点 M,从而就有一个向量 OM 与之对应. 由此,空间中的所有向量与全体有序数组 (x,y,z) 之间就建立了一一对应关系. 因此,我们也称 (x,y,z) 是向量 $\boldsymbol{a}$ 的**坐标**,简记作

$$\boldsymbol{a} = (x,y,z).$$

注意:当向量的起点在坐标原点时,向量的坐标与终点坐标是相同的,我们也称 OM 为**向径**.

引入向量的坐标后,向量的模、线性运算都可以用坐标来表示了,公式如下:.

模:设 $\boldsymbol{a} = (x,y,z)$,则由两点间的距离公式可知

$$|\boldsymbol{a}| = |OM| = \sqrt{x^2 + y^2 + z^2}.$$

线性运算:设 $\boldsymbol{a} = (x_1,y_1,z_1),\boldsymbol{b} = (x_2,y_2,z_2)$,则

$$\boldsymbol{a} \pm \boldsymbol{b} = (x_1 \pm x_2, y_1 \pm y_2, z_1 \pm z_2),$$
$$\lambda\boldsymbol{a} = (\lambda x_1, \lambda y_1, \lambda z_1).$$

同学们可以先用坐标式表示向量,然后来验证上面两式的正确性.

下面讲一下向量的方向角与方向余弦.

设 $\boldsymbol{a} = (x,y,z)$ 为非零向量,记 α,β,γ 为向量 $\boldsymbol{a}$ 与三个坐标轴的夹角,则称 α,β,γ 为向量 $\boldsymbol{a}$ 的**方向角**,$\cos\alpha,\cos\beta,\cos\gamma$ 为向量 $\boldsymbol{a}$ 的**方向余弦**. 由图 3-14 可见方向余弦满足

$$\begin{cases} \cos\alpha = \dfrac{x}{|\boldsymbol{a}|} = \dfrac{x}{\sqrt{x^2 + y^2 + z^2}} \\[2mm] \cos\beta = \dfrac{y}{|\boldsymbol{a}|} = \dfrac{y}{\sqrt{x^2 + y^2 + z^2}} \\[2mm] \cos\gamma = \dfrac{z}{|\boldsymbol{a}|} = \dfrac{z}{\sqrt{x^2 + y^2 + z^2}} \end{cases},$$

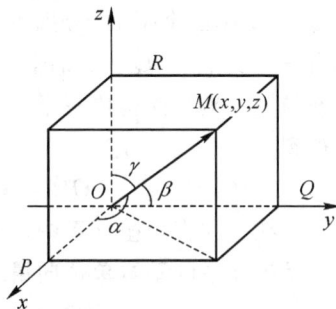

图 3-14

从上式又可见,方向余弦还满足

$$\cos^2\alpha + \cos^2\beta + \cos^2\gamma = 1$$

注意:与 $\boldsymbol{a}$ 同向的单位向量也可表示为

$$a^0 = \frac{1}{|a|} a = \frac{x i + y j + z k}{\sqrt{x^2 + y^2 + z^2}} = \cos\alpha\, i + \cos\beta\, j + \cos\gamma\, k.$$

这说明与 a 同向的单位向量的坐标就是向量 a 的方向余弦.

【例 1】　已知空间点 $P_1(x_1, y_1, z_1)$, $P_2(x_2, y_2, z_2)$, 试求向量 $P_1 P_2$ 的坐标.

解　先写出以 P_1, P_2 为终点的向径

$$OP_1 = (x_1, y_1, z_1), OP_2 = (x_2, y_2, z_2)$$

则如图 3-15 所示,

$$\begin{aligned} P_1 P_2 &= OP_2 - OP_1 \\ &= (x_2, y_2, z_2) - (x_1, y_1, z_1) \\ &= (x_2 - x_1, y_2 - y_1, z_2 - z_1). \end{aligned}$$

即向量 $P_1 P_2$ 的坐标等于其终点坐标减去起点坐标.

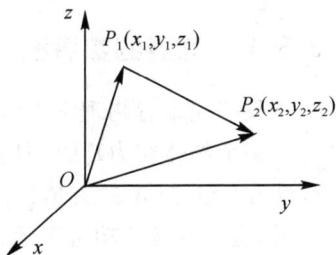

图 3-15

【例 2】　设点 $A(-1, 3, 0)$, $B(-2, 2, \sqrt{2})$, 求向量 AB 的模、方向余弦及方向角.

解　因为 $AB = (-2 + 1, 2 - 3, \sqrt{2} - 0) = (-1, -1, \sqrt{2})$,

所以, 向量 AB 的模, $|AB| = \sqrt{(-1)^2 + (-1)^2 + (\sqrt{2})^2} = 2$,

向量 AB 的方向余弦, $\cos\alpha = \dfrac{-1}{2}$, $\cos\beta = \dfrac{-1}{2}$, $\cos\gamma = \dfrac{\sqrt{2}}{2}$;

向量 AB 的方向角, $\alpha = \dfrac{2\pi}{3}$, $\quad \beta = \dfrac{2\pi}{3}$, $\quad \gamma = \dfrac{\pi}{4}$.

习题 3.2

1. 设 $a = (2, 0, -1)$, $b = (1, -2, -2)$, 求 $3a + b$.

2. 设 $A(2, -1, 0)$, $B(-1, 0, 1)$, 求

   (1) 向量的模 $|AB|$;　(2) 向量 AB 的方向余弦;　(3) 与 AB 同向的单位向量.

3. 已知向量 AB 的终点坐标为 $B(2, -1, 0)$, 模 $|AB| = 14$, 且其方向与向量 $b = -2i + 3j + 6k$ 一致, 求起点 A 的坐标.

4. 设 $a = (1, 1, 5)$, $b = (2, -3, 5)$, 求与向量 $a - 3b$ 平行的单位向量.

3.3　向量的数量积与向量积

3.3.1　向量的数量积

我们先来看物理学中常力沿直线做功的问题.

一个物体在力 $\boldsymbol{F}$ 的作用下沿直线运动,产生了位移 $\boldsymbol{s}$,设力 $\boldsymbol{f}$ 与位移 $\boldsymbol{s}$ 的夹角为 θ（如图 3-16）,由物理学知识可得,这力所做的功可表示为

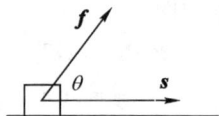

图 3-16

$$W = |\boldsymbol{f}|\,|\boldsymbol{s}|\cos\theta.$$

如果我们将上述运算单纯地看成是两个向量之间的一种运算,其运算结果是一个数量,那么这种运算就称为向量的**数量积**.

定义　向量 $\boldsymbol{a}$ 与 $\boldsymbol{b}$ 的数量积等于 $\boldsymbol{a}$ 与 $\boldsymbol{b}$ 的模和它们夹角 θ 的余弦的乘积,记为 $\boldsymbol{a} \cdot \boldsymbol{b}$,即

$$\boldsymbol{a} \cdot \boldsymbol{b} = |\boldsymbol{a}|\,|\boldsymbol{b}|\cos\theta,$$

其中 θ 是向量 $\boldsymbol{a}$ 与 $\boldsymbol{b}$ 的夹角. 由于数量积运算用"·"表示,所以数量积也称作**点积**.

依照数量积的定义,力的做功可以用数量积表示为

$$W = \boldsymbol{f} \cdot \boldsymbol{s}.$$

下面我们利用数量积来引入量在某一方向上投影的概念.

用 $\boldsymbol{b}^0$ 表示向量 $\boldsymbol{b}$ 方向的单位向量,则

$$\boldsymbol{a} \cdot \boldsymbol{b}^0 = |\boldsymbol{a}|\,|\boldsymbol{b}^0|\cos\theta = |\boldsymbol{a}|\cos\theta,$$

我们将此式看成是向量 $\boldsymbol{a}$ 在向量 $\boldsymbol{b}$ 方向上的**投影**,一般记作 $Prj_b\,\boldsymbol{a}$,即

$$Prj_b\,\boldsymbol{a} = |\boldsymbol{a}|\cos\theta,$$

其中 θ 表示向量 $\boldsymbol{a}$ 与 $\boldsymbol{b}$ 之间的夹角.

> 可见向量的投影是一个可正、可负的代数数。

由此我们可以用数量积来求投影,即

$$Prj_b\,\boldsymbol{a} = \frac{\boldsymbol{a} \cdot \boldsymbol{b}}{|\boldsymbol{b}|}.$$

下面看一下数量积的性质、运算规律及坐标表示.

性质:由数量积的定义可知

（1）$\boldsymbol{a} \cdot \boldsymbol{a} = |\boldsymbol{a}|^2$

(2) $\boldsymbol{a} \cdot \boldsymbol{b} = 0 \Leftrightarrow \boldsymbol{a} \perp \boldsymbol{b}$ 或 $\boldsymbol{a} = 0$ 或 $\boldsymbol{b} = 0$

运算规律：

(1) **交换律** $\quad \boldsymbol{a} \cdot \boldsymbol{b} = \boldsymbol{b} \cdot \boldsymbol{a}$

(2) **结合律** $\quad (\lambda \boldsymbol{a}) \cdot \boldsymbol{b} = \boldsymbol{a} \cdot (\lambda \boldsymbol{b}) = \lambda(\boldsymbol{a} \cdot \boldsymbol{b})$

(3) **分配律** $\quad \boldsymbol{a} \cdot (\boldsymbol{b} + \boldsymbol{c}) = \boldsymbol{a} \cdot \boldsymbol{b} + \boldsymbol{a} \cdot \boldsymbol{c}$

用数量积的定义，容易验证上述等式，同学们可以动手演算一下．

数量积的坐标表示：

由于基本单位向量 $\boldsymbol{i}, \boldsymbol{j}, \boldsymbol{k}$ 是相互垂直的，从而具有如下特点：

$$\begin{cases} \boldsymbol{i} \cdot \boldsymbol{i} = 1, \boldsymbol{j} \cdot \boldsymbol{j} = 1, \boldsymbol{k} \cdot \boldsymbol{k} = 1 \\ \boldsymbol{i} \cdot \boldsymbol{j} = \boldsymbol{j} \cdot \boldsymbol{k} = \boldsymbol{k} \cdot \boldsymbol{i} = 0 \end{cases}.$$

$\boldsymbol{i} \cdot \boldsymbol{i} = |\boldsymbol{i}|^2 = 1$

设向量

$$\boldsymbol{a} = a_x \boldsymbol{i} + a_y \boldsymbol{j} + a_z \boldsymbol{k}, \boldsymbol{b} = b_x \boldsymbol{i} + b_y \boldsymbol{j} + b_z \boldsymbol{k},$$

则

$$\begin{aligned} \boldsymbol{a} \cdot \boldsymbol{b} &= (a_x \boldsymbol{i} + a_y \boldsymbol{j} + a_z \boldsymbol{k}) \cdot (b_x \boldsymbol{i} + b_y \boldsymbol{j} + b_z \boldsymbol{k}) \\ &= a_x \boldsymbol{i} \cdot (b_x \boldsymbol{i} + b_y \boldsymbol{j} + b_z \boldsymbol{k}) + a_y \boldsymbol{j} \cdot (b_x \boldsymbol{i} + b_y \boldsymbol{j} + b_z \boldsymbol{k}) \\ &\quad + a_z \boldsymbol{k} \cdot (b_x \boldsymbol{i} + b_y \boldsymbol{j} + b_z \boldsymbol{k}) \\ &= a_x b_x \boldsymbol{i} \cdot \boldsymbol{i} + a_x b_y \boldsymbol{i} \cdot \boldsymbol{j} + a_x b_z \boldsymbol{i} \cdot \boldsymbol{k} + a_y b_x \boldsymbol{j} \cdot \boldsymbol{i} + a_y b_y \boldsymbol{j} \cdot \boldsymbol{j} \\ &\quad + a_y b_z \boldsymbol{j} \cdot \boldsymbol{k} + a_z b_x \boldsymbol{k} \cdot \boldsymbol{i} + a_z b_y \boldsymbol{k} \cdot \boldsymbol{j} + a_z b_z \boldsymbol{k} \cdot \boldsymbol{k} \\ &= a_x b_x + a_y b_y + a_z b_z, \end{aligned}$$

即

$$\boldsymbol{a} \cdot \boldsymbol{b} = a_x b_x + a_y b_y + a_z b_z.$$

由数量积的定义，可知，当 $\boldsymbol{a}$ 与 $\boldsymbol{b}$ 为非零向量时，$\boldsymbol{a}$ 与 $\boldsymbol{b}$ 夹角的余弦为

$$\cos\theta = \frac{\boldsymbol{a} \cdot \boldsymbol{b}}{|\boldsymbol{a}||\boldsymbol{b}|} = \frac{a_x b_x + a_y b_y + a_z b_z}{\sqrt{a_x^2 + a_y^2 + a_z^2} \cdot \sqrt{b_x^2 + b_y^2 + b_z^2}}.$$

特别提醒： 非零向量 $\boldsymbol{a} \perp \boldsymbol{b} \Leftrightarrow \boldsymbol{a} \cdot \boldsymbol{b} = 0 \Leftrightarrow a_x b_x + a_y b_y + a_z b_z = 0.$

【例1】 设 $\boldsymbol{a} = (1, -2, 2), \boldsymbol{b} = (2, 1, -3)$，求 (1) $\boldsymbol{a} \cdot \boldsymbol{b}$；(2) $\boldsymbol{a}$、$\boldsymbol{b}$ 间夹角的余弦；(3) $Prj_{\boldsymbol{b}} \boldsymbol{a}$.

解 由定义可知

(1) $\boldsymbol{a} \cdot \boldsymbol{b} = 1 \times 2 + (-2) \times 1 + 2 \times (-3) = -6.$

(2) $\cos\theta = \dfrac{\boldsymbol{a} \cdot \boldsymbol{b}}{|\boldsymbol{a}||\boldsymbol{b}|} = \dfrac{-6}{\sqrt{1+4+4} \cdot \sqrt{4+1+9}} = \dfrac{-6}{3\sqrt{14}} = -\dfrac{2}{\sqrt{14}}.$

(3) $Prj_{\boldsymbol{b}} \boldsymbol{a} = \dfrac{\boldsymbol{a} \cdot \boldsymbol{b}}{|\boldsymbol{b}|} = \dfrac{-6}{\sqrt{14}}.$

【例2】 在 xOz 面上求一个向量 $\boldsymbol{b}$，使其垂直于 $\boldsymbol{a} = (1,4,-1)$，且 $\boldsymbol{a}$ 与 $\boldsymbol{b}$ 的模相等.

解 因为向量 $\boldsymbol{b}$ 在 zOx 面上，所以可设向量 $\boldsymbol{b} = (x,0,z)$，又因为 $\boldsymbol{a}$ 与 $\boldsymbol{b}$ 垂直，故

$$\boldsymbol{a} \cdot \boldsymbol{b} = x - z = 0,$$

得 $x = z$，再利用模相等，即 $|\boldsymbol{a}| = |\boldsymbol{b}|$，得

$$\sqrt{x^2 + z^2} = \sqrt{1^2 + 4^2 + (-1)^2} = \sqrt{18},$$

即 $\qquad\qquad \sqrt{2x^2} = \sqrt{18}$，得 $\quad x^2 = 9.$

解得 $x = \pm 3 = z$，所以，$\boldsymbol{a} = (\pm 3, 0 \pm 3).$

3.3.2 向量的向量积

从物理学中力矩的概念，我们可以引入向量的向量积的概念及其运算运则，具体如下：

定义 向量 $\boldsymbol{a}$ 与 $\boldsymbol{b}$ 的向量积为一个向量，记为 $\boldsymbol{a} \times \boldsymbol{b}$.

$$\boldsymbol{a} \times \boldsymbol{b} \begin{cases} \text{模：} |\boldsymbol{a} \times \boldsymbol{b}| = |\boldsymbol{a}||\boldsymbol{b}|\sin\theta\,(\text{其中 } \theta \text{ 是 } \boldsymbol{a},\boldsymbol{b} \text{ 间夹角}) \\ \text{方向：同时垂直 } \boldsymbol{a},\boldsymbol{b}\text{，且正向符合右手规则} \end{cases}$$

如图 3-17 所示，其中的右手规则与空间直角坐标系中的右手规则是类似的.

由于向量积的运算符号用"×"表示，故向量积也称为**叉积**.

下面看一下向量积的性质、运算规律及坐标表示.

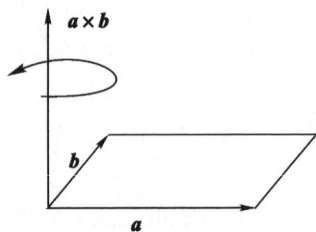

图 3-17

性质： 由向量积的定义可见

(1) $\boldsymbol{a} \times \boldsymbol{a} = \boldsymbol{0}$

(2) $\boldsymbol{a} \times \boldsymbol{b} = \boldsymbol{0} \Leftrightarrow \boldsymbol{a} \parallel \boldsymbol{b}$ 或 $\boldsymbol{a} = \boldsymbol{0}$ 或 $\boldsymbol{b} = \boldsymbol{0}$

(3) $|\boldsymbol{a} \times \boldsymbol{b}|$ 等于以 $\boldsymbol{a},\boldsymbol{b}$ 为邻边的平行四边形的面积（看图 3-17 想一想）

运算规律：

(1) **反交换律** $\boldsymbol{a} \times \boldsymbol{b} = -\boldsymbol{b} \times \boldsymbol{a}$

(2) **结合律** $(\lambda \boldsymbol{a}) \times \boldsymbol{b} = \boldsymbol{a} \times (\lambda \boldsymbol{b}) = \lambda(\boldsymbol{a} \times \boldsymbol{b})$

(3) **分配律** $(\boldsymbol{a} + \boldsymbol{b}) \times \boldsymbol{c} = \boldsymbol{a} \times \boldsymbol{c} + \boldsymbol{b} \times \boldsymbol{c}$

> 其中的"－"号可以从右手规则去理解

用向量积的定义,容易验证以上等式.特别要指出的是,由于向量积正向要符合右手规则,所以 $a \times b$ 与 $b \times a$ 的模相等,但方向相反,从而不满足交换律.

向量积的坐标表示:

设向量

$$a = a_x i + a_y j + a_z k, b = b_x i + b_y j + b_z k,$$

则

$$
\begin{aligned}
a \times b &= (a_x i + a_y j + a_z k) \times (b_x i + b_y j + b_z k) \\
&= a_x i \times (b_x i + b_y j + b_z k) + a_y j \times (b_x i + b_y j + b_z k) \\
&\quad + a_z k \times (b_x i + b_y j + b_z k) \\
&= a_x b_x i \times i + a_x b_y i \times j + a_x b_z i \times k + a_y b_x j \times i + a_y b_y j \times j \\
&\quad + a_y b_z j \times k + a_z b_x k \times i + a_z b_y k \times j + a_z b_z k \times k.
\end{aligned}
$$

由于基本单位向量 i, j, k 是相互垂直的,从而具有如下特点:

$$
\begin{cases}
i \times i = 0, j \times j = 0, k \times k = 0 \\
i \times j = k, j \times k = i, k \times i = j
\end{cases}
$$

从而

$$a \times b = (a_y b_z - a_z b_y) i - (a_x b_z - a_z b_x) j + (a_x b_y - a_y b_x) k.$$

为了便于记忆,我们将上面的关系式写成三阶行列式形式,并称之为向量积的坐标表示:

$$
\begin{aligned}
a \times b &= \begin{vmatrix} i & j & k \\ a_x & a_y & a_z \\ b_x & b_y & b_z \end{vmatrix} \\
&= \begin{vmatrix} a_y & a_z \\ b_y & b_z \end{vmatrix} i - \begin{vmatrix} a_x & a_z \\ b_x & b_z \end{vmatrix} j + \begin{vmatrix} a_x & a_y \\ b_x & b_y \end{vmatrix} k \\
&= (a_y b_z - a_z b_y) i - (a_x b_z - a_z b_x) j + (a_x b_y - a_y b_x) k.
\end{aligned}
$$

$$\begin{vmatrix} a & b \\ c & d \end{vmatrix} = ad - bc$$

特别提醒: 非零向量 $a \parallel b \Leftrightarrow a \times b = 0 \Leftrightarrow a = \lambda b$

$$\Leftrightarrow \frac{a_x}{b_x} = \frac{a_y}{b_y} = \frac{a_z}{b_z}.$$

【例3】 已知三点 $A(3,1,3)$, $B(1,-1,2)$, $C(3,3,1)$,求

(1) $AB \times AC$;

(2) 以 A, B, C 为顶点三角形的面积.

解 (1) 先求 AB, AC,

$$AB = (1-3, -1-1, 2-3) = (-2, -2, -1),$$

$$AC = (3-3, 3-1, 1-3) = (0, 2, -2).$$

$$AB \times AC = \begin{vmatrix} i & j & k \\ -2 & -2 & -1 \\ 0 & 2 & -2 \end{vmatrix} = \begin{vmatrix} -2 & -1 \\ 2 & -2 \end{vmatrix} i - \begin{vmatrix} -2 & -1 \\ 0 & -2 \end{vmatrix} j + \begin{vmatrix} -2 & -2 \\ 0 & 2 \end{vmatrix} k$$

$$= (4+2)i - (4-0)j + (-4-0)k = 6i - 4j - 4k.$$

（2）$\triangle ABC$ 可以看成以 AB，AC 为邻边的平行四边形的一半，所以由向量积模的几何意义可知

$$S_{\triangle ABC} = \frac{1}{2} |AB \times AC| = \frac{1}{2}\sqrt{6^2 + (-4)^2 + (-4)^2} = \frac{1}{2}\sqrt{68} = \sqrt{17}.$$

【例 4】 设 $a = 2i - 3j + k$，$b = i - 2j + 3k$，求向量 c，同时垂直于 a，b，且 $|c| = \sqrt{3}$.

解 由向量积的定义可知，$a \times b$ 同时垂直于 a，b，所以先求 $a \times b$，

$$a \times b = \begin{vmatrix} i & j & k \\ 2 & -3 & 1 \\ 1 & -2 & 3 \end{vmatrix} = \begin{vmatrix} -3 & 1 \\ -2 & 3 \end{vmatrix} i - \begin{vmatrix} 2 & 1 \\ 1 & 3 \end{vmatrix} j + \begin{vmatrix} 2 & -3 \\ 1 & -2 \end{vmatrix} k$$

$$= -7i - 5j - k.$$

从而，同时垂直于 a，b 的向量可表示为 $\lambda(-7, -5, -1)$ $(\lambda \neq 0)$.

所以可设 $c = \lambda a \times b = \lambda(-7, -5, -1)$，又由于 $|c| = \sqrt{3}$，从而得出

$$\sqrt{(-7\lambda)^2 + (-5\lambda)^2 + (-\lambda)^2} = \sqrt{3},$$

化简后得

$$75\lambda^2 = 3, \quad \lambda = \pm \frac{1}{5}.$$

因此，所求的向量为

$$c = \pm \left(\frac{7}{5}, 1, \frac{1}{5} \right).$$

*3.3.3 向量的混合积

下面简单介绍三个向量之间的向量积与数量积的混合运算，所以称为混合积.

如 $(a \times b) \cdot c$ 就是一个混合积.

下面先来看一下混合积 $(a \times b) \cdot c$ 的意义.

由于 $(a \times b) \cdot c = |a \times b| |c| \cos\varphi$，其中 φ 是叉积向量 $a \times b$ 与 c 的夹角. 我们知道 $|a \times b|$ 的几何意义是以向量 a，b 为邻边的平行四边形的面积；又从图

3-18 可知，$|c|\cos\varphi$ 表示以 a，b，c 为棱的平行六面体的高（以阴影部分为底），所以 $(a\times b)\cdot c$ 的绝对值表示以 a，b，c 为棱的平行六面体的体积.

下面介绍向量混合积的坐标式.

设 $a=(a_x,a_y,a_z)$，$b=(b_x,b_y,b_z)$，$c=(c_x,c_y,c_z)$，则

$$(a\times b)\cdot c=(\begin{vmatrix}a_y & a_z\\ b_y & b_z\end{vmatrix}i-\begin{vmatrix}a_x & a_z\\ b_x & b_z\end{vmatrix}j+$$

$$\begin{vmatrix}a_x & a_y\\ b_x & b_z\end{vmatrix}k)\cdot(c_x i+c_y j+c_z k)$$

$$=\begin{vmatrix}a_y & a_z\\ b_y & b_z\end{vmatrix}c_x-\begin{vmatrix}a_z & a_x\\ b_z & b_x\end{vmatrix}c_y+\begin{vmatrix}a_x & a_y\\ b_x & b_y\end{vmatrix}c_z,$$

用三阶行列式的记号，可以得到混合积的坐标式

$$(a\times b)\cdot c=\begin{vmatrix}a_x & a_y & a_z\\ b_x & b_y & b_z\\ c_x & c_y & c_z\end{vmatrix},$$

又由三阶行列式的轮换性质可知

$$(a\times b)\cdot c=(b\times c)\cdot a=(c\times a)\cdot b.$$

注意：由混合积的几何意义可知

$$向量 a,b,c 共面 \Longleftrightarrow (a\times b)\cdot c=0 \Longleftrightarrow \begin{vmatrix}a_x & a_y & a_z\\ b_x & b_y & b_z\\ c_x & c_y & c_z\end{vmatrix}=0.$$

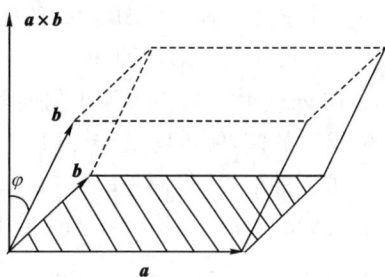

图 3-18

习题 3.3

1. 设 $a=(1,-1,-3)$，$b=(3,-2,1)$，求

(1) $a\cdot b$； (2) $a\times b$； (3) a 与 b 之间夹角的余弦.

2. 在力 $F=i+4j-3k$ 作用下，一质点从点 $A(3,-1,2)$ 直线运动到点 $B(5,2,3)$，求力对质点所做的功.

3. 设 $a=(1,2,-1)$，$b=(1,0,-1)$，求 $a\times b$ 及以 a，b 为邻边的平行四边形的面积.

4. 设三角形的三项点为 $A(2,-2,0)$，$B(-1,0,2)$，$C(1,1,1)$.

(1) 求同时垂直于 AB, AC 的向量；

(2) 求该三角形的面积.

5. 在 xOy 面上求一模为 1 的向量, 使之垂直于向量 $a = (2, -1, 4)$.

6. 求 λ 的值, 使得向量 $a = (1, -3, 5)$ 与向量 $b = (\lambda, -1, 3)$ 垂直.

7. 求 μ 的值, 使得向量 $a = (3, 2, -1)$ 与向量 $b = (6, 4, \mu)$ 平行.

8. 已知 $a \perp b$, $|a| = 3$, $|b| = 4$, 求 $|(a+b) \times (a-b)|$.

9. 已知 $|a| = 1$, $|b| = 2$, $(a, b) = \dfrac{\pi}{3}$, 求以 a, b 为邻边的平行四边形的面积及对角线长.

10. 设向量 d 垂直于向量 $a = (2, 3, 1)$ 和 $b = (1, -1, 3)$, 并且与向量 $c = (2, 1, 2)$ 的数量积为 -10, 求向量 d 的坐标.

11. 设向量 a, b, c 均为单位向量, 且 $a + b + c = 0$, 证明 $a \cdot b + b \cdot c + c \cdot a = -\dfrac{3}{2}$.

3.4 平面、直线及其方程

从本节开始, 我们介绍空间解析几何, 首先以向量为工具, 讨论空间中最简单的几何图形, 即平面、直线及其方程.

3.4.1 平面及其方程

1. 平面的点法式方程

我们先来直观地想一下, 垂直于一个已知向量 n 可以作很多平面, 但是如果垂直于一个已知向量 n, 且过空间一点 $M_0(x_0, y_0, z_0)$, 那么只能确定一个平面了. 下面我们就来分析并建立平面的方程.

设平面 π 过点 $M_0(x_0, y_0, z_0)$, 且非零向量 $n = (A, B, C)$ 垂直于平面 π(如图 3-19), 试建立平面 π 的平面方程.

设 $M(x, y, z)$ 是平面 π 上的任意一点, 得向

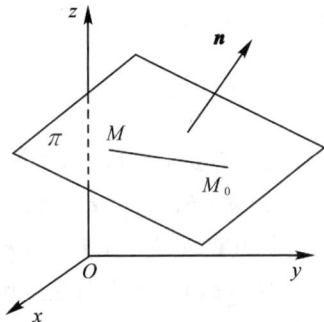

图 3-19

量 $M_0M = (x - x_0, y - y_0, z - z_0)$，因为向量 M_0M 在平面 π 上，故 $M_0M \perp n$，从而 $n \cdot M_0M = 0$，即

$$A(x - x_0) + B(y - y_0) + C(z - z_0) = 0.$$

可见在平面 π 上的点都满足此关系式，而不在平面 π 上的点都不满足此关系式，我们就称这样的点几何轨迹关系式为平面 π 的平面方程.

进一步，一般称 $n = (A, B, C)$ 为平面的法向量，称此方程称为平面的**点法式方程**.

【例1】 求过点 $M_0(1, -1, 3)$ 且垂直于向量 $n = (3, 1, -1)$ 的平面方程.

解 利用平面的点法式方程建立平面方程，关键做两件事情：一个是找平面上一点；另一个是找平面的法向量，即垂直于平面的向量，然后代入平面的点法式方程就行了.

(1) 找平面上一点，此题就取 $M_0(1, -1, 3)$.

(2) 找平面法向量，即垂直于平面的向量，此题就取 $n = (3, 1, -1)$，再代入平面的点法式方程公式，得

$$3(x - 1) + (y + 1) - (z - 3) = 0$$

整理得 $\qquad\qquad 3x + y - z + 1 = 0.$

【例2】 求过三点 $A(1, -1, -2)$，$B(-1, 2, 0)$，$C(1, 2, 1)$ 的平面方程.

解 还是利用点法式方程来建立平面方程

(1) 找平面上一点，此题就取 $A(1, -1, -2)$

(2) 找法向量 n，因为法向量 n 垂直于平面，又向量 AB，AC 在平面上，所以 $n \perp AB$，$n \perp AC$，由向量积的定义可知，可以取 $n = AB \times AC$，因为

$$AB = (-2, 3, 2), AC = (0, 3, 3),$$

则 $\qquad n = AB \times AC = \begin{vmatrix} i & j & k \\ -2 & 3 & 2 \\ 0 & 3 & 3 \end{vmatrix} = (3, 6, -6),$

取法向量 $n = (3, 6, -6)$，又过点 $A(1, -1, -2)$，所以此平面方程为

$$3(x - 1) + 6(y + 1) - 6(z + 2) = 0,$$

整理得

$$x + 2y - 2z - 3 = 0.$$

2. 平面的一般方程

如果将平面的点法式方程

$$A(x - x_0) + B(y - y_0) + C(z - z_0) = 0$$

变形,并记

$$D =- Ax_0 - By_0 - Cz_0,$$

则可化为

$$Ax + By + Cz + D = 0. \tag{1}$$

这说明平面方程是关于 x,y,z 的三元一次方程.

反之,对于任何一个关于 x,y,z 的三元一次方程(1),总有解 x_0,y_0,z_0,即有

$$Ax_0 + By_0 + Cz_0 + D = 0. \tag{2}$$

(1) 式减去(2) 式,可得

$$A(x - x_0) + B(y - y_0) + C(z - z_0) = 0.$$

这表明任何一个三元一次方程总表示平面.因此我们称

$$Ax + By + Cz + D = 0$$

为**平面的一般式方程**.此平面的法向量为 $\boldsymbol{n} = (A,B,C)$.

下面,看几种特殊情况:

当 $D = 0$ 时,$Ax + By + Cz = 0$,可见平面过原点;

当 $A = 0$ 时,$By + Cz + D = 0$,可见法向量为 $\boldsymbol{n} = (0,B,C)$,又 x 轴的方向向量为 $\boldsymbol{i} = (1,0,0)$,则

$$\boldsymbol{n} \cdot \boldsymbol{i} = (0,B,C) \cdot (1,0,0) = 0.$$

所以 $\boldsymbol{n} \perp \boldsymbol{i}$,即 $\boldsymbol{n}$ 垂直于 x 轴,又平面与法向量是垂直的,所以平面平行于 x 轴.

当 $A = D = 0$ 时,$By + Cz = 0$,由前两条可知,平面过原点,又平行于 x 轴,所以平面过 x 轴;

当 $A = B = 0$ 时,$Cz + D = 0$,可见 $\bar{n} = (0,0,C)$ 同时垂直于 x,y 轴,故法向量 $\boldsymbol{n}$ 垂直于 xOy 坐标面,所以平面平行于 xOy 坐标面;

当 $A = B = D = 0$ 时,$z = 0$,这就是 xOy 坐标面.

当 A,B,C,D 均不为零时,方程可写成

$$\frac{x}{-\dfrac{D}{A}} + \frac{y}{-\dfrac{D}{B}} + \frac{z}{-\dfrac{D}{C}} = 1,$$

或

$$\frac{x}{a} + \frac{y}{b} + \frac{z}{c} = 1.$$

此式称为**平面的截距式方程**,a,b,c 分别是平面在 x,y,z 轴上的截距(如图 3-20).

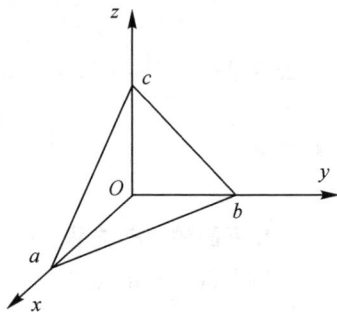

图 3-20

　　注意:仔细理解这里提到的几种特殊情况,特别是当 A,B,C,D 中有个别为零时,平面的特殊位置.

　　如　$By+Cz+D=0$(缺字母 x)—— 平面平行于 x 轴,

　　　　$Ax+Cz=0$(缺字母 y,且无常数项)—— 平面过 y 轴,

　　　　$Ax+D=0$(缺字母 y,z)—— 平面平行于 yOz 平面.

下面看几道例题感受一下.

　　【例3】　求通过 x 轴和点 $M_0(-3,2,1)$ 的平面方程.

　　解　因为平面过 x 轴,所以由前面的公式可知,可设平面方程为
$$By+Cz=0,$$
又因为平面过点 $M_0(-3,2,1)$,代入上式得 $2B+C=0$,故 $C=-2B$,再代入方程 $By+Cz=0$,得 $By-2Bz=0$,消去 B(因 A,B,C 不能同时为零,故 $B\neq 0$),因此,所求平面方程为
$$y-2z=0.$$

　　【例4】　求平行于 y 轴,且过点 $A(2,-1,3)$,$B(3,1,2)$ 的平面方程.

　　解　方法一(用一般式方程):

因为平面平行于 y 轴,所以可设平面方程为
$$Ax+Cz+D=0,$$
又因为平面过点 $A(2,-1,3)$,$B(3,1,2)$,代入方程,得
$$\begin{cases} 2A+3C+D=0 \\ 3A+2C+D=0 \end{cases}.$$

解此方程组,得 $A=C=-\dfrac{1}{5}D$,代入并消去 D,得所求平面方程
$$x+z-5=0.$$

　　方法二(用点法式方程):

因为平面过点 $A(2,-1,3)$,$B(3,1,2)$,故其法向量 $\boldsymbol{n} \perp \boldsymbol{AB}$;又因为平面平行于 y 轴,故 $\boldsymbol{n} \perp \boldsymbol{j}$,所以 $\boldsymbol{n}$ 同时垂直于 $\boldsymbol{AB}$,$\boldsymbol{j}$,从而可取 $\boldsymbol{n}=\boldsymbol{AB}\times\boldsymbol{j}$,又 $\boldsymbol{AB}=(1,2,-1)$,$\boldsymbol{j}=(0,1,0)$,于是
$$\boldsymbol{n}=\boldsymbol{AB}\times\boldsymbol{j}=\begin{vmatrix} \boldsymbol{i} & \boldsymbol{j} & \boldsymbol{k} \\ 1 & 2 & -1 \\ 0 & 1 & 0 \end{vmatrix}=(1,0,1).$$

所以,所求平面方程为
$$(x-2)+(z-3)=0,$$

即
$$x + z - 5 = 0.$$

3. 点到平面的距离

设 $P_0(x_0, y_0, z_0)$ 是平面 $\pi: Ax + By + Cz + D = 0$ 外一点，则点 P_0 到平面 π 的距离为
$$d = \frac{|Ax_0 + By_0 + Cz_0 + D|}{\sqrt{A^2 + B^2 + C^2}}.$$

证明：如图 3-21 所示，在平面上任取一点 $P_1(x_1, y_1, z_1)$，引向量 $\boldsymbol{P_1P_0} = (x_0 - x_1, y_0 - y_1, z_0 - z_1)$，由图 3-21 可见，点 P_0 到平面 π 的距离为

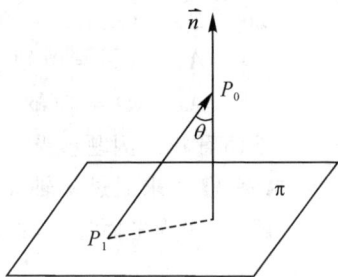

图 3-21

$$d = |\boldsymbol{P_1P_0}|\cos\theta.$$

利用数量积运算 $\cos\theta = \dfrac{\boldsymbol{P_1P_0} \cdot \boldsymbol{n}}{|\boldsymbol{P_1P_0}||\boldsymbol{n}|}$，

> 因 P_1 在平面上，故
> $$-Ax_1 - By_1 - Cz_1 = D$$

故
$$d = |\boldsymbol{P_1P_0}|\cos\theta = \frac{\boldsymbol{P_1P_0} \cdot \boldsymbol{n}}{|\boldsymbol{n}|}$$
$$= \frac{A(x_0 - x_1) + B(y_0 - y_1) + C(z_0 - z_1)}{\sqrt{A^2 + B^2 + C^2}}$$
$$= \frac{Ax_0 + By_0 + Cz_0 + D}{\sqrt{A^2 + B^2 + C^2}}.$$

> 想一想为何要加绝对值？

所以，点 P_0 到平面 π 的距离为
$$d = \frac{|Ax_0 + By_0 + Cz_0 + D|}{\sqrt{A^2 + B^2 + C^2}}.$$

【例 5】 在 z 轴上取一点，使之到平面 π_1 与平面 π_2 的距离相等.
$$\pi_1: 2x + y - 2z + 4 = 0 ; \quad \pi_2: 2x - 2y + z + 1 = 0.$$

解 因为所求的点在 z 轴上，所以可设为 $(0, 0, z)$，由点到平面的距离公式可知
$$\frac{|-2z + 4|}{\sqrt{2^2 + 1^2 + (-2)^2}} = \frac{|z + 1|}{\sqrt{2^2 + (-2)^2 + 1^2}}.$$

解得 $z = 5$ 或 $z = 1$，所以，所求的点 $(0, 0, 5)$ 或 $(0, 0, 1)$.

4. 两平面之间的关系

设有平面
$$\pi_1: A_1x + B_1y + C_1z + D_1 = 0 , \quad \pi_2: A_2x + B_2y + C_2z + D_2 = 0,$$

其法向量分别为

$$n_1 = (A_1, B_1, C_1), \quad \vec{n}_2 = (A_2, B_2, C_2),$$

两平面法向量的夹角(通常指锐角)称为**两平面的夹角**(二面角).

由此可得两平面夹角的计算公式

$$\cos\theta = \frac{|\boldsymbol{n}_1 \cdot \boldsymbol{n}_2|}{|\boldsymbol{n}_1||\boldsymbol{n}_2|} = \frac{|A_1A_2 + B_1B_2 + C_1C_2|}{\sqrt{A_1^2 + B_1^2 + C_1^2}\sqrt{A_2^2 + B_2^2 + C_2^2}}.$$

特别地,

当 $\pi_1 \perp \pi_2$: $\quad \boldsymbol{n}_1 \perp \boldsymbol{n}_2 \Leftrightarrow A_1A_2 + B_1B_2 + C_1C_2 = 0$;

当 $\pi_1 /\!/ \pi_2$: $\quad \boldsymbol{n}_1 /\!/ \boldsymbol{n}_2 \Leftrightarrow \dfrac{A_1}{A_2} = \dfrac{B_1}{B_2} = \dfrac{C_1}{C_2}$.

【例 6】 求一个平面,过点 $M_0(3, -1, 2)$,且平行于平面 $3x - y + z = 2$.

解 由题设,所求平面与已知平面平行,因此具有相同的法向量,又已知平面的法向量为 $\boldsymbol{n} = (3, -1, 1)$,利用平面的点法式方程可知,所求平面的方程为

$$3(x-3) - (y+1) + (z-2) = 0,$$

即 $$3x - y + z - 12 = 0.$$

3.4.2 空间直线及其方程

1. 直线的一般式方程

空间一条直线可看成两张不平行的平面的交线,所以,其方程可表示为

$$L: \begin{cases} A_1x + B_1y + C_1z + D_1 = 0 \\ A_2x + B_2y + C_2z + D_2 = 0 \end{cases},$$

此式称为**直线的一般式方程**.

注意:用一般式方程表示直线 L,其表示法不唯一. 事实上,由于通过一条空间直线 L 的平面有无数张,只要任取其中的两个不同的平面,将它们的方程联立就可以构成直线 L 的一般式方程.

2. 直线的点向式方程

先直观想一下吧,过一点,且平行于一个已知向量,能唯一确定一条直线.

设直线 L 过点 $M_0(x_0, y_0, z_0)$,且平行于非零向量 $\boldsymbol{s} = (m, n, p)$(如图 3-22),试建立直线 L 的方程.

设 $M(x, y, z)$ 是直线 L 上的任意一点,得向量 $\boldsymbol{M_0M} = (x-x_0, y-y_0, z-z_0)$,因为 $\boldsymbol{M_0M}$ 在直线上,故 $\boldsymbol{M_0M} /\!/ \boldsymbol{s}$,根据判定两向量平行的条件可以得到

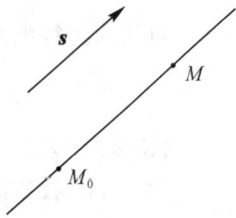

图 3-22

$$\frac{x-x_0}{m}=\frac{y-y_0}{n}=\frac{z-z_0}{p}.$$

上式是直线上任意一点所满足的关系式,我们把它称为是直线 L 的直线方程,又称 s 为直线的方向向量,从而此关系式也称为是**直线的点向式方程**（或**标准式方程**或**对称式方程**）.

注意:当此比例式分母 m,n,p 中有某个为零时,应以如下方式理解.

如 $\dfrac{x-x_0}{0}=\dfrac{y-y_0}{n}=\dfrac{z-z_0}{p}$ 就理解为 $\begin{cases} x-x_0=0 \\ \dfrac{y-y_0}{n}=\dfrac{z-z_0}{p}, \end{cases}$

$\dfrac{x-x_0}{0}=\dfrac{y-y_0}{0}=\dfrac{z-z_0}{p}$ 就理解为 $\begin{cases} x-x_0=0 \\ y-y_0=0. \end{cases}$

又如果引入参数 t,并令

$$\frac{x-x_0}{m}=\frac{y-y_0}{n}=\frac{z-z_0}{p}=t,$$

则得到

$$\begin{cases} x=x_0+mt \\ y=y_0+nt \qquad (-\infty<t<+\infty), \\ z=z_0+pt \end{cases}$$

称此式为**直线的参数式方程**.

下面看几道例题感觉一下吧.

【例7】 求过点 $M_0(1,0,-3)$,且平行于向量 $s=(2,1,0)$ 的直线方程.

解 可用直线的点向式方程来表示此直线,利用点向式方程建立直线方程,关键也是做两件事情:一个是找直线上一个点;另一个是找直线的方向向量,即平行于直线的向量,然后代入直线的点向式方程就可以了.

（1）找直线上一点,此题就取点 $M_0(1,0,-3)$;

（2）找直线的方向向量,即平行于直线的向量,此题就取方向向量 $s=(2,1,0)$

再代入直线的点向式方程,得到

$$\frac{x-1}{2}=\frac{y}{1}=\frac{z+3}{0}.$$

【例8】 求过两点 $A(x_1,y_1,z_1),B(x_2,y_2,z_2)$ 的直线方程.

解 （1）找直线上一点,此题就取 $A(x_1,y_1,z_1)$;

(2) 找直线的方向向量，易见向量 **AB** 平行于直线，所以可取方向向量为

$$s = AB = (x_2 - x_1, y_2 - y_1, z_2 - z_1),$$

代入直线的点向式方程，得到所求直线方程

$$\frac{x - x_1}{x_2 - x_1} = \frac{y - y_1}{y_2 - y_1} = \frac{z - z_1}{z_2 - z_1}.$$

此式也称为直线的两点式方程.

【例 9】 将直线 L 的一般式方程化为点向式方程.

$$L : \begin{cases} 2x + y - z + 1 = 0 \\ x + y + z - 1 = 0 \end{cases}.$$

解 (1) 先找直线上一点.

不妨取 $z = 1$，代入直线 L 的方程组，得

$$\begin{cases} 2x + y = 0 \\ x + y = 0 \end{cases},$$

解得 $x = 0, y = 0$，于是得直线一点为 $(0, 0, 1)$.

(2) 找直线的方向向量 s. 因为直线是两平面的交线，所以 s 同时垂直于两平面的法向量 n_1, n_2，故可取 $s = n_1 \times n_2$，又 $n_1 = (2, 1, -1), n_2 = (1, 1, 1)$，故

$$s = n_1 \times n_2 = \begin{vmatrix} i & j & k \\ 2 & 1 & -1 \\ 1 & 1 & 1 \end{vmatrix} = (2, -3, 1).$$

所以，此直线的点向式方程为

$$\frac{x}{2} = \frac{y}{-3} = \frac{z-1}{1}.$$

3. 直线与平面的夹角

当直线与平面不垂直时，直线和它在平面上的投影直线的夹角 $\varphi \left(0 \leqslant \varphi < \frac{\pi}{2} \right)$ 称为直线与平面的夹角（如图 3-23）；当直线与平面垂直时，规定直线与平面的夹角为 $\frac{\pi}{2}$.

设直线的方向向量为 $s = (m, n, p)$，平面的法向量为 $n = (A, B, C)$，直线与平面的夹角为 φ，则 $\varphi = \left| \frac{\pi}{2} - (n, s) \right|$.

可见 $\sin\varphi = |\cos(n, s)| = \dfrac{|s \cdot n|}{|s||n|}$，

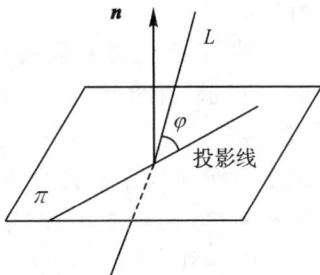

图 3-23

故
$$\sin\varphi = \frac{|Am + Bn + Cp|}{\sqrt{A^2 + B^2 + C^2}\sqrt{m^2 + n^2 + p^2}}.$$

特别地，当 $L \perp \pi$，则 $\boldsymbol{s} /\!/ \boldsymbol{n} \Leftrightarrow \dfrac{A}{m} = \dfrac{B}{n} = \dfrac{C}{p}$；

当 $L /\!/ \pi$，则 $\boldsymbol{s} \perp \boldsymbol{n} \Leftrightarrow Am + Bn + Cp = 0$.

注意：关于两直线的夹角问题与两平面的夹角是类似的，所以建议同学们自己动脑、动笔考虑一下，在这里仅指出，两直线的方向向量的夹角（通常指锐角）称为两直线的夹角.

【例10】 求过点 $A(1,1,-2)$，且垂直于平面 $x - y + 3z = 5$ 的直线方程.

解 因为直线垂直于平面，所以可取平面的法向量 $\boldsymbol{n}$ 作为直线的方向向量 $\boldsymbol{s}$，故取
$$\boldsymbol{s} = \boldsymbol{n} = (1, -1, 3),$$
从而，所求直线方程为
$$\frac{x-1}{1} = \frac{y-1}{-1} = \frac{z+2}{3}.$$

【例11】 判定直线与平面的位置关系.
$$L: \frac{x-2}{3} = \frac{y+2}{1} = \frac{z-3}{-4}; \quad \pi: x + y + z = 3.$$

解 主要是判定直线的方向向量与平面的法向量之间的关系.

直线 L 的方向向量 $\boldsymbol{s} = (3,1,-4)$，平面 π 的法向量 $\boldsymbol{n} = (1,1,1)$.

因为 $\boldsymbol{s} \cdot \boldsymbol{n} = (3,1,-4) \cdot (1,1,1) = 3 + 1 - 4 = 0$
所以，$\boldsymbol{s} \perp \boldsymbol{n}$，从而 $L /\!/ \pi$，又直线上取点 $M_0(2,-2,3)$，代入平面方程，$2 + (-2) + 3 = 3$，可见 M_0 在平面上，因此直线 L 落在平面 π 上.

下面再看几道有关直线与平面的综合题.

【例12】 求过点 $M(2,-1,3)$ 和直线 $L: \dfrac{x+1}{2} = \dfrac{y-1}{-3} = \dfrac{z+3}{1}$ 的平面方程.

解 此题关键是求平面的法向量 $\boldsymbol{n}$，如图 3-24 所示. 直线上取点 $N(-1,1,-3)$，则向量 $\boldsymbol{MN} = (-3,2,-6)$ 平行于平面，又直线 L 在平面上，$\boldsymbol{s} = (2,-3,1)$ 也平行于平面，从而平面的法向量 $\boldsymbol{n}$ 同时垂直于 $\boldsymbol{MN}, \boldsymbol{s}$，故可取
$$\boldsymbol{n} = \boldsymbol{MN} \times \boldsymbol{s}$$

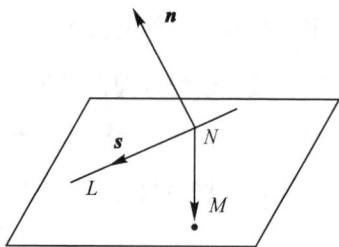

图 3-24

$$= \begin{vmatrix} \boldsymbol{i} & \boldsymbol{j} & \boldsymbol{k} \\ -3 & 2 & -6 \\ 2 & -3 & 1 \end{vmatrix} = (-16, -9, 5),$$

从而,所求平面方程为

$$-16(x-2) - 9(y+1) + 5(z-3) = 0,$$

即 $-16x - 9y + 5z + 8 = 0.$

【例 13】 试求点 $M(3, -5, 4)$ 在平面 $\pi : 2x - 2y + z - 2 = 0$ 上的投影点 N 的坐标.

解   作直线 L:过点 P 且垂直于平面 π,则直线 L 与平面 π 的交点就是垂足点 N.

如图 3-25 所示,可取 $\boldsymbol{s} = \boldsymbol{n} = (2, -2, 1)$,得直线 L 的方程

$$L : \frac{x-3}{2} = \frac{y+5}{-2} = \frac{z-4}{1}.$$

下面求直线 L 与平面 π 的交点,L 可用参数方程表示

$$L : \begin{cases} x = 2t + 3 \\ y = -2t - 5, \\ z = t + 4 \end{cases}$$

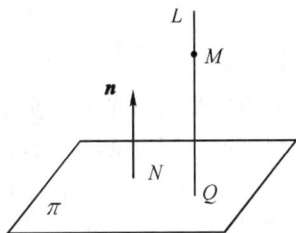

图 3-25

代入平面方程,得 $2(3+2t) - 2(-5-2t) + (4+t) - 2 = 0,$

解得 $t = -2$,再代入直线的参数方程,得 $x = -1, y = -1, z = 2$,从而投影点坐标为 $N(-1, -1, 2).$

*4. 过直线的平面束

设直线 L 的一般方程为

$$L : \begin{cases} A_1 x + B_1 y + C_1 z + D_1 = 0 \\ A_2 x + B_2 y + C_2 z + D_2 = 0 \end{cases}.$$

因过直线 L 的平面有无数个,这无数多个平面构成的一簇平面,称为过直线 L 的平面束.记

$$A_1 x + B_1 y + C_1 z + D_1 + \lambda(A_2 x + B_2 y + C_2 z + D_2) = 0. \qquad (*)$$

则此方程为过直线 L(除平面 $A_2 x + B_2 y + C_2 z + D_2 = 0$ 以外)的**平面束方程**. 其中 λ 为任意常数.

事实上:因为 A_1, B_1, C_1 与 A_2, B_2, C_2 不成比例,所以对于任何实数 λ,方程 $(*)$ 的系数 $A_1 + \lambda A_2, B_1 + \lambda B_2, C_1 + \lambda C_2$ 不全为零,从而方程 $(*)$ 表示一个平面,若一点在直线 L 上,则点的坐标应满足 L 的方程,因而也满足方程 $(*)$,故

方程（＊）表示通过直线 L 的平面;反之,通过直线 L 的任何平面(除平面 $A_2 x +$ $B_2 y + C_2 z + D_2 = 0$ 以外)都包含在方程(＊)所表示的一簇平面内.通过定直线的所有平面的全体称为平面束,而方程(＊)就作为通过直线 L 的平面束方程.

【例 14】 求直线 $\begin{cases} x + y + 3z = 0 \\ x - y - z = 0 \end{cases}$ 在平面 $\pi_0 : x + y + z + 1 = 0$ 上投影直线的方程.

解 先作平面 π:过直线且垂直于平面 π_0,则 π 与 π_0 的交线就是投影直线.利用平面束求 π 的方程.

过直线 $\begin{cases} x + y + 3z = 0 \\ x - y - z = 0 \end{cases}$ 的平面束方程为

$$(x + y + 3z) + \lambda(x - y - z) = 0,$$

即
$$(1 + \lambda)x + (1 - \lambda)y + (\beta - \lambda)z = 0.$$

因为此平面与平面 π 垂直,从而两平面法向量垂直.

因为 $\boldsymbol{n} = (1 + \lambda, 1 - \lambda, 3 - \lambda)$, $\boldsymbol{n}_0 = (1, 1, 1)$,由 $\boldsymbol{n}_0 \perp \boldsymbol{n}, \boldsymbol{n}_0 \cdot \boldsymbol{n} = 0$,得

$$(1 + \lambda) + (1 - \lambda) + (3 - \lambda) = 0.$$

解得
$$\lambda = 5,$$

所以平面 π 方程:$6x - 4y - 2z = 0$,

即
$$3x - 2y - z = 0,$$

从而投影直线方程为

$$\begin{cases} 3x - 2y - z = 0 \\ x + y + z + 1 = 0 \end{cases}.$$

习题 3.4

1. 设点 $A(1, 2, -3)$, $B(2, -1, 4)$,求过点 A,且垂直于向量 $\boldsymbol{AB}$ 的平面方程.

2. 分别按下列条件求平面方程:

(1) 过点 $M(0, 3, -2)$,且于平面 $x - 3y + z = 10$ 平行;

(2) 过三点 $M(2, 0, 1)$, $N(0, 1, -1)$, $P(1, 1, 1)$;

(3) 过点 $P(1, -1, 1)$,且过 y 轴;

(4) 过点 $A(2, -1, 1)$,且平行于 xOz 坐标面.

3. 求点 $M(-2, 1, 3)$ 到平面 $2x + y - z = 4$ 的距离.

4. 求两平面 $2x + y + z + 3 = 0$ 与 $x + 2y - z - 3 = 0$ 的夹角.

5. 分别按下列条件求直线方程:

(1) 过两点 $P(1, 2, 3)$, $Q(2, -1, 3)$;

(2) 过原点，且垂直于平面 $x + 3y - 2z = 5$；

(3) 过点 $M(2, -1, 3)$，且平行于直线 $\dfrac{x+1}{3} = \dfrac{y-1}{2} = \dfrac{z}{-1}$.

6. 将直线方程 $\begin{cases} 3x + y + 2z + 1 = 0 \\ 2x + y - 4z + 2 = 0 \end{cases}$ 化为点向式和参数式方程.

7. 试确定下列直线与平面的位置关系：

(1) $L: \dfrac{x}{4} = \dfrac{y-2}{-2} = \dfrac{z}{1}$，$\pi: 4x - 2y + z - 4 = 0$；

(2) $L: \dfrac{x-2}{-2} = \dfrac{y+2}{-7} = \dfrac{z-4}{3}$，$\pi: 4x - 2y - 2z - 4 = 0$.

8. 求平面 $x + 3y + 2z - 4 = 0$ 与直线 $\dfrac{x+1}{0} = \dfrac{y-2}{1} = \dfrac{z}{-1}$ 的夹角.

9. 求过点 $M(3, 1, 0)$，且与平面 $x + y - z = 2$ 及 $x - 2y = 3$ 均平行的直线方程.

10. 求过点 $M(3, 1, -2)$，又过直线 $\dfrac{x-4}{5} = \dfrac{y+3}{2} = \dfrac{z}{1}$ 的平面方程.

11. 求过直线 $\dfrac{x}{2} = \dfrac{y-2}{-3} = \dfrac{z}{1}$，且垂直于平面 $x + 3y + 2z - 4 = 0$ 的平面方程.

12. 求点 $P(2, -1, 0)$ 在 $2x + y - z + 1 = 0$ 上的投影点的坐标.

13. 求点 $M(1, 0, 2)$ 到直线 $\begin{cases} x + y + z = 0 \\ 2x + y - z = 1 \end{cases}$ 的距离.

3.5　空间曲面与曲线方程

3.5.1　曲面方程

1. 曲面方程的概念

在第四节，我们知道平面方程是三元一次方程
$$Ax + By + Cz + D = 0.$$
一般地，如果一个空间曲面 S 和一个三元方程
$$F(x, y, z) = 0$$
满足下列关系：

① 曲面 S 上任一点的坐标 (x, y, z) 都满足此方程；

② 而不在曲面 S 上的点都不满足此方程，则称此方程为曲面 S 的**曲面方程**，而曲面 S 称为此方程的**图形**（如图 3-26）.

这样就将代数方程与几何曲面联系起来了.

【例 1】 设曲面 S 上的任一点到某一定点 $M_0(x_0,y_0,z_0)$ 的距离均为 R，试建立该曲面的方程.

解 设 $M(x,y,z)$ 是曲面 S 上的任一点，由于 $|\boldsymbol{M_0M}| = R$，故得

$$\sqrt{(x-x_0)^2+(y-y_0)^2+(z-z_0)^2} = R.$$

因此，所求的曲面方程是

$$(x-x_0)^2+(y-y_0)^2+(z-z_0)^2 = R^2.$$

此方程就是以点 $M_0(x_0,y_0,z_0)$ 为球心，R 为半径的球面的球面方程（如图 3-27）.

特别，当球心在原点时，球面方程为

$$x^2+y^2+z^2 = R^2.$$

【例 2】 试建立到点 $M_0(0,0,p)(p>0)$ 和平面 $\pi:z=-p$ 距离相等的动点轨迹方程.

解 设 $M(x,y,z)$ 是满足条件的任一动点，则点 M 到点 M_0 的距离为

$$\sqrt{(x-0)^2+(y-0)^2+(z-p)^2},$$

点 M 到平面 $\pi:z=-p$ 的距离为

$$|z+p|.$$

由题意可知

$$\sqrt{(x-0)^2+(y-0)^2+(z-p)^2} = |z+p|,$$

整理得动点的运动轨迹方程

$$x^2+y^2-4pz = 0.$$

下面我们将主要讨论两种特殊曲面及其方程.

2. 柱面

定义 平行于定直线 L，并沿给定的曲线 C 移动的动直线所形成的曲面称为柱面.其中定曲线 C 称为柱面的**准线**，动直线称作柱面的**母线**（如图 3-28）.

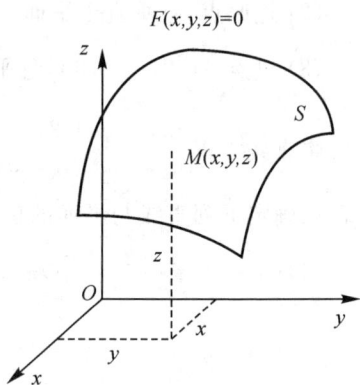

图 3-26

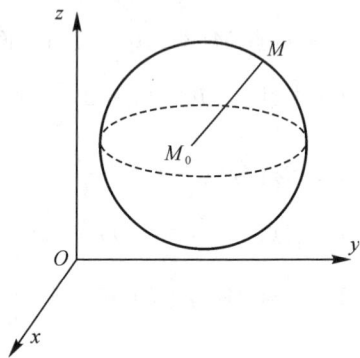

图 3-27

如，在空间，方程 $x^2 + y^2 = a^2$ 表示圆柱面，其准线为 xOy 面上的圆 $x^2 + y^2 = a^2$，母线平行于 z 轴（如图 3-29）.

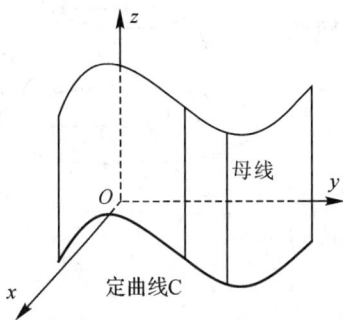

图3-28

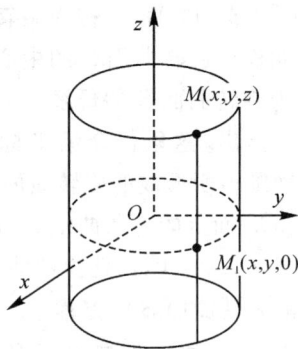

图3-29

事实上，由图 3-29 所示，圆柱面上平行于 z 轴的直线上的点 $M_1(x, y, 0)$ 与 $M(x, y, z)$ 的区别是坐标 z，而方程对 z 没有约束，所以，只要点 $M_1(x, y, 0)$ 满足方程，那么点 $M(x, y, z)$ 必满足方程.

此圆柱面方程 $x^2 + y^2 = a^2$ 不含字母 z，图形的母线正好平行于 z 轴.

一般地，在空间

方程 $f(x, y) = 0$——母线平行于 z 轴的柱面（特征：缺字母 z）；

方程 $g(y, z) = 0$——母线平行于 x 轴的柱面（特征：缺字母 x）；

方程 $h(x, z) = 0$——母线平行于 y 轴的柱面（特征：缺字母 y）.

柱面的名称通常依据其准线的名称来确定，像圆柱面、抛物柱面等.

例如　　$x^2 = 2z$，母线平行于 y 轴（过 y 轴），称为抛物柱面（如图 3-30）；

$y = 2x$，母线平行于 z 轴（过 z 轴），是一张过 z 轴的平面（如图 3-31）.

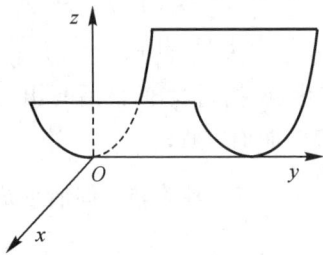

图3-30

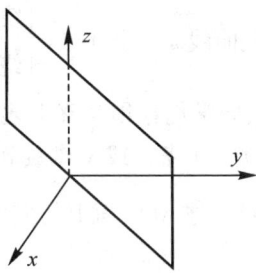

图3-31

3. 旋转曲面

定义　平面曲线 C 绕该平面上一条直线 L 旋转所形成的曲面 S，称为**旋转曲面**.其中的直线 L 叫作该旋转曲面 S 的**中心轴**，而旋转线 C 称为旋转曲面 S 的**母线**.

我们指出，这里仅介绍坐标面上的曲线，绕坐标轴旋转所形成的旋转曲面的方程.

设 yOz 面上的一条曲线 C（如图 3-32），其方程为 $f(y,z)=0$，试建立曲线 C 绕 z 轴旋转所形成的旋转曲面 S 的方程.

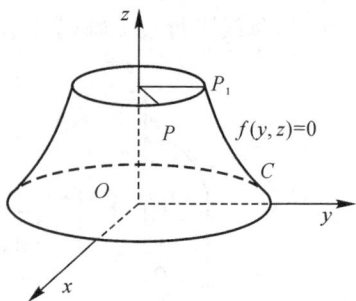

图 3-32

事实上：在旋转曲面 S 上任取一点 $P(x,y,z)$，设此点是由曲线 C 上点 $P_1(x_1,y_1,z_1)$ 绕 z 轴旋转所得，由图 3-32 所示，点 P 与 z 轴的距离等于点 P_1 与 z 轴的距离，且 z 坐标相同，即

$$\begin{cases} |y_1| = \sqrt{x^2+y^2}, \\ z = z_1 \end{cases} \text{即} \begin{cases} y_1 = \pm\sqrt{x^2+y^2} \\ z_1 = z \end{cases}.$$

又点 P_1 在曲线上，故 $f(y_1,z_1)=0$，而 $y_1 = \pm\sqrt{x^2+y^2}$，$z_1 = z$，代入 $f(y_1,z_1)=0$ 得

$$f(\pm\sqrt{x^2+y^2}, z) = 0,$$

这就是此旋转曲面的方程了.

一般地

$$yOz \text{ 面上曲线 } f(y,z)=0 \begin{cases} \text{绕 } z \text{ 轴旋转} \longrightarrow \text{方程 } f(\pm\sqrt{x^2+y^2}, z)=0 \\ \text{绕 } y \text{ 轴旋转} \longrightarrow \text{方程 } f(y, \pm\sqrt{x^2+z^2})=0 \end{cases},$$

$$xOz \text{ 面上曲线 } g(x,z)=0 \begin{cases} \text{绕 } z \text{ 轴旋转} \longrightarrow \text{方程 } g(\pm\sqrt{x^2+y^2}, z)=0 \\ \text{绕 } x \text{ 轴旋转} \longrightarrow \text{方程 } g(x, \pm\sqrt{y^2+z^2})=0 \end{cases}.$$

注意：同学们仔细观察上述方程的变化点，找到规律，然后写出 xOy 面上曲线 $h(x,y)=0$ 绕 x 或 y 轴旋转所得的旋转曲面方程.

【例 3】　求 yOz 面上的椭圆 $\dfrac{x^2}{a^2} + \dfrac{y^2}{b^2} = 1$ 绕 y 轴旋转一周所形成的旋转曲面方程.

解　由上述公式可以很快写出旋转曲面方程，就是 y 不变，x 用 $\pm\sqrt{x^2+z^2}$ 代替，得

$$\frac{x^2+z^2}{a^2}+\frac{y^2}{b^2}=1, \text{即}\quad \frac{x^2}{b^2}+\frac{y^2}{a^2}+\frac{z^2}{b^2}=1.$$

这是旋转椭球面方程(如图3-33).

下面看几个旋转曲面及方程,并由此引入几个常见的二次曲面.

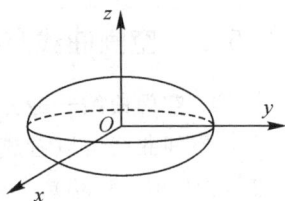

图 3-33

◆ yOz 面上的直线 $z=ky$ 绕 z 轴旋转(如图 3-34),

曲面方程 $z=\pm k\sqrt{x^2+y^2}$ 或 $z^2=k^2(x^2+y^2)$,称为圆锥面.

◆ yOz 面上的抛物线 $z=ky^2$ 绕 z 轴旋转(如图 3-35),

曲面方程 $z=k(x^2+y^2)$,称为旋转抛物面.

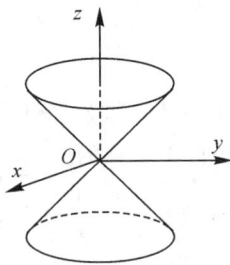

图3-34(圆锥面)

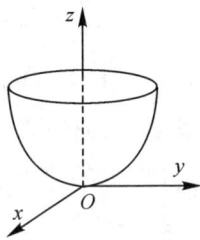

图3-35(旋转抛物面)

◆ yOz 面上双曲线 $\dfrac{y^2}{b^2}-\dfrac{z^2}{c^2}=1$ 绕 z 轴旋转(如图 3-36),

曲面方程 $\dfrac{x^2+y^2}{b^2}-\dfrac{z^2}{c^2}=1$,称为(旋转)单叶双曲面.

◆ yOz 面上双曲线 $\dfrac{y^2}{b^2}-\dfrac{z^2}{c^2}=1$ 绕 y 轴旋转(如图 3-37),

曲面方程 $\dfrac{y^2}{b^2}-\dfrac{x^2+z^2}{c^2}=1$ 称为(旋转)双叶双曲面.

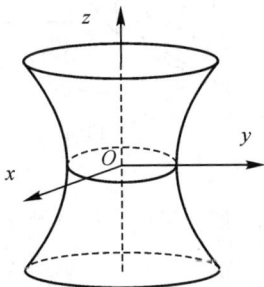

图3-36 旋转单叶双曲面

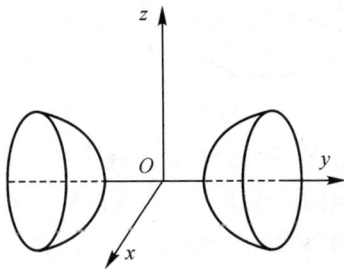

图3-37 旋转双叶双曲面

3.5.2 空间曲线方程

1. 空间曲线一般方程

空间曲线可以看成是两张曲面的交线,其方程可表示为(如图 3-38)

$$\Gamma : \begin{cases} F(x,y,z) = 0 \\ G(x,y,z) = 0 \end{cases}.$$

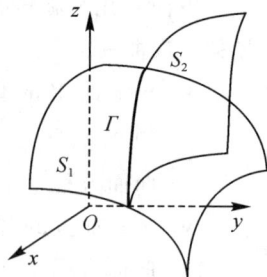

图 3-38

【例 4】 指出下列方程组表示的曲线?

$(1) \begin{cases} x^2 + y^2 = 4 \\ y = 2 \end{cases}$;

$(2) \begin{cases} z = \sqrt{a^2 - x^2 - y^2} \\ x^2 + y^2 = ax \end{cases} (a > 0).$

解 (1) 方程 $x^2 + y^2 = 4$ 表示母线平行于 z 轴的圆柱面,$y = 2$ 表示平行于 xOz 面的平面,所以,它们的交线表示平行于 z 轴的直线.

或者,因为方程 $\begin{cases} x^2 + y^2 = 4 \\ y = 2 \end{cases}$,等价于方程 $\begin{cases} x = 0 \\ y = 2 \end{cases}$,所以,可见它表示一条平行于 z 轴的直线(如图 3-39).

(2) 第一个方程表示球心在原点,半径为 a 的上半球面;第二个方程表示准线为 $x^2 + y^2 = ax$,而母线平行于 z 轴的圆柱面.此方程组表示上半球面与圆柱面的交线(如图 3-40).

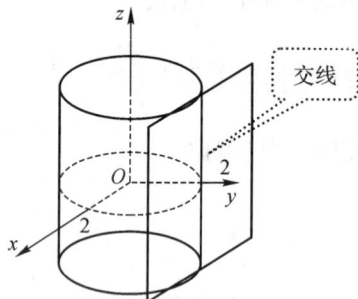

图 3-39

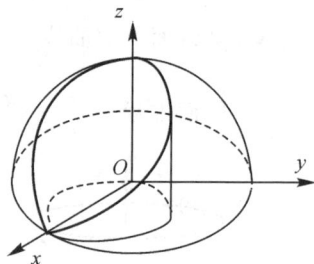

图 3-40

2. 空间曲线参数方程

空间曲线也可用参数方程来表示,即把曲线上动点 $M(x,y,z)$ 的坐标分别表示为参数 t 的函数.

$$\Gamma: \begin{cases} x = x(t) \\ y = y(t), \\ z = z(t) \end{cases}$$

此方程称为曲线的参数方程.

如 参数方程 $\begin{cases} x = a\cos\omega t \\ y = a\sin\omega t \ (0 \leqslant t < +\infty) \\ z = vt \end{cases}$

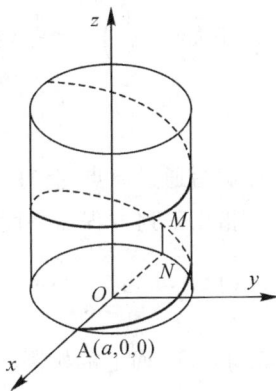

表示点 $M(x,y,z)$ 从 $A(a,0,0)$ 开始,一方面以等角速度 ω 绕半径为 a 的圆柱作转动,同时又以等速度 v 向上(z 轴正向)移动,所形成的几何轨迹,此曲线通常称为**圆柱螺线**(如图 3-41).

图 3-41

3. 空间曲线在坐标面上的投影

设空间曲线 $\Gamma: \begin{cases} F(x,y,z) = 0 \\ G(x,y,z) = 0 \end{cases}$,

消去 z,得 $\qquad\qquad H(x,y) = 0.$

可见,此方程表示母线平行于 z 轴的柱面,由于此方程是从 Γ 方程得到的,所以 Γ 上的点的坐标必定满足此方程. 这个柱面经过 Γ 且母线平行于 z 轴,称其为曲线 Γ 关于 xOy 面的**投影柱面**,此柱面与 xOy 面的交线

$$\begin{cases} H(x,y) = 0 \\ z = 0 \end{cases}$$

称为曲线 Γ 在 xOy 面的**投影曲线**.

【例 5】 求空间曲线 $\begin{cases} z = x^2 + y^2 \\ y - z + 1 = 0 \end{cases}$

在 xOy 面上的投影曲线方程.

解 从方程组中消去 z,得

$$x^2 + y^2 = y + 1,$$

所以此曲线在 xOy 面上的投影曲线方程为

$$\begin{cases} x^2 + y^2 = y + 1 \\ z = 0 \end{cases}.$$

又由本节前一段的说明可知,$z = x^2 + y^2$ 表示旋转抛物面,$y - z + 1 = 0$ 表示平行于 x 轴的平面,而方程 $x^2 + y^2 = y + 1$ 可表示成

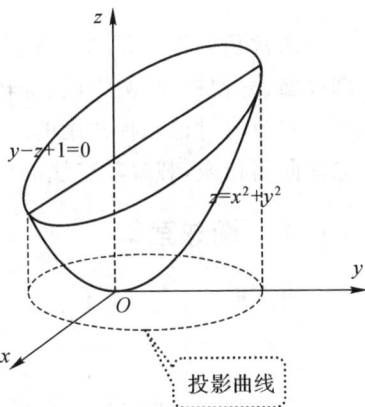

图 3-42

$x^2 + \left(y - \dfrac{1}{2}\right)^2 = \dfrac{5}{4}$，从而投影曲线是一个圆（如图 3-42）.

习题 3.5

1.试写通过原点，且球心在点 $M_0(1,-2,3)$ 处的球面方程.

2.指出下列方程在平面解析几何与空间解析几何中分别表示什么几何图形：

　　$(1)\, x = 1$；　$(2)\, y = x^2$；　$(3) \begin{cases} x + y = 0 \\ x - y = 0 \end{cases}$；　$(4) \begin{cases} x^2 + y^2 = 5 \\ x = 1 \end{cases}$.

3.求 yOz 面上的椭圆 $\dfrac{y^2}{4} + \dfrac{z^2}{9} = 1$ 分别绕 y 轴、z 轴旋转所得的旋转曲面方程.

4.求 xOy 面上的抛物线 $x + 1 = y^2$ 绕 x 轴旋转所得的旋转曲面方程.

5.求空间曲线 $\begin{cases} x + y + z - 1 = 0 \\ x^2 + y^2 - z = 0 \end{cases}$ 在 xOy 平面上的投影柱面和投影曲线的方程.

6.求母线平行于 x 轴，且通过曲线 $\begin{cases} x^2 + y^2 + z^2 = 1 \\ x^2 + (y-1)^2 + (z-1)^2 = 1 \end{cases}$ 的柱面方程.

3.6　常见的二次曲面

　　通常我们将三元二次方程所表示的曲面称为**二次曲面**.前面提到的球面、圆柱面、抛物柱面、圆锥面、旋转椭球面、旋转抛物面等曲面都是二次曲面.

　　本节将讨论几种常用的二次曲面.我们用坐标面及平行于坐标面的平面与二次曲面相截,观察其交线的形状,从而基本了解曲面的形状.

3.6.1　椭球面

　　由方程

$$\frac{x^2}{a^2} + \frac{y^2}{b^2} + \frac{z^2}{c^2} = 1 \quad (a,b,c > 0)$$

所表示的曲面称为椭球面（如图 3-43）.

易见,椭球面关于三个坐标面、三个坐标轴与坐标原点都是对称的,并且由方程可知,

$$\frac{x^2}{a^2} \leqslant 1, \quad \frac{y^2}{b^2} \leqslant 1, \quad \frac{z^2}{c^2} \leqslant 1,$$

即 $|x| \leqslant a$, $|y| \leqslant b$, $|z| \leqslant c$,故椭球面包含在由平面 $x = \pm a, y = \pm b, z = \pm c$ 所围成的长方体内.

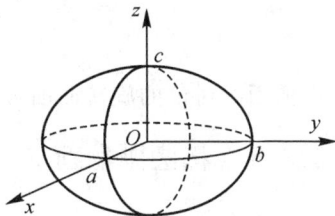

图 3-43

椭球面与三个坐标面的截痕为

$$\begin{cases} \dfrac{y^2}{b^2} + \dfrac{z^2}{c^2} = 1 \\ x = 0 \end{cases}, \qquad \begin{cases} \dfrac{x^2}{a^2} + \dfrac{z^2}{c^2} = 1 \\ y = 0 \end{cases}, \qquad \begin{cases} \dfrac{x^2}{a^2} + \dfrac{y^2}{b^2} = 1 \\ z = 0 \end{cases}.$$

可见它们都是椭圆.

用平行于 xOy 面的平面 $z = h(|h| < c)$ 去截椭球面,所得曲线方程为

$$\begin{cases} \dfrac{x^2}{a^2} + \dfrac{y^2}{b^2} = 1 - \dfrac{h^2}{c^2} \\ z = h \end{cases}.$$

这些截痕也是椭圆.用平行于 xOz 或 yOz 面的平面去截椭球面,也有类似的结果.

特别,如果 $a = b = c$,方程为

$$x^2 + y^2 + z^2 = a^2,$$

它表示球心在原点,半径为 a 的球面.

3.6.2 椭圆锥面

由方程

$$z^2 = \frac{x^2}{a^2} + \frac{y^2}{b^2} (a, b > 0)$$

所表示的曲面称为**椭圆锥面**(如图 3-44).

用平行于 xOy 面的平面去截椭圆锥面,所得截痕方程为

$$\begin{cases} \dfrac{x^2}{a^2} + \dfrac{y^2}{b^2} = h^2 \\ z = h(h \neq 0) \end{cases}.$$

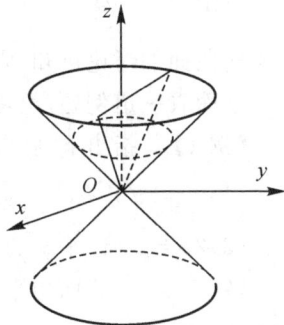

图 3-44

这是一族椭圆,随着 $|h|$ 的无限增大,椭圆也在无限增大.

特别,当 $a = b$ 时,方程为

$$z^2 = \frac{1}{a^2}(x^2 + y^2).$$

由前面的讨论的旋转曲面可知,它可以看成**圆锥面**.

3.6.3 椭圆抛物面

由方程

$$\frac{x^2}{a^2} + \frac{y^2}{b^2} = z (a,b > 0)$$

所表示的曲面称为**椭圆抛物面**(如图 3-45).

用平行于 xOy 面的平面去截椭圆抛物面,所得截痕方程为

$$\begin{cases} \dfrac{x^2}{a^2} + \dfrac{y^2}{b^2} = h \\ z = h (h > 0) \end{cases}$$

这也是一族随 $h(h > 0)$ 增大而无限增大的椭圆.

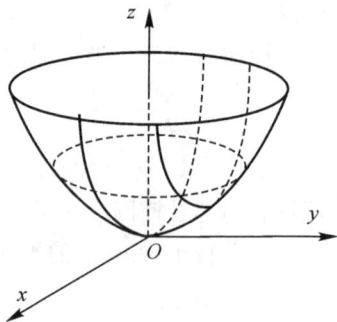

图 3-45

用 xOz 面或平行于 xOz 面的平面去截椭圆抛物面,所得的截痕方程为

$$\begin{cases} \dfrac{x^2}{a^2} = z \\ y = 0 \end{cases} \quad 或 \quad \begin{cases} \dfrac{x^2}{a^2} = z - \dfrac{h^2}{b^2} \\ y = h \end{cases}$$

可见它们都是抛物线(图 3-45).用 yOz 面去截椭圆抛物面也是类似的.

特别地,当 $a = b$ 时,方程为 $z = \dfrac{1}{a^2}(x^2 + y^2)$,

由旋转曲面的讨论可知,它可以看成**旋转抛物面**.

下面看一道例题,熟习一下前面提到的曲面、曲线及方程.

【**例 1**】 指出下列方程所表示的曲面的名称

(1) $z = \sqrt{9 - x^2 - y^2}$;   (2) $z = 1 - x^2 - y^2$;

(3) $2z = \sqrt{x^2 + y^2}$.

解 (1) 等式两边平方,得 $x^2 + y^2 + z^2 = 9$,这表示球面,所以,方程 $z = \sqrt{9 - x^2 - y^2}$ 表示上半球面.

(2) 此方程可以写成 $x^2 + y^2 = -(z - 1)$,所以它也表示旋转抛物面,但开口向下,顶点在 z 轴上的点 $(0,0,1)$ 处(如图 3-46).

(3) 方程两边平方,得 $x^2 + y^2 = 4z^2$,所以它表示圆锥面,从而,方程 $2z =$

$\sqrt{x^2+y^2}$ 表示上半圆锥面（如图 3-47）.

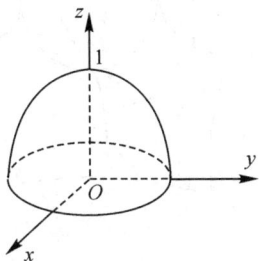

图 3-46

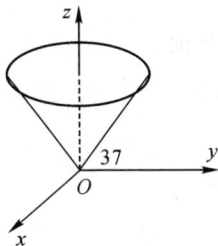

图 3-47

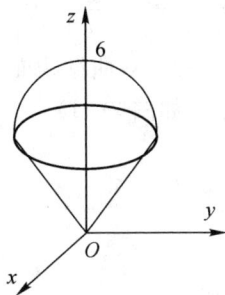

图 3-48

【例 2】　作出由 $z=6-x^2-y^2$ 与 $z=\sqrt{x^2+y^2}$ 所围成立体的草图.

解　方程 $z=6-x^2-y^2$ 表示旋转抛物面,其顶点在 z 轴上,开口向下;
方程 $z=\sqrt{x^2+y^2}$ 表示上半圆锥面,从而所围立体如图 3-48 所示.

二次曲面还包括**单叶双曲面**、**双叶双曲面**及**双曲抛物面**,下面指出它们的标准方程及图形,用截痕法讨论是类似的,但在这里不作细致的讨论了.

♦　方程　$\dfrac{x^2}{a^2}+\dfrac{y^2}{b^2}-\dfrac{z^2}{c^2}=1$

　　称为单叶双曲面

　　（如图 3-49）

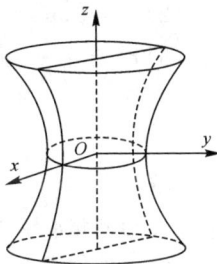

图 3-49

♦　方程　$-\dfrac{x^2}{a^2}+\dfrac{y^2}{b^2}-\dfrac{z^2}{c^2}=-1$

　　称为双叶双曲面

　　（如图 3-50）

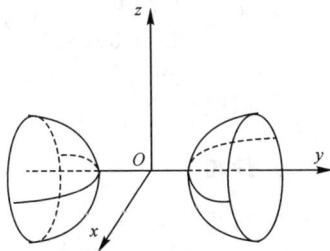

图 3-50

◆ 方程 $\dfrac{x^2}{a^2} - \dfrac{y^2}{b^2} = z$

称为双曲抛物面（马鞍面）
（如图 3-51）

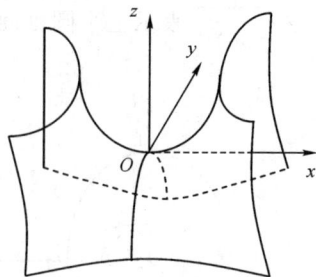

图 3-51

习题 3.6

1.指出下列方程所表示曲面的名称,并作出草图:

(1) $x^2 + y^2 + 4z^2 = 4$;　　　(2) $x^2 + y^2 = 2z$;

(3) $z = -\sqrt{x^2 + y^2}$;　　　(4) $z = 4 - x^2 - y^2$;

(5) $x^2 + y^2 + z^2 = 2z$;　　　(6) $y = z^2$.

2.画出由下列曲面所围成立体的图形:

(1) $2z = x^2 + y^2$, $z = 2$;

(2) $x = 0, y = 0, z = 0, 3x + 4y + 2z = 12$;

(3) $x^2 = 1 - z, x + y = 1, y = 0, z = 0$.

综合测试题三

一、填空题:

1.与向量 $\boldsymbol{a} = (2, 3, -1)$ 反向的单位向量为_____;

2.已知向量 $\boldsymbol{a} = 2\boldsymbol{i} - \lambda\boldsymbol{j} + 3\boldsymbol{k}$, $\boldsymbol{b} = 4\lambda\boldsymbol{i} + 3\boldsymbol{j} + \boldsymbol{k}$ 垂直,则 $\lambda = $ _____;

3. yOz 面上曲线 $z = y^2$ 绕 z 轴旋转一周所得旋转曲面方程为_____,称为_____面;

4.直线 $\begin{cases} y = 1 \\ 2x + 3z = 4 \end{cases}$ 的点向式方程为_____;

5.曲线 $\begin{cases} x^2 + y^2 - z = 1 \\ x - z + 1 = 0 \end{cases}$ 在 xOy 面上的投影曲线为_____.

二、选择题:

1.直线 $\dfrac{x-2}{3} = \dfrac{y+2}{1} = \dfrac{z-3}{-4}$ 和平面 $x + y + z = 3$ 的位置关系为(　　　).

　　(A) 直线在平面上;　　　　(B) 直线仅与平面平行;

（C）直线与平面垂直相交；　　　　（D）直线与平面相交但不垂直.

2. 已知 a,b 均为非零向量，且 $|a+b|=|a-b|$，则为（　　）.

（A）$a-b=0$；　　　　　　　　（B）$a+b=0$；

（C）$a \cdot b=0$；　　　　　　　　（D）$a \times b=0$.

3. 方程 $\begin{cases} x^2-4y^2+z^2=25 \\ x=-3 \end{cases}$ 表示为（　　）.

（A）单叶双曲面；

（B）双曲柱面；

（C）双曲柱面在平面 $x=-3$ 上的投影；

（D）$x=-3$ 平面上的双曲线.

三、已知向量 $|a|=2$，$|b|=3$，a,b 间夹角为 $\dfrac{\pi}{3}$，求 $|a+b|$.

四、已知点 $A(1,0,0)$，$B(0,2,1)$，试在 z 轴上求一点 C，使得 $\triangle ABC$ 的面积最小.

五、求与平面 $2x+y+2z+5=0$ 平行，且与三个坐标面所构成的四面体体积为 1 的平面方程.

六、求过 x 轴，且点 $(5,4,-3)$ 到该平面的距离等于 3 的平面方程.

七、求与两平面 $2x-y-5z-1=0$ 和 $x-4z-3=0$ 的交线平行且过点 $(2,3,-1)$ 的直线方程.

八、求坐标原点在平面 $x+2y-3z+4=0$ 上投影点的坐标.

九、求旋转抛物面 $z=x^2+y^2 (0 \leqslant z \leqslant 1)$ 在 xOy 及 yOz 面上的投影域.

第4章

多元函数微分学

在理论与实践中,常常遇到依赖于两个或更多个自变量的函数,这种函数统称为多元函数.本章在一元函数微分学的基础上来讨论多元函数微分学及其应用.讨论是以二元函数为主,我们将看到,从一元函数到二元函数会产生一些新的问题,而二元以上的多元函数则往往可以类推的.

4.1 多元函数的概念

4.1.1 区域

在学习一元函数时,邻域与区间是经常用到的概念,类似地,讨论多元函数时,经常用到邻域与区域的概念,我们从平面点集来说明邻域与区域的概念.

1. 区域

邻域:设 $\delta > 0$,以点 $P_0(x_0, y_0)$ 为圆心,δ 为半径的圆内点所构成的平面点集称为点 P_0 的 δ 邻域,记作

$$N(P_0, \delta) = \{(x, y) \mid \sqrt{(x - x_0)^2 + (y - y_0)^2} < \delta\}.$$

如果不强调邻域的半径,常简记 $N(P_0, \delta)$ 为 $N(P_0)$,并称之为点 P_0 的邻域.

特别地,在点 P_0 的 δ 邻域中去掉点 P_0 后所得的点集称为点 P_0 的去心 δ 邻域,记作

$$\mathring{N}(P_0, \delta) = \{(x, y) \mid 0 < \sqrt{(x - x_0)^2 + (y - y_0)^2} < \delta\}.$$

内点:设 E 是平面点集,点 $P_1 \in E$,如果存在点 P_1 的一个邻域 $N(P_1)$,使得 $N(P_1) \subset E$,则称点 P_1 是 E 的一个内点.(图 4-1 中点 P_1 是内点)

开集：如果点集 E 上点都是 E 的内点，则称 E 为开集.

如 $\{(x,y) \mid x^2 + y^2 < 1\}$ 就是开集.

边界点：设 E 是平面点集，点 P_2 是平面上一点，如果对于点 P_2 的任一个邻域 $N(P_2)$ 中既含有属于 E 的点，又含有不属于 E 的点，则称点 P_2 是 E 的一个边界点.（图 4-1 中点 P_2 是边界点）

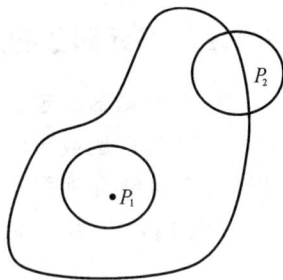

注意：E 的边界点可能属于 E，也可能不属于 E.

边界：E 的边界点的全体称为 E 的边界.

图 4-1

如，$\{(x,y) \mid x^2 + y^2 < 1\}$ 的边界就是 $\{(x,y) \mid x^2 + y^2 = 1\}$，同样 $\{(x,y) \mid x^2 + y^2 \leqslant 1\}$ 的边界也是 $\{(x,y) \mid x^2 + y^2 = 1\}$.

连通集：设 E 是平面点集，如果对于 E 中的任意两点 P,Q，都存在一条完全位于 E 中的折线将 P 与 Q 连接起来，则称 E 是一个连通集.

区域（或开区域）：连通的开集称为区域或开区域.

闭区域：区域连同它的边界所构成的点集称为闭区域.

如，点集 $\{(x,y) \mid x^2 + y^2 < 1\}$ 是区域；

而点集 $\{(x,y) \mid x^2 + y^2 \leqslant 1\}$ 是闭区域.

2. n 维空间

二维空间：由二元有序数组 (x,y) 的全体所构成的点集称为二维空间，记作 $\mathbf{R}^2$，即

$$\mathbf{R}^2 = \{(x,y) \mid x,y \in \mathbf{R}\}.$$

可见二维空间是平面上所有点所构成的点集. 其中 $\mathbf{R}$ 表示实数集.

n 维空间：设 n 为取定的一个自然数，由 n 元有序数组 $(x_1, x_2, \cdots, x_n)$ 的全体所构成的点集称为 n 维空间，记作 $\mathbf{R}^n$，即

$$\mathbf{R}^n = \{(x_1, x_2, \cdots, x_n) \mid x_i \in \mathbf{R}, i = 1, 2, \cdots, n\}.$$

注意：引入 n 维空间后，上述关于平面点集中的一些概念都可以推广到 n 维空间中去.

如 n 维空间中两点 $P_0(x_1, x_2, \cdots, x_n)$，$P(y_1, y_2, \cdots, y_n)$ 间距离定义为

$$d = |P_0 P| = \sqrt{(y_1 - x_1)^2 + (y_2 - x_2)^2 + \cdots + (y_n - x_n)^2}.$$

点 P_0 的 δ 邻域定义为

$$N(P_0, \delta) = \{(y_1, y_2, \cdots, y_n) \mid \sqrt{(y_1 - x_1)^2 + (y_2 - x_2)^2 + \cdots + (y_n - x_n)^2} < \delta\}.$$

注意：当 $n = 3$ 时，$\mathbf{R}^3$ 就是第 3 章中所引入的三维几何空间.

4.1.2 多元函数的定义

1. 二元函数的定义

在实际问题或自然现象中,经常遇到多个变量之间的依赖关系.下面我们先看几个简单的例子.

【例 1】 长为 x,宽为 y 的矩形面积 S 就满足下面的依赖关系

$$S = x \cdot y.$$

可见,对每一组 $(x,y) \in \{(x,y) \mid x > 0, y > 0\}$ 值,S 总有确定的值与之对应.

【例 2】 设 y 为国民收入总额,x 为总人口数,k_1 是消费率(国民收入总额中消费所占比例),k_2 是居民消费率(消费总额中居民消费所占比例),则居民人均消费收入为

$$z = k_1 k_2 \frac{y}{x}.$$

当 k_1, k_2 为常数时,对每一组 $(x,y) \in \{(x,y) \mid x > 0, y > 0\}$ 值,总有确定的 z 值与之对应.

【例 3】 大地的气温 T 不仅与空间的位置 (x,y,z) 有关,而且与时间 t 有关,对于每一组指定的 $(x,y,z,t) \in \{(x,y,z,t) \mid x,y,z,t \in \mathbf{R}\}$,都有确定的气温值 T 与之对应,记作

$$T = T(x,y,z,t).$$

上面的三个例子虽然来自不同的实际问题,但从数量关系上说,它们都是根据某一法则,一个变量随一组变量的变化而变化的.仿照一元函数的定义可引入二元函数的定义.

定义 设 D 是 $\mathbf{R}^2$ 上的非空点集,如果存在一个对应法则 f,使得对于任何 $(x,y) \in D$,总存在唯一确定的实数 z 与之对应,则称 f 为定义在 D 上的**二元函数**,记作

$$z = f(x,y) \quad (x,y) \in D,$$

其中 x,y 称为**自变量**,z 称为**因变量**,D 称为此函数的**定义域**.

关于二元函数的定义域,与一元函数相类似,在讨论由算式表达的二元函数 $z = f(x,y)$ 时,就以使此算式有意义的变量 x,y 所组成的点集为此函数的**自然定义域**.

【例 4】 求函数 $z = \ln(x+y) + \dfrac{2}{\sqrt{1-x^2-y^2}}$ 的定义域.

解 求多元函数定义域的规则与一元函数是相同的,所以该函数的定义

域应满足

$$\{(x,y) \mid x+y > 0, x^2+y^2 < 1)\} (如图 4\text{-}2).$$

2. 二元函数的几何意义

一元函数的图形:通常是 xOy 平面上的一条曲线(如图 4-3).

二元函数的图形:通常是空间的一张曲面(如图 4-4).

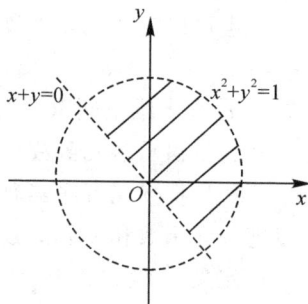

图 4-2

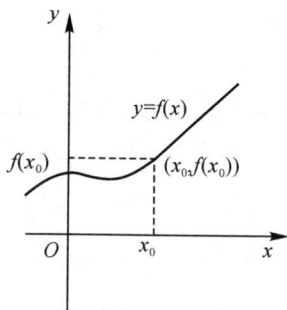

图4-3

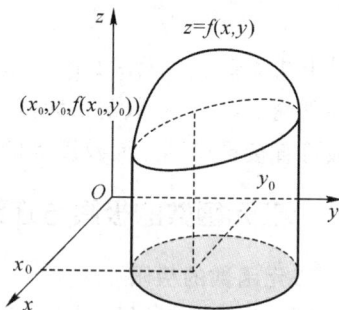

图4-4

如,(1) 函数 $z = \sqrt{4-x^2-y^2}$ 的图形就是上半球面,定义域为 $\{(x,y) \mid x^2+y^2 \leqslant 4\}$ (如图 4-5);

(2) 函数 $z = x^2+y^2$ 的图形就是旋转抛物面,定义域为整个 xOy 平面(如图 4-6).

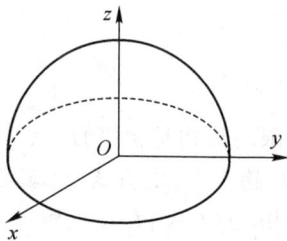

图4-5

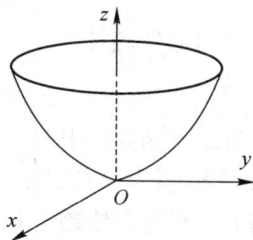

图4-6

3. 点函数的定义

类似地,我们可以定义三元函数

$$u = f(x,y,z), \quad (x,y,z) \in D,$$

其中 D 是三维空间 $\mathbf{R}^3$ 中的点集.

也可以定义 n 元函数

$$u = f(x_1, x_2, \cdots, x_n), \quad (x_1, x_2, \cdots, x_n) \in D,$$

其中 D 是 n 维空间 $\mathbf{R}^n$ 中的点集.

为了揭示多元函数与一元函数的内在联系,下面我们引入**点函数**的概念.

如果把 n 元有序实数组 $(x_1, x_2, \cdots, x_n)$ 看成是 n 维空间 $\mathbf{R}^n$ 中的点 P,则可以把一元函数和 n 元函数都统一定义成点函数.

定义　设 $D \subset \mathbf{R}^n$ 是一个非空点集,如果存在一个法则 f,使得对于每一个点 $P \in D$,按照该法则,总存在唯一确定的实数 u 与之对应,则称 f 为定义在 D 上的**点函数**,记作

$$u = f(P), P \in D.$$

可见其形式类似于一元函数.

在理论上,一元函数与二元函数有时会出现本质的区别,但二元函数的理论一般可直接推广到三元及以上的多元函数,因此,本章着重讨论二元函数.

4.1.3　二元函数的极限与连续

1. 二元函数的极限

仿照一元函数极限的定义,可以给出二元函数极限描述性定义.

设点 $P_0(x_0, y_0)$ 是函数 $f(x, y)$ 定义域内的点,如果当动点 $P(x, y)$ 在 $f(x, y)$ 的定义域内以任意方式趋于定点 $P_0(x_0, y_0)$ 时,对应的函数值 $f(x, y)$ 无限地接近于一个确定的常数 A,则称当 $P(x, y) \rightarrow P_0(x_0, y_0)$ 时,函数 $f(x, y)$ 以 A 为极限,记作

$$\lim_{(x, y) \rightarrow (x_0, y_0)} f(x, y) = A,$$

或者用点函数的记号,记作

$$\lim_{P \rightarrow P_0} f(P) = A.$$

从定义看二元函数极限与一元函数极限的形式是相似的,但其实二元函数极限要复杂得多,因为定义中并没有规定 P 趋于 P_0 的方式.这就是说:

只有当 P 沿任何曲线趋于 P_0 时,极限 $\lim\limits_{P \rightarrow P_0} f(P)$ 均存在且相等,才称此极限存在.如果有两种途径,函数趋于不同的极限,或者有一种途径的函数的极限不存在,那么极限 $\lim\limits_{P \rightarrow P_0} f(P)$ 就不存在(如图 4-7).

下面我们看几道例子来体会一下.

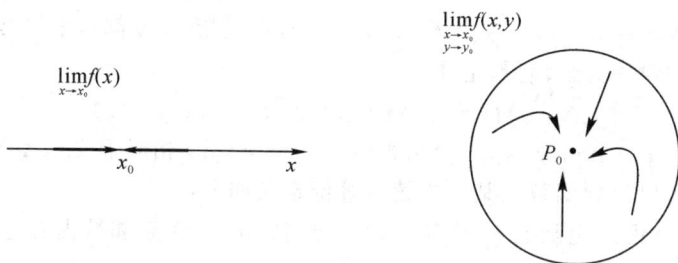

$$\lim_{x \to x_0} f(x)$$

$$\lim_{\substack{x \to x_0 \\ y \to y_0}} f(x,y)$$

图 4-7

【例 5】 求下列各极限:

(1) $\lim_{(x,y)\to(0,0)} \dfrac{\sqrt{xy+1}-1}{xy}$;   (2) $\lim_{(x,y)\to(0,2)} \dfrac{\sin(xy)}{x}$.

解 我们可以利用一元函数求极限的某些结论来求二元函数的极限,但无洛必塔法则.

(1) 这是 $\dfrac{0}{0}$ 的极限,可以利用分子有理化的方法来求此极限,

$$\lim_{(x,y)\to(0,0)} \frac{\sqrt{xy+1}-1}{xy} = \lim_{(x,y)\to(0,0)} \frac{(\sqrt{xy+1}-1)(\sqrt{xy+1}+1)}{xy(\sqrt{xy+1}+1)}$$

$$= \lim_{(x,y)\to(0,0)} \frac{xy+1-1}{xy(\sqrt{xy+1}+1)} = \lim_{(x,y)\to(0,0)} \frac{1}{\sqrt{xy+1}+1} = \frac{1}{2}.$$

(2) 利用重要极限 $\lim_{x\to 0} \dfrac{\sin x}{x} = 1$,

$$\lim_{(x,y)\to(0,2)} \frac{\sin(xy)}{x} = \lim_{(x,y)\to(0,2)} \frac{\sin(xy)}{xy} y = 1 \cdot 2 = 2.$$

【例 6】 求极限 $\lim_{(x,y)\to(0,0)} \dfrac{xy}{x^2+y^2}$.

解 当点 $P(x,y)$ 沿直线 $y=kx$ 趋于 $(0,0)$,则

$$\lim_{\substack{y=kx \\ x\to 0}} \frac{kx^2}{x^2+(kx)^2} = \lim_{\substack{y=kx \\ x\to 0}} \frac{k}{1+k^2} = \frac{k}{1+k^2}.$$

可见,当 k 取不同值时,上述函数的极限不同的极限值,所以此极限不存在.

2. 二元函数的连续性

定义 设二元函数 $z=f(x,y)$ 在点 $P_0(x_0,y_0)$ 某邻域内有定义,如果

$$\lim_{(x,y)\to(x_0,y_0)} f(x,y) = f(x_0,y_0) \quad \text{或} \quad \lim_{P\to P_0} f(P) = f(P_0),$$

则称函数 $z=f(x,y)$ 在点 $P_0(x_0,y_0)$ 处是连续的,并称点 $P_0(x_0,y_0)$ 是函数的连续点.

函数在某点连续的定义,也可以用增量形式来表示,具体如下:

对函数 $z = f(x,y)$，在点 $P_0(x_0,y_0)$ 处，自变量 x，y 都给增量 Δx，Δy，得到的函数增量称为**全增量**，记作

$$\Delta z = f(x_0 + \Delta x, y_0 + \Delta y) - f(x_0, y_0).$$

记 $x = x_0 + \Delta x$，$y = y_0 + \Delta y$，则 $(x,y) \to (x_0,y_0)$ 相当于 $(\Delta x, \Delta y) \to (0,0)$，由此我们可以得到函数在某点连续的等价定义如下：

定义 设二元函数 $z = f(x,y)$ 在点 $P_0(x_0,y_0)$ 某邻域内有定义，如果

$$\lim_{(\Delta x, \Delta y) \to (0,0)} [f(x_0 + \Delta x, y_0 + \Delta y) - f(x_0, y_0)] = 0, \quad 即 \quad \lim_{(\Delta x, \Delta y) \to (0,0)} \Delta z = 0,$$

则称函数 $z = f(x,y)$ 在点 $P_0(x_0,y_0)$ 处是连续的，并称点 $P_0(x_0,y_0)$ 是函数的连续点.

如果函数 $z = f(x,y)$ 在区域 D 上的每一点 $P(x,y)$ 处是连续的，则称函数 $z = f(x,y)$ 在**区域 D 上连续**.

与一元函数相类似，二元连续函数的和、差、积、商（分母不为 0）仍是连续的；二元连续函数的复合函数也是连续函数；一切多元初等函数在其定义区域内是连续的.

与闭区间上一元连续函数的性质相类似，在有界闭区域上的多元连续函数也具有最大小值定理与介值定理.

最大值与最小值定理：有界闭区域 D 上的二元连续函数在 D 上一定能取得最大值与最小值.

介值定理：在有界闭区域 D 上的二元连续函数，如果在 D 上取得两个不同的函数值，则它在 D 上取得介于这两个值之间的任何值至少一次.

最后指出，以上关于二元函数的极限和连续的定义及性质均可推广到多元函数上去.

习题 4.1

1. 设 $f(x,y) = x^2 - y^3 + \ln \dfrac{y}{x}$，求 $f(x,2)$，$f(1,y)$，$f(1,2)$.

2. 设 $f(x+y, \dfrac{y}{x}) = x^2 - y^2$，求 $f(x,y)$.

3. 求下列各函数的定义域：

    (1) $z = \dfrac{x}{y - 2x}$；   (2) $z = \ln(x^2 - y + 1)$；

    (3) $z = \sqrt{4 - x^2 - y^2} + \dfrac{1}{\sqrt{x^2 + y^2 - 1}}$； (4) $u = \arcsin \dfrac{\sqrt{x^2 + y^2}}{z}$.

4. 求下列各极限：

    (1) $\displaystyle\lim_{(x,y) \to (1,0)} \dfrac{\ln(x + e^y)}{\sqrt{x^2 + y^2}}$；   (2) $\displaystyle\lim_{(x,y) \to (0,0)} \dfrac{\sqrt{xy + 9} - 3}{xy}$；

(3) $\lim\limits_{(x,y)\to(0,0)} (x^2+y^2)\sin\dfrac{1}{x^2+y^2}$；　　(4) $\lim\limits_{(x,y)\to(0,0)} \dfrac{x-y}{x+y}$.

5. 求下列函数的连续区域：

(1) $f(x,y)=\sqrt{x^2+y^2-1}$；　　　　(2) $z=\dfrac{1}{\sqrt{x}}\ln(x+y)$.

4.2　偏导数

4.2.1　一阶偏导数的概念与计算

1. 偏导数的定义

在研究一元函数时，导数是十分重要的概念，它刻画了函数的变化率. 对于多元函数，同样需要研究变化率，在本节中，我们将考虑多元函数关于其中一个自变量的变化率. 我们从二元函数着手来研究.

设函数 $z=f(x,y)$，将自变量 y 固定（即看成常数），这时它就是 x 的一元函数，此函数对 x 的导数，就称为二元函数 $z=f(x,y)$ 关于 x 的偏导数. 具体定义如下：

定义　设函数 $z=f(x,y)$ 在点 (x_0,y_0) 的某邻域内有定义，当 $y=y_0$ 不变，而 x 在 x_0 处有增量 Δx 时，若函数的偏增量 $f(x_0+\Delta x,y_0)-f(x_0,y_0)$ 与自变量增量 Δx 比值的极限

$$\lim_{\Delta x\to 0}\frac{f(x_0+\Delta x,y_0)-f(x_0,y_0)}{\Delta x}$$

存在，则称此极限值为函数 $z=f(x,y)$ 在点 (x_0,y_0) 处对自变量 x 的**偏导数**. 记作

$$\left.\frac{\partial z}{\partial x}\right|_{(x_0,y_0)},\quad \left.\frac{\partial f}{\partial x}\right|_{(x_0,y_0)}\quad \text{或}\quad z_x(x_0,y_0),f_x(x_0,y_0),$$

即

$$f_x(x_0,y_0)=\lim_{\Delta x\to 0}\frac{f(x_0+\Delta x,y_0)-f(x_0,y_0)}{\Delta x}.$$

类似地，函数 $z=f(x,y)$ 在点 (x_0,y_0) 处对自变量 y 的偏导数，记作

$$f_y(x_0,y_0)=\lim_{\Delta y\to 0}\frac{f(x_0,y_0+\Delta y)-f(x_0,y_0)}{\Delta y}.$$

如果函数 $z=f(x,y)$ 在区域 D 内每一点 (x,y) 处对自变量 x 的偏导数都存在,则这个偏导数仍是 x,y 的函数,称它为函数 $z=f(x,y)$ 对 x 的**偏导函数**,记作

$$\frac{\partial z}{\partial x},\frac{\partial f}{\partial x},z'_x,\text{或}\ f'_x(x,y).$$

同样地,函数 $z=f(x,y)$ 对 y 的**偏导函数**,记作

$$\frac{\partial z}{\partial y},\frac{\partial f}{\partial y},z'_y,\text{或}\ f'_y(x,y).$$

2. 偏导数的几何意义

根据定义,二元函数 $z=f(x,y)$ 在点 (x_0,y_0) 处对自变量 x 的偏导数就是一元函数 $z=f(x,y_0)$ 在点 x_0 处的导数,而导数的几何意义是曲线的切线斜率.从而得到偏导数的几何意义为:

$f_x(x_0,y_0)$:表示空间曲线 $L:\begin{cases}z=f(x,y)\\y=y_0\end{cases}$ 在点 $M_0(x_0,y_0,f(x_0,y_0))$ 处的切线 M_0T_1 关于 x 轴的斜率,即 $f_x(x_0,y_0)=\tan\alpha$(如图 4-8).

同理 $f_y(x_0,y_0)=\tan\beta$(如图 4-8).

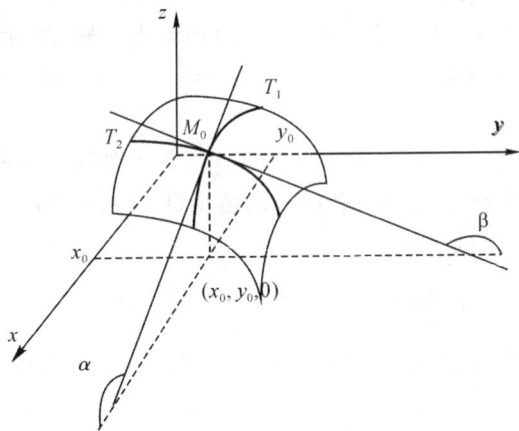

图 4-8

3. 偏导数的计算

由偏导数的定义可见,对某个自变量的偏导数,那么只有此自变量是变化的,而其余自变量都保持不变,这实际上是将多元函数看成了一元函数,所以多元函数的偏导数可视为一元函数的导数.因此,有关一元函数的求导基本公式表与求导法则,都适用于求多元函数的偏导数.

如 设 $z=f(x,y)$,

求 $\dfrac{\partial z}{\partial x}$—— 将 y 看成常数,对 x 求导;

求 $\dfrac{\partial z}{\partial y}$—— 将 x 看成常数,对 y 求导.

对三元及三元以上的多元函数也是一样的.

如,设 $u = f(x,y,z)$,

求 $\dfrac{\partial u}{\partial x}$—— 将 y,z 看成常数,对 x 求导;

求 $\dfrac{\partial u}{\partial y}$—— 将 x,z 看成常数,对 y 求导;

求 $\dfrac{\partial u}{\partial z}$—— 将 x,y 看成常数,对 z 求导.

【例 1】　求函数 $z = x^3 - xy^2$ 在点 $(0,2)$ 处的偏导数.

解　将 y 看成常数,对 x 求导,得

$$\frac{\partial z}{\partial x} = 3x^2 - y^2.$$

将 x 看成常数,对 y 求导,得

$$\frac{\partial z}{\partial y} = -2xy.$$

把 $x = 0,y = 2$ 代入得

$$\frac{\partial z}{\partial x}\bigg|_{\substack{x=0\\y=2}} = 0 - 2^2 = -4, \qquad \frac{\partial z}{\partial y}\bigg|_{\substack{x=0\\y=2}} = 0.$$

注意: 因为是求在某点的偏导数值,所以此题也可按如下做法:

先求 $z(x,2) = x^3 - 4x$,则

$$\frac{\partial z}{\partial x}\bigg|_{\substack{x=0\\y=2}} = \frac{\mathrm{d}z(x,2)}{\mathrm{d}x}\bigg|_{x=0} = (x^3 - 4x)'\bigg|_{x=0} = (3x^2 - 4)\bigg|_{x=0} = -4.$$

【例 2】　设 $z = x^y (x > 0, x \neq 1)$,求证:$\dfrac{x}{y}\dfrac{\partial z}{\partial x} + \dfrac{1}{\ln x}\dfrac{\partial z}{\partial y} = 2z$.

解　将 y 看作常数时,$z = x^y$ 为幂函数;而将 x 看作常数时,$z = x^y$ 为指数函数,因此可得

$$\frac{\partial z}{\partial x} = yx^{y-1}, \qquad \frac{\partial z}{\partial y} = x^y \ln x,$$

则　　$\dfrac{x}{y}\dfrac{\partial z}{\partial x} + \dfrac{1}{\ln x}\dfrac{\partial z}{\partial y} = \dfrac{x}{y}yx^{y-1} + \dfrac{1}{\ln x}x^y \ln x = x^y + x^y = 2z.$

【例 3】　求 $u = \sqrt{x^2 + y^2 + z^2}$ 的偏导数.

解　将 y,z 当作常数,对 x 求导,得

$$\frac{\partial u}{\partial x} = \frac{x}{\sqrt{x^2 + y^2 + z^2}} = \frac{x}{u}.$$

由于函数关于自变量有轮换对称性，所以，可得

$$\frac{\partial u}{\partial y} = \frac{y}{\sqrt{x^2 + y^2 + z^2}} = \frac{y}{u}, \quad \frac{\partial u}{\partial z} = \frac{z}{\sqrt{x^2 + y^2 + z^2}} = \frac{z}{u}.$$

4. 连续与可偏导性的关系

我们知道，对于一元函数 $y = f(x)$ 在点 x_0 可导，则它在点 x_0 必连续，那么对于二元函数 $z = f(x, y)$ 在点 (x_0, y_0) 可偏导，它在该点是否也一定连续？回答是否定的，即

一元函数 $y = f(x)$ —— 可导 $\Rightarrow$ 连续；连续 $\nRightarrow$ 可导；

二元函数 $z = f(x, y)$ —— 可偏导 $\nRightarrow$ 连续；连续 $\nRightarrow$ 可偏导.

我们来看一个反例.

【**例 4**】 设函数

$$z = f(x, y) = \begin{cases} \dfrac{xy}{x^2 + y^2} & (x, y) \neq (0, 0) \\ 0 & (x, y) = (0, 0) \end{cases},$$

证明函数 $z = f(x, y)$ 在点 $(0, 0)$ 处可偏导，但不连续.

证明 由偏导数定义得

$$f_x(0, 0) = \lim_{\Delta x \to 0} \frac{f(0 + \Delta x, 0) - f(0, 0)}{\Delta x} = \lim_{\Delta x \to 0} \frac{0 - 0}{\Delta x} = 0.$$

同理

$$f_y(0, 0) = \lim_{\Delta y \to 0} \frac{f(0, 0 + \Delta y) - f(0, 0)}{\Delta y} = \lim_{\Delta y \to 0} \frac{0 - 0}{\Delta y} = 0.$$

可见，函数 $z = f(x, y)$ 在点 $(0, 0)$ 处偏导数均存在，但由上节例 2 可知极限

$$\lim_{\substack{x \to 0 \\ y \to 0}} \frac{xy}{x^2 + y^2} \quad \text{不存在}.$$

从而，函数 $z = f(x, y)$ 在点 $(0, 0)$ 处不连续.

4.2.2 高阶偏导数

设函数 $z = f(x, y)$ 在区域 D 上处处可偏导，它的偏导（函）数

$$\frac{\partial z}{\partial x} = f'_x(x, y), \frac{\partial z}{\partial y} = f'_y(x, y)$$

往往仍然是 x, y 的函数. 如果这两个偏导函数的偏导数仍然存在，则称它们为 z

$= f(x,y)$ 的二阶偏导数. 二阶偏导共有四个,分别记为:

$$\frac{\partial}{\partial x}\left(\frac{\partial z}{\partial x}\right) = \frac{\partial^2 z}{\partial x^2} = f''_{xx}(x,y),$$

$$\frac{\partial}{\partial y}\left(\frac{\partial z}{\partial x}\right) = \frac{\partial^2 z}{\partial x \partial y} = f''_{xy}(x,y),$$

$$\frac{\partial}{\partial x}\left(\frac{\partial z}{\partial y}\right) = \frac{\partial^2 z}{\partial y \partial x} = f''_{yx}(x,y),$$

$$\frac{\partial}{\partial y}\left(\frac{\partial z}{\partial y}\right) = \frac{\partial^2 z}{\partial y^2} = f''_{yy}(x,y).$$

其中 $\dfrac{\partial^2 z}{\partial x^2}$ 称为 z 对 x 的二阶偏导数, $\dfrac{\partial^2 z}{\partial x \partial y}$ 称为先对 x 后对 y 的二阶混合偏导数.

【例 5】　求函数 $z = x^3 - xy^2$ 的所有二阶偏导数.

解　先求一阶偏导数,

$$\frac{\partial z}{\partial x} = 3x^2 - y^2, \quad \frac{\partial z}{\partial y} = -2xy.$$

所以

$$\frac{\partial^2 z}{\partial x^2} = \frac{\partial}{\partial x}\left(\frac{\partial z}{\partial x}\right) = \frac{\partial}{\partial x}(3x^2 - y^2) = 6x,$$

$$\frac{\partial^2 z}{\partial x \partial y} = \frac{\partial}{\partial y}\left(\frac{\partial z}{\partial x}\right) = \frac{\partial}{\partial y}(3x^2 - y^2) = -2y,$$

$$\frac{\partial^2 z}{\partial y \partial x} = \frac{\partial}{\partial x}\left(\frac{\partial z}{\partial y}\right) = \frac{\partial}{\partial x}(-2xy) = -2y,$$

$$\frac{\partial^2 z}{\partial y^2} = \frac{\partial}{\partial y}\left(\frac{\partial z}{\partial y}\right) = \frac{\partial}{\partial y}(-2xy) = -2x.$$

在此例中,z 的两个混合偏导数是相等,即 $\dfrac{\partial^2 z}{\partial x \partial y} = \dfrac{\partial^2 z}{\partial y \partial x}$,应该指出,混合偏导数与求偏导数的次序是有关的. 但是,可以证明下述关于混合偏导数相等的充分条件.

定理　若函数 $z = f(x,y)$ 的二阶混合偏导函数 $f''_{xy}(x,y), f''_{yx}(x,y)$ 都在点 (x,y) 处都连续,则

$$f''_{xy}(x,y) = f''_{yx}(x,y)$$

证明从略.

【例 6】　设函数 $z = \ln(x^2 + y^2)$,证明: $\dfrac{\partial^2 z}{\partial x^2} + \dfrac{\partial^2 z}{\partial y^2} = 0$.

证明　先求一阶偏导数, $\dfrac{\partial z}{\partial x} = \dfrac{2x}{x^2 + y^2}$,

再求二阶偏导数

$$\frac{\partial^2 z}{\partial x^2} = \frac{\partial}{\partial x}\left(\frac{2x}{x^2+y^2}\right) = \frac{2(x^2+y^2)-2x \cdot 2x}{(x^2+y^2)^2} = \frac{2(y^2-x^2)}{(x^2+y^2)^2}.$$

由于 z 关于 x，y 有轮换对称性，因此

$$\frac{\partial^2 z}{\partial y^2} = \frac{2(x^2-y^2)}{(x^2+y^2)^2},$$

所以成立

$$\frac{\partial^2 u}{\partial x^2} + \frac{\partial^2 u}{\partial y^2} = \frac{2(y^2-x^2)}{(x^2+y^2)^2} + \frac{2(x^2-y^2)}{(x^2+y^2)^2} = 0.$$

习题 4.2

1. 求下列各函数的一阶偏导数：

    (1) $z = x^2 y - xy^3$；   (2) $z = e^{xy}$；

    (3) $z = \ln\tan\dfrac{x}{y}$；   (4) $z = \dfrac{x}{\sqrt{x^2+y^2}}$；

    (5) $u = (1+x)^{yz}$.

2. 设 $f(x,y) = x + (y-1)\arcsin\sqrt{\dfrac{x}{y}}$，求 $f_x(x,1)$.

3. 证明函数 $z = \ln(\sqrt{x}+\sqrt{y})$ 满足方程：$x\dfrac{\partial z}{\partial x} + y\dfrac{\partial z}{\partial y} = \dfrac{1}{2}$.

4. 求下列各函数的 $\dfrac{\partial^2 z}{\partial x^2}$，$\dfrac{\partial^2 z}{\partial y^2}$，$\dfrac{\partial^2 z}{\partial x \partial y}$

    (1) $z = x^y$；   (2) $z = \arctan\dfrac{y}{x}$.

5. 设 $r = \sqrt{x^2+y^2+z^2}$，证明：$\dfrac{\partial^2 r}{\partial x^2} + \dfrac{\partial^2 r}{\partial y^2} + \dfrac{\partial^2 r}{\partial z^2} = \dfrac{2}{r}$.

4.3　全微分

    我们先来回顾一下一元函数微分的定义：

    若函数 $y = f(x)$ 在点 x_0 处的增量 Δy 可以表示为

$$\Delta y = f(x_0 + \Delta x) - f(x_0) = A\Delta x + o(\Delta x)$$

其中 $o(\Delta x)$ 是 Δx 高阶无穷小，则称前面关于 Δx 的线性部分 $A\Delta x$ 是函数 $y = $

$f(x)$ 在点 x_0 处的微分,记为 $dy = A\Delta x$,并且根据微分的定义,可以证明,此时 $A = f'(x_0)$,从而有微分

$$dy = f'(x_0)dx.$$

本节,我们讨论多元函数的全微分问题,思路是类似的.

4.3.1　全微分的概念

1. 全微分定义

定义　设二元函数 $z = f(x,y)$ 在点 $P_0(x_0,y_0)$ 某邻域内有定义,如果函数 $z = f(x,y)$ 在点 P_0 处的全增量可表示为

$$\Delta z = f(x_0 + \Delta x, y_0 + \Delta y) - f(x_0,y_0) = A\Delta x + B\Delta y + o(\rho),$$

其中 A,B 与 $\Delta x,\Delta y$ 无关,$\rho = \sqrt{(\Delta x)^2 + (\Delta y)^2}$,$o(\rho)$ 是当 $\rho \to 0$ 时关于 ρ 的高阶无穷小,则称函数 $z = f(x,y)$ 在点 $P_0(x_0,y_0)$ 处可微分,称 $A\Delta x + B\Delta y$ 为函数 $z = f(x,y)$ 在点 $P_0(x_0,y_0)$ 处的全微分,记作

$$dz = A\Delta x + B\Delta y.$$

可见,全微分 $dz = A\Delta x + B\Delta y$ 是函数全增量 Δz 关于 $\Delta x,\Delta y$ 的线性部分,$\Delta z - dz$ 是关于 ρ 的高阶无穷小. 所以,当 $|\Delta x|$,$|\Delta y|$ 充分小时,可以用全微分 dz 作为函数全增量 Δz 的近似值.

现在要提一个问题,如果函数 $z = f(x,y)$ 在点 (x,y) 可微分,那么 $A = ?$、$B = ?$ 是否也与一元函数 $y = f(x)$ 的微分类似,有 $A = f'(x)$?确实如此,请看下面的定理.

定理 1(全微分存在的必要条件)　设函数 $z = f(x,y)$ 在点 $P(x,y)$ 处可微分,则 $z = f(x,y)$ 在点 $P(x,y)$ 处的两个偏导函数均存在,且 $A = f_x'(x,y)$,$B = f_y'(x,y)$,从而函数在点 $P(x,y)$ 处的全微分为

$$dz = f_x'(x,y)\Delta x + f_y'(x,y)\Delta y.$$

证明　设函数 $z = f(x,y)$ 在点 $P(x,y)$ 处可微分,即有

$$\Delta z = A\Delta x + B\Delta y + o(\rho)$$

令 $\Delta y = 0$,则 $\rho = |\Delta x|$,且

$$\Delta z = f(x + \Delta x, y) - f(x,y) = A\Delta x + o(|\Delta x|)$$

两边同除以 Δx,再取 $\Delta x \to 0$ 时的极限,得

$$f_x'(x,y) = \lim_{\Delta x \to 0} \frac{f(x + \Delta x, y) - f(x,y)}{\Delta x}$$

$$= \lim_{\Delta x \to 0} \frac{A\Delta x + o(|\Delta x|)}{\Delta x} = A.$$

同理可得 $B = f'_y(x,y)$,证毕.

我们知道,一元函数在某点可导与可微是等价的,但对于二元函数来说,偏导数存在只是全微分存在的必要条件,而不是充分条件.请看下面的例题.

【例1】 证明函数

$$f(x,y) = \begin{cases} \dfrac{xy}{\sqrt{x^2+y^2}} & (x,y) \neq (0,0) \\ 0 & (x,y) = (0,0) \end{cases}$$

在点$(0,0)$处的偏导数存在,但在$(0,0)$处不可微.

证明 由偏导数的定义可知

$$f_x(0,0) = \lim_{\Delta x \to 0} \frac{f(0+\Delta x,0)-f(0,0)}{\Delta x} = \lim_{\Delta x \to 0} \frac{0-0}{\Delta x} = 0,$$

$$f_y(0,0) = \lim_{\Delta y \to 0} \frac{f(0,0+\Delta y)-f(0,0)}{\Delta y} = \lim_{\Delta y \to 0} \frac{0-0}{\Delta y} = 0.$$

因为 $f(x,y)$ 在点$(0,0)$处的全增量是

$$\Delta z = f(0+\Delta x,0+\Delta y) - f(0,0) = \frac{\Delta x \Delta y}{\sqrt{(\Delta x)^2+(\Delta y)^2}}.$$

所以

$$\Delta z - [f_x(0,0)\Delta x + f_y(0,0)\Delta y] = \frac{\Delta x \Delta y}{\sqrt{(\Delta x)^2+(\Delta y)^2}}.$$

令点 $P(\Delta x,\Delta y)$ 沿直线 $y=kx$ 趋近于 $(0,0)$,则

$$\lim_{\Delta x \to 0} \frac{\Delta z - [f_x(0,0)\Delta x + f_y(0,0)\Delta y]}{\rho} = \lim_{\substack{\Delta y = k\Delta x \\ \Delta x \to 0}} \frac{\frac{\Delta x \Delta y}{\sqrt{(\Delta x)^2+(\Delta y)^2}}}{\rho}$$

$$= \lim_{\substack{\Delta y = k\Delta x \\ \Delta x \to 0}} \frac{\Delta x \Delta y}{(\Delta x)^2+(\Delta y)^2} = \lim_{\Delta x \to 0} \frac{k(\Delta x)^2}{(1+k^2)(\Delta x)^2} = \frac{k}{1+k^2}.$$

当 k 变化时,上式的值也随着变化,因此,此极限不存在。

所以,当 $\rho \to 0$ 时

$$\Delta z - [f_x(0,0)\Delta x + f_y(0,0)\Delta y].$$

不是一个比 ρ 高阶的无穷小.因此,函数 $f(x,y)$ 在原点$(0,0)$处不可微分.

下面不加证明地给出函数在某点可以全微分的充分条件.

定理2(全微分存在的充分条件) 设函数 $z=f(x,y)$ 的偏导数 $f_x(x,y)$, $f_y(x,y)$ 在点(x,y)处连续,则函数 $z=f(x,y)$ 在点(x,y)处可全微分.

一般地,全微分、偏导数、连续的关系如下:

一元函数:可导 $\Leftrightarrow$ 可微,可导 $\Rightarrow$ 连续;

二元函数：偏导数连续 $\Rightarrow$ 可全微分 $\Rightarrow$ $\begin{cases} 可偏导 \\ 连续 \end{cases}$ ，可偏导 $\not\Rightarrow$ 连续.

以上反向箭头均不成立.

4.3.2　全微分的计算

习惯上,我们将自变量的增量 $\Delta x, \Delta y$ 记为 $\mathrm{d}x, \mathrm{d}y$,并分别称为自变量 x, y 的微分,这样函数 $z = f(x, y)$ 的全微分就可写为

$$\mathrm{d}z = \frac{\partial z}{\partial x}\mathrm{d}x + \frac{\partial z}{\partial y}\mathrm{d}y.$$

同样对于三元函数 $u = f(x, y, z)$,其全微分可写为

$$\mathrm{d}u = \frac{\partial u}{\partial x}\mathrm{d}x + \frac{\partial u}{\partial y}\mathrm{d}y + \frac{\partial u}{\partial z}\mathrm{d}z.$$

下面看几道例题.

【例 2】　求函数 $z = x^2 \mathrm{e}^{3y}$ 在点 $(1,0)$ 的全微分.

解　由于

$$\mathrm{d}z = \frac{\partial z}{\partial x}\mathrm{d}x + \frac{\partial z}{\partial y}\mathrm{d}y = 2x\mathrm{e}^{3y}\mathrm{d}x + 3x^2\mathrm{e}^{3y}\mathrm{d}y,$$

所以,在点 $(1,0)$ 处的全微分为

$$\mathrm{d}z = (2x\mathrm{e}^{3y}\mathrm{d}x + 3x^2\mathrm{e}^{3y}\mathrm{d}y)\Big|_{x=1, y=0} = 2\mathrm{d}x + 3\mathrm{d}y.$$

【例 3】　求函数 $u = x + \sin y^2 + (x + y)\mathrm{e}^z$ 的全微分.

解　这是三元函数求全微分,先求偏导数

$$\frac{\partial u}{\partial x} = 1 + \mathrm{e}^z, \frac{\partial u}{\partial y} = 2y\cos y^2 + \mathrm{e}^z, \frac{\partial u}{\partial y} = (x + y)\mathrm{e}^z.$$

由全微分公式得到

$$\mathrm{d}u = \frac{\partial u}{\partial x}\mathrm{d}x + \frac{\partial u}{\partial y}\mathrm{d}y + \frac{\partial u}{\partial z}\mathrm{d}z$$

$$= (1 + \mathrm{e}^z)\mathrm{d}x + (2y\cos y^2 + \mathrm{e}^z)\mathrm{d}y + (x + y)\mathrm{e}^z\mathrm{d}z.$$

*4.3.3　全微分在近似计算上的应用

从全微分的定义可知,如果函数 $z = f(x, y)$ 在点 $P_0(x_0, y_0)$ 处可全微分,则函数 $z = f(x, y)$ 在点 P_0 处的全增量可表示为

$$\Delta z = \mathrm{d}z + o(\rho),$$

所以,当 $\rho = \sqrt{(\Delta x)^2 + (\Delta y)^2}$ 较小时,可以省略比 ρ 高阶的无穷小量,用 $\mathrm{d}z$ 近

似地代替 Δz，即

$$\Delta z \approx \mathrm{d}z.$$

由此可以得出：

函数 $z = f(x,y)$ 在点 $P_0(x_0,y_0)$ 附近的全增量近似计算公式

$$\Delta z \approx f_x(x_0,y_0)\Delta x + f_y(x_0,y_0)\Delta y;$$

函数 $z = f(x,y)$ 在点 $P_0(x_0,y_0)$ 附近的函数值近似计算公式

$$f(x_0+\Delta x, y_0+\Delta y) \approx f(x_0,y_0) + f_x(x_0,y_0)\Delta x + f_y(x_0,y_0)\Delta y.$$

【例 4】 求 $\sqrt{2.98^2 + 4.01^2}$ 的近似值.

解 设函数 $z = \sqrt{x^2+y^2}$，则它的全微分

$$\mathrm{d}z = \frac{x}{\sqrt{x^2+y^2}}\mathrm{d}x + \frac{y}{\sqrt{x^2+y^2}}\mathrm{d}y,$$

取 $x_0 = 3, y_0 = 4, \Delta x = -0.02, \Delta y = 0.01$，由函数值近似计算公式得

$$\sqrt{2.98^2+4.01^2} \approx \sqrt{3^2+4^2} + \frac{3}{\sqrt{3^2+4^2}} \times (-0.02) + \frac{4}{\sqrt{3^2+4^2}} \times (0.01) = 4.996.$$

习题 4.3

1. 求下列函数的全微分：

    (1) $z = xy + \dfrac{x}{y}$;   (2) $z = \sin(xy)$;

    (3) $z = \sqrt{x^2+y^2}$;   (4) $u = \mathrm{e}^{xy} + z$.

2. 求函数 $z = \ln(2+x^2+y^2)$ 当 $x = 1, y = 2$ 时的全微分.

*3. 利用全微分求近似值 $(1.97)^{1.05}$.

4.4   多元复合函数的偏导数

我们先来回目一下一元复合函数求导的链式法则，设函数 $y = f(u)$ 在点 u 可导，又 $u = \varphi(x)$ 在相应点 x 可导，则复合函数在点 x 也可导，且成立链式法则

$$\frac{\mathrm{d}y}{\mathrm{d}x} = \frac{\mathrm{d}y}{\mathrm{d}u} \cdot \frac{\mathrm{d}u}{\mathrm{d}x} = f'(u) \cdot \varphi'(x),$$

现将其推广到多元函数.

由于多元复合函数的中间变量与自变量的个数较多，所以情况要复杂得

多.下面按多元复合函数的不同复合情况,就三种特殊情况进行讨论.

定理 设函数 $u = u(x, y)$, $v = v(x, y)$ 在点 (x, y) 处的偏导数 $\dfrac{\partial u}{\partial x}, \dfrac{\partial u}{\partial y}$,

$\dfrac{\partial v}{\partial x}, \dfrac{\partial v}{\partial y}$ 都存在,函数 $z = f(u, v)$ 在相应点 (u, v) 处的偏导数 $\dfrac{\partial f}{\partial u}, \dfrac{\partial f}{\partial v}$ 存在且连续,则复合函数 $z = f(u(x, y), v(x, y))$ 的偏导数存在,并且成立

$$\frac{\partial z}{\partial x} = \frac{\partial f}{\partial u} \frac{\partial u}{\partial x} + \frac{\partial f}{\partial v} \frac{\partial v}{\partial x},$$

$$\frac{\partial z}{\partial y} = \frac{\partial f}{\partial u} \frac{\partial u}{\partial y} + \frac{\partial f}{\partial v} \frac{\partial v}{\partial y}.$$

证明 当给 x 以增量 Δx 时,中间变量 u, v 所产生的增量记作 $\Delta u, \Delta v$,则函数 z 的增量 Δz 可表示为

$$\begin{aligned}\Delta z &= f(u + \Delta u, v + \Delta v) - f(u, v)\\ &= \frac{\partial f}{\partial u} \Delta u + \frac{\partial f}{\partial v} \Delta v + o(\rho),\end{aligned}$$

其中

$$\rho = \sqrt{(\Delta u)^2 + (\Delta v)^2} \to 0, \qquad (\Delta x \to 0).$$

将上面 Δz 的表示式两端同除以 Δx,得

$$\frac{\Delta z}{\Delta x} = \frac{\partial f}{\partial u} \cdot \frac{\Delta u}{\Delta x} + \frac{\partial f}{\partial v} \cdot \frac{\Delta v}{\Delta x} + \frac{o(\rho)}{\Delta x}.$$

令 $\Delta x \to 0$,两边取极限,因为 $\lim\limits_{\Delta x \to 0} \dfrac{o(\rho)}{\Delta x} = 0$,所以得到

$$\frac{\partial z}{\partial x} = \frac{\partial f}{\partial u} \frac{\partial u}{\partial x} + \frac{\partial f}{\partial v} \frac{\partial v}{\partial x}.$$

同理可得

$$\frac{\partial z}{\partial y} = \frac{\partial f}{\partial u} \frac{\partial u}{\partial y} + \frac{\partial f}{\partial v} \frac{\partial v}{\partial y},$$

此式也称作复合函数求导的**链式法则**.

为了便于掌握多元复合函数求偏导数的方法,有时也可借助于反映复合函数结构的链式图.

如求偏导公式 $\dfrac{\partial z}{\partial x} = \dfrac{\partial f}{\partial u} \dfrac{\partial u}{\partial x} + \dfrac{\partial f}{\partial v} \dfrac{\partial v}{\partial x}$ 可以由链式图(如图 4-9)理解为:

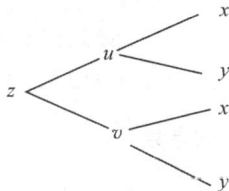

◆ 偏导数 $\dfrac{\partial z}{\partial x}$ 的项数等于链式图中最终 x 的数目.本图中最终有两个 x,所以公式中有两项之和.

图 4-9

◆ 偏导数 $\dfrac{\partial z}{\partial x}$ 的每一项与每一条路径对应,各项是若干偏导数因子的乘积.如 $z \to u \to x$ 路径含"$z \to u$"与"$u \to x$"两条线段,所以由复合偏导可知,该项应是两个偏导 $\dfrac{\partial f}{\partial u}$ 与 $\dfrac{\partial u}{\partial x}$ 的乘积.

【例1】 设 $z = u^2 e^v, u = 4xy, v = 3x^2 - 2y$,求 $\dfrac{\partial z}{\partial x}$ 与 $\dfrac{\partial z}{\partial y}$.

解 可以直接套用链式法则公式,因为

$$\frac{\partial z}{\partial u} = 2ue^v, \qquad \frac{\partial z}{\partial v} = u^2 e^v,$$

$$\frac{\partial u}{\partial x} = 4y, \quad \frac{\partial u}{\partial y} = 4x, \quad \frac{\partial v}{\partial x} = 6x, \quad \frac{\partial v}{\partial y} = -2.$$

所以,由链式法则得

$$\frac{\partial z}{\partial x} = \frac{\partial z}{\partial u}\frac{\partial u}{\partial x} + \frac{\partial z}{\partial v}\frac{\partial v}{\partial x} = 2ue^v \cdot 4y + u^2 e^v \cdot 6x$$

$$= (32xy^2 + 96x^3 y^2)e^{3x^2 - 2y},$$

$$\frac{\partial z}{\partial y} = \frac{\partial z}{\partial u}\frac{\partial u}{\partial y} + \frac{\partial z}{\partial v}\frac{\partial v}{\partial y} = 2ue^v \cdot 4x + u^2 e^v \cdot (-2)$$

$$= 32x^2 y(1 - y)e^{3x^2 - 2y}.$$

链式法则可以推广到中间变量或自变量的个数多于或少于两个的情形,其中的关键在于把握清楚函数的复合结构.以下再看几种特殊情形.

(1) 设函数 $z = f(u, v, y)$ 有连续的偏导数,而 $u = u(x, y), v = v(y)$ 都有偏导数,求复合函数 $z = f(u(x, y), v(y), y)$ 的偏导数 $\dfrac{\partial z}{\partial x}, \dfrac{\partial z}{\partial y}$.

看函数的链式图 4-10.

$$\frac{\partial z}{\partial x} = \frac{\partial f}{\partial u}\frac{\partial u}{\partial x},$$

$$\frac{\partial z}{\partial y} = \frac{\partial f}{\partial u}\frac{\partial u}{\partial y} + \frac{\partial f}{\partial v}\frac{\mathrm{d}v}{\mathrm{d}y} + \frac{\partial f}{\partial y}.$$

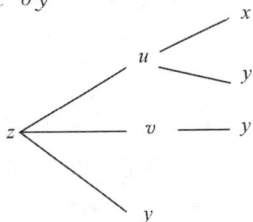

图 4-10

(2) 设函数 $z = f(u, v, x)$ 有连续的偏导数,而 $u = u(x), v = v(x)$ 都可导,求复合函数 $z = f(u(x), v(x), x)$ 的导数 $\dfrac{\mathrm{d}z}{\mathrm{d}x}$.

这里需要特别指出,此处 z 的最终自变量只有一个 x,故变成求一元函数的导数了(函数的链式图 4-11).

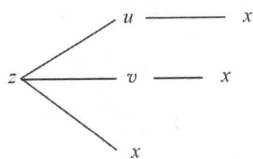

图 4-11

$$\frac{\mathrm{d}z}{\mathrm{d}x} = \frac{\partial f}{\partial u}\frac{\mathrm{d}u}{\mathrm{d}x} + \frac{\partial f}{\partial v}\frac{\mathrm{d}v}{\mathrm{d}x} + \frac{\partial f}{\partial x},$$

此时,函数 z 对 x 的导数称为**全导数**.

大家注意这里 $\frac{\mathrm{d}z}{\mathrm{d}x}$ 与 $\frac{\partial f}{\partial x}$ 的不同含义,等式左边的 $\frac{\mathrm{d}z}{\mathrm{d}x}$ 是在复合函数代入后 $z = f(u(x),v(x),x)$,看成一元函数,然后对 x 求导数;等式右边的 $\frac{\partial f}{\partial x}$ 是没有复合前 $z = f(u,v,x)$,看成三元函数,对 x 求偏导数.

【例 2】 设 $z = u^2 v + t^3 u, u = \mathrm{e}^{2t}, v = \sin 3t$,求全导数 $\frac{\mathrm{d}z}{\mathrm{d}x}$.

解 记 $z = f(u,v,t) = u^2 v + t^3 u$,由全导数公式可知

$$\begin{aligned}
\frac{\mathrm{d}z}{\mathrm{d}t} &= \frac{\partial f}{\partial u}\frac{\mathrm{d}u}{\mathrm{d}t} + \frac{\partial f}{\partial v}\frac{\mathrm{d}v}{\mathrm{d}t} + \frac{\partial f}{\partial t} \\
&= (2uv + t^3) \cdot \mathrm{e}^{2t} \cdot 2 + u^2 \cdot \cos 3t \cdot 3 + u \cdot 3t^2 u \\
&= 2(2\mathrm{e}^{2t} \cdot \sin 3t + t^3) \cdot \mathrm{e}^{2t} + 3\mathrm{e}^{4t} \cdot \cos 3t + 3t^2 \mathrm{e}^{2t}.
\end{aligned}$$

【例 3】 求下列复合函数的偏导数(其中 f 有一阶连续偏导数).

(1) $z = f(x^2 + y^2, \mathrm{e}^{x-y})$;   (2) $u = f(x, xy, xyz)$.

解 (1) 令 $u = x^2 + y^2, v = \mathrm{e}^{x-y}$,则由链式法则得

$$\frac{\partial z}{\partial x} = \frac{\partial f}{\partial u}\frac{\partial u}{\partial x} + \frac{\partial f}{\partial v}\frac{\mathrm{d}v}{\mathrm{d}x} = \frac{\partial f}{\partial u} \cdot 2x + \frac{\partial f}{\partial v} \cdot \mathrm{e}^{x-y},$$

$$\frac{\partial z}{\partial y} = \frac{\partial f}{\partial u}\frac{\partial u}{\partial y} + \frac{\partial f}{\partial v}\frac{\mathrm{d}v}{\mathrm{d}y} = \frac{\partial f}{\partial u} \cdot 2y + \frac{\partial f}{\partial v} \cdot \mathrm{e}^{x-y} \cdot (-1).$$

为书写简便起见,常将函数 $z = f(u,v)$ 对第一变量 u、第二变量 v 的偏导数分别表示为 $f_1{}', f_2{}'$,即记 $\frac{\partial f}{\partial u} = f_1{}', \frac{\partial f}{\partial v} = f_2{}'$,则此题可写成

$$\frac{\partial z}{\partial x} = f_1{}' \cdot 2x + f_2{}' \cdot \mathrm{e}^{x-y}, \qquad \frac{\partial z}{\partial y} = f_1{}' \cdot 2y - f_2{}' \cdot \mathrm{e}^{x-y}.$$

(2) 引入记号,设 $u = f(h,v,w)$,其中 $h = x, v = xy, w = xyz$.

记 $\frac{\partial f}{\partial h} = f'_1, \quad \frac{\partial f}{\partial v} = f'_2, \frac{\partial f}{\partial w} = f'_3$,

则由链式法则,得

$$\frac{\partial u}{\partial x} = f'_1 \cdot 1 + f'_2 \cdot y + f'_3 \cdot yz = f'_1 + yf'_2 + yzf'_3,$$

$$\frac{\partial u}{\partial y} = f'_1 \cdot 0 + f'_2 \cdot x + f'_3 \cdot xz = xf'_2 + xzf'_3,$$

$$\frac{\partial u}{\partial z} = f'_1 \cdot 0 + f'_2 \cdot 0 + f'_3 \cdot xy = xyf'_3.$$

这里引入记号 $f_1{}',f_2{}'$ 的目的是为了不用中间变量,所以当理解后,就不必出现中间变量 h,v,w 等. 下面再看例题体会一下.

【例 4】 设 $z = f\left(xy, \dfrac{y}{x}\right)$,其中 f 有二阶连续偏导数,求 $\dfrac{\partial^2 z}{\partial x^2}, \dfrac{\partial^2 z}{\partial x \partial y}$.

解 由链式法则,得

$$\frac{\partial z}{\partial x} = f_1{}' \cdot y + f_2{}' \cdot \left(-\frac{y}{x^2}\right) = y f_1{}' - \frac{y}{x^2} f_2{}'.$$

注意到 $f_1{}' = f_1{}'\left(xy, \dfrac{y}{x}\right), f_2{}' = f_2{}'\left(xy, \dfrac{y}{x}\right)$,并记 $f_{11}{}'' = f_{uu}, f_{12}{}'' = f_{uv}, f_{22}{}'' = f_{vv}$.

再由链式法则,得

$$\frac{\partial^2 z}{\partial x^2} = \frac{\partial}{\partial x}\left(y f_1{}' - \frac{y}{x^2} f_2{}'\right) = y \frac{\partial}{\partial x}(f_1{}') + \frac{2y}{x^3} f_2{}' - \frac{y}{x^2} \cdot \frac{\partial}{\partial x}(f_2{}')$$

$$= y\left[f_{11}{}'' \cdot y + f_{12}{}'' \cdot \left(-\frac{y}{x^2}\right)\right] + \frac{2y}{x^3} f_2{}' - \frac{y}{x^2}\left[f_{21}{}'' \cdot y + f_{22}{}'' \cdot \left(-\frac{y}{x^2}\right)\right]$$

$$= y\left(y f_{11}{}'' - \frac{y}{x^2} f_{12}{}''\right) + \frac{2y}{x^3} f_2{}' - \frac{y}{x^2}\left(y f_{21}{}'' - \frac{y}{x^2} f_{22}{}''\right).$$

因为 f 有二阶连续偏导数,所以 $f_{12}{}'' = f_{21}{}''$,故

$$\frac{\partial^2 z}{\partial x^2} = y^2 f'' - 2\frac{y^2}{x^2} f_{12}{}'' + \frac{2y}{x^3} f_2{}' + \frac{y^2}{x^4} f_{22}{}'',$$

而

$$\frac{\partial^2 z}{\partial x \partial y} = \frac{\partial}{\partial y}\left(y f_1{}' - \frac{y}{x^2} f_2{}'\right) = f_1{}' + y \frac{\partial}{\partial y}(f_1{}') - \frac{1}{x^2} f_2{}' - \frac{y}{x^2} \cdot \frac{\partial}{\partial y}(f_2{}')$$

$$= f_1{}' + y\left(x f_{11}{}'' + \frac{1}{x} f_{12}{}''\right) - \frac{1}{x^2} f_2{}' - \frac{y}{x^2}\left(x f_{21}{}'' + \frac{1}{x} f_{22}{}''\right)$$

$$= f_1{}' + xy f_{11}{}'' - \frac{1}{x} f_2{}' - \frac{y}{x^3} f_{22}{}''.$$

【例 5】 设 $z = f(x+ay) + g(x-ay)$,其中 f,g 均二阶可微,a 为常数.

证明:

$$\frac{\partial^2 z}{\partial y^2} = a^2 \frac{\partial^2 z}{\partial x^2}.$$

> $f(u),g(v)$ 为一元函数,所以是求导,不要用足标

证明 令 $u = x + ay, v = x - ay$,则有

$$\frac{\partial z}{\partial x} = \frac{\mathrm{d}f}{\mathrm{d}u}\frac{\partial u}{\partial x} + \frac{\mathrm{d}g}{\mathrm{d}v}\frac{\partial v}{\partial x} = f'(u) + g'(v), \frac{\partial^2 z}{\partial x^2} = f''(u) + g''(v);$$

$$\frac{\partial z}{\partial y} = \frac{\mathrm{d}f}{\mathrm{d}u}\frac{\partial u}{\partial y} + \frac{\mathrm{d}g}{\mathrm{d}v}\frac{\partial v}{\partial y} = a f'(u) - a g'(v), \frac{\partial^2 z}{\partial y^2} = a^2 f''(u) + a^2 g''(v).$$

从而有

$$\frac{\partial^2 z}{\partial y^2} = a^2 \frac{\partial^2 z}{\partial x^2}.$$

最后讲一下全微分形式不变性.

设函数 $z = f(u,v)$ 具有连续偏导数,则有全微分

$$dz = \frac{\partial z}{\partial n}du + \frac{\partial z}{\partial v}dv,$$

那么无论 u,v 是自变量还是中间变量,此式均成立,这个性质叫做全微分形式不变性.

事实上:假设 $u = \varphi(x,y)$,$v = \psi(x,y)$,且这两个函数具有连续偏导数,则复合函数 $z = f[\varphi(x,y),\psi(x,y)]$ 有全微分

$$dz = \frac{\partial z}{\partial x}dx + \frac{\partial z}{\partial y}dy.$$

由复合函数偏导公式可知

$$\begin{aligned}
dz &= \frac{\partial z}{\partial x}dx + \frac{\partial z}{\partial y}dy \\
&= \left(\frac{\partial z}{\partial u} \cdot \frac{\partial u}{\partial x} + \frac{\partial z}{\partial v} \cdot \frac{\partial v}{\partial x}\right)dx + \left(\frac{\partial z}{\partial u} \cdot \frac{\partial u}{\partial y} + \frac{\partial z}{\partial v} \cdot \frac{\partial v}{\partial y}\right)dy \\
&= \frac{\partial z}{\partial u}\left(\frac{\partial u}{\partial x}dx + \frac{\partial u}{\partial y}dy\right) + \frac{\partial z}{\partial v}\left(\frac{\partial v}{\partial x}dx + \frac{\partial v}{\partial y}dy\right) \\
&= \frac{\partial z}{\partial u}du + \frac{\partial z}{\partial v}dv.
\end{aligned}$$

可见全微分形式不变.

习题 4.4

1. 设 $z = \dfrac{u}{v^2}$,$u = x - 2y$,$v = 3x + y$,求 $\dfrac{\partial z}{\partial x}$,$\dfrac{\partial z}{\partial y}$.

2. 设 $z = e^{x-2y}$,$x = \sin t$,$y = t^3$,求 $\dfrac{dz}{dt}$.

3. 设 $z = \arctan(xy)$,又 $y = e^{-2x}$,求 $\dfrac{dz}{dx}$.

4. 设 $w = e^{x^2+y^2+z^2}$,又 $z = y^2\sin x$,求 $\dfrac{\partial w}{\partial x}$,$\dfrac{\partial w}{\partial y}$.

5. 求下列函数的一阶偏导数:

(1) $u = f(x^2 - y^2, e^{xy})$;　　　　　(2) $u = f\left(xy, \dfrac{y}{x}\right)$;

(3) $u = f(x, xy, xyz)$;　　　　　　　(4) $z = f(u, x, y)$,$u = xe^y$.

6. 设 $z = xy + xF(u)$，又 $u = \dfrac{y}{x}$，$F(u)$ 为可导函数，证明 $x\dfrac{\partial z}{\partial x} + y\dfrac{\partial z}{\partial y} = z + xy$.

7. 证明函数 $z = f(x - at) + g(x + at)$ 满足波动方程 $\dfrac{\partial^2 z}{\partial t^2} = a^2 \dfrac{\partial^2 z}{\partial x^2}$.

8. 求下列各函数的 $\dfrac{\partial^2 z}{\partial x^2}, \dfrac{\partial^2 z}{\partial y^2}, \dfrac{\partial^2 z}{\partial x \partial y}$（其中 f 具有二阶连续偏导数）：

(1) $z = f(xy, 2x - y)$；　　　　　　(2) $z = f\left(y, \dfrac{y}{x}\right)$；

(3) $z = f(x^2 + y^2)$.

4.5　隐函数的偏导数

在学习一元函数导数时遇到过隐函数求导数的问题，并通过举例给出了由隐函数方程

$$F(x, y) = 0$$

所确定的一元函数的求导方法．本节将借助多元函数的偏导数讨论隐函数的求导问题．

4.5.1　一个方程的情形

1. 由方程 $F(x, y) = 0$ 所确定的隐函数 $y = f(x)$ 的求导公式

定理 1（隐函数存在定理 1）设函数 $F(x, y)$ 在包含点 $P_0(x_0, y_0)$ 的某区域 D 内有连续偏导数，且

$$F(x_0, y_0) = 0, \ F_y(x_0, y_0) \neq 0,$$

则存在唯一的定义在点 x_0 的某邻域内的函数 $y = f(x)$，它满足 $f(x_0) = y_0$ 及恒等式 $F(x, f(x)) = 0$，在 $U(x_0)$ 内有连续导数，并且

$$\dfrac{\mathrm{d}y}{\mathrm{d}x} = -\dfrac{F_x}{F_y}.$$

隐函数存在定理的重要意义在于，它不涉及隐函数的显化，从理论上解决了隐函数的存在问题，而且还给出了直接从方程本身求隐函数导数的计算公式．

定理证明从略，仅推导上面的公式．

设隐函数方程确定的一元函数 $y = f(x)$，将 $y = f(x)$ 代入 $F(x, y) = 0$ 得恒等式

$$F(x, f(x)) = 0.$$

把等式右端看成复合函数,两边对 x 求导,得

$$F_x + F_y \frac{\mathrm{d}y}{\mathrm{d}x} = 0.$$

于是,当 $F_y(x,y) \neq 0$ 时,可得公式

$$\frac{\mathrm{d}y}{\mathrm{d}x} = -\frac{F_x}{F_y}.$$

【例 1】　设由方程 $y - xe^y + x = 0$ 确定了隐函数 $y = f(x)$,用公式求 $\frac{\mathrm{d}y}{\mathrm{d}x}$.

解　令 $F(x,y) = y - xe^y + x$,则 $F_x = -e^y + 1$, $F_y = 1 - xe^y$.
利用上面的公式,得

$$\frac{\mathrm{d}y}{\mathrm{d}x} = -\frac{F_x}{F_y} = -\frac{-e^y + 1}{1 - xe^y} = \frac{e^y - 1}{1 - xe^y}.$$

2. 由方程 $F(x,y,z) = 0$ 所确定的隐函数 $z = f(x,y)$ 的求导公式

定理 2(隐函数存在定理 2)设函数 $F(x,y,z)$ 在点 $P(x_0, y_0, z_0)$ 的某一邻域内有连续偏导数,且 $F(x_0, y_0, z_0) = 0$, $F_z(x_0, y_0, z_0) \neq 0$,则方程 $F(x,y,z) = 0$ 在点 (x_0, y_0, z_0) 的某一邻域内恒能唯一确定一个单值连续且具有连续偏导数的函数 $z = f(x,y)$,它满足条件 $z_0 = f(x_0, y_0)$,并有

$$\frac{\partial z}{\partial x} = -\frac{F_x}{F_z}, \qquad \frac{\partial z}{\partial y} = -\frac{F_y}{F_z}.$$

定理证明从略,仅对上面公式作推导.

设由三元方程

$$F(x,y,z) = 0$$

所确定的隐函数为 $z = f(x,y)$,将 $z = f(x,y)$ 代入 $F(x,y,z) = 0$ 得恒等式

$$F(x,y,f(x,y)) = 0,$$

把等式右端看成复合函数,两边对 x 或 y 求偏导,由链式法则得

$$F_x + F_z \frac{\partial z}{\partial x} = 0, \quad \text{或} \quad F_y + F_z \frac{\partial z}{\partial y} = 0.$$

于是,当 $F_z(x,y,z) \neq 0$ 时,可得公式

$$\frac{\partial z}{\partial x} = -\frac{F_x}{F_z}, \qquad \frac{\partial z}{\partial y} = -\frac{F_y}{F_z}.$$

【例 2】　设方程 $xy + \sin z + y = 2z$ 确定了函数 $z = f(x,y)$,求 $\frac{\partial z}{\partial x}, \frac{\partial z}{\partial y}$.

解 1　公式法,设 $F(x,y,z) = xy + \sin z + y - 2z$,有

$$F_x = y, \ F_y = x+1, \ F_z = \cos z - 2$$

得

$$\frac{\partial z}{\partial x} = -\frac{F_x}{F_z} = \frac{y}{2-\cos z},$$

$$\frac{\partial z}{\partial y} = -\frac{F_y}{F_z} = \frac{x+1}{2-\cos z}.$$

> 注意求 F_x, F_y, F_z 时，要将 x,y,z 均看成自变量

解2　直接隐函数求导，方程两边对 x 求偏导数，注意 z 是 x, y 的函数，得

$$y + \cos z \frac{\partial z}{\partial x} = 2\frac{\partial z}{\partial x},$$

所以

$$\frac{\partial z}{\partial x} = \frac{y}{2-\cos z}.$$

> 注意此处要将 z 看成 x,y 的函数

方程两边再对 y 求偏导数，有

$$x + \cos z \frac{\partial z}{\partial y} + 1 = 2\frac{\partial z}{\partial y},$$

从而得

$$\frac{\partial z}{\partial y} = \frac{x+1}{2-\cos z}.$$

解3　微分法，利用微分形式不变性，等式两边求全微分得

$$\mathrm{d}(xy) + \mathrm{d}\sin z + \mathrm{d}y = 2\mathrm{d}z, \quad y\mathrm{d}x + x\mathrm{d}y + \cos z\mathrm{d}z + \mathrm{d}y = 2\mathrm{d}z,$$

解出 $\mathrm{d}z$，得到

$$\mathrm{d}z = \frac{y}{2-\cos z}\mathrm{d}x + \frac{x+1}{2-\cos z}\mathrm{d}y.$$

又因为，如果 $z = z(x,y)$，则 $\mathrm{d}z = \dfrac{\partial z}{\partial x}\mathrm{d}x + \dfrac{\partial z}{\partial y}\mathrm{d}y$，

从而

$$\frac{\partial z}{\partial x} = \frac{y}{2-\cos z}, \quad \frac{\partial z}{\partial y} = \frac{x+1}{2-\cos z}.$$

【例3】　设 $x^2 + y^2 + z^2 - 4z = 0$，求 $\dfrac{\partial^2 z}{\partial x^2}$.

解　我们先用公式法求一阶偏导数，令 $F(x,y,z) = x^2 + y^2 + z^2 - 4z$，则

$$F_x = 2x, \ F_z = 2z - 4,$$

从而

$$\frac{\partial z}{\partial x} = -\frac{F_x}{F_z} = \frac{x}{2-z},$$

再对 x 求偏导数，注意要将 z 看成 x, y 的函数

$$\frac{\partial^2 z}{\partial x^2} = \frac{\partial}{\partial x}\left(\frac{x}{2-z}\right) = \frac{(2-z) + x\dfrac{\partial z}{\partial x}}{(2-z)^2}$$

$$= \frac{(2-z) + x \cdot \dfrac{x}{2-z}}{(2-z)^2} = \frac{(2-z)^2 + x^2}{(2-z)^3}.$$

*4.5.2　方程组的情形

下面我们将隐函数存在定理再作另一方面的推广,即不仅增加方程中变量的个数,而且增加方程的个数,例如考虑方程组

$$\begin{cases} F(x,y,u,v) = 0 \\ G(x,y,u,v) = 0 \end{cases},$$

这里是两个方程,四个变量,且一般只能有两个变量是独立变化的,因此由方程组就有可能确定两个二元函数.下面我们给出其求导的计算公式.

设由此方程组所确定的隐函数为 $u = u(x,y)$, $v = v(x,y)$,将 $u = u(x,y)$, $v = v(x,y)$ 代入方程组得恒等式

$$\begin{cases} F(x,y,u(x,y),v(x,y)) = 0 \\ G(x,y,u(x,y),v(x,y)) = 0 \end{cases},$$

把方程组的各等式左端看成复合函数,两边对 x 求导,由链式法则得

$$\begin{cases} F_x + F_u u_x + F_v v_x = 0 \\ G_x + G_u u_x + G_v v_x = 0 \end{cases}.$$

这是一个关于 u_x, v_x 二元一次线性方程组.可以利用中学里介绍的消元法或代入法求解.下面通过例子来说明一下.

【例 4】　设 $\begin{cases} xu - yv = 0 \\ yu + xv = 1 \end{cases}$,求 $\dfrac{\partial u}{\partial x}, \dfrac{\partial u}{\partial y}$.

解　这是 4 个变量,2 个方程,故确定的是二元函数,因为求对 x,y 的偏导数,所以 x,y 是自变量,而 $u(x,y),v(x,y)$ 是关于 x,y 的二元函数.

方程组的两边对 x 求偏导,并整理得到

$$\begin{cases} x\dfrac{\partial u}{\partial x} - y\dfrac{\partial v}{\partial x} = -u & ① \\ y\dfrac{\partial u}{\partial x} + x\dfrac{\partial v}{\partial x} = -v & ② \end{cases},$$

这是关于 $\dfrac{\partial u}{\partial x}, \dfrac{\partial v}{\partial x}$ 的二元一次方程组,用中学介绍的消元法来求解.

① $\times x +$ ② $\times y$,得

$$x^2 \frac{\partial u}{\partial x} + y^2 \frac{\partial u}{\partial x} = -ux - vy,$$

则

$$\frac{\partial u}{\partial x} = -\frac{xu + yv}{x^2 + y^2}.$$

将所给方程的两边对 y 求导,用同样方法可以得到

$$\frac{\partial u}{\partial y} = \frac{xv - yu}{x^2 + y^2}.$$

注意： 如果学过线性代数的同学，也可以用行列式中的克莱姆法则来求解.

习题 4.5

1. 设 $xy + \ln y - \ln x = 0$，求 $\dfrac{\mathrm{d}y}{\mathrm{d}x}$.

2. 设 $\arctan \dfrac{y}{x} = \ln \sqrt{x^2 + y^2}$，求 $\dfrac{\mathrm{d}y}{\mathrm{d}x}$.

3. 设 $x + 2y + 3z = 2\sqrt{xyz}$，求 $\dfrac{\partial z}{\partial x}, \dfrac{\partial z}{\partial y}$.

4. 设 $xyz = \mathrm{e}^z$，求 $\dfrac{\partial z}{\partial x}, \dfrac{\partial z}{\partial y}$ 及 $\dfrac{\partial^2 z}{\partial x^2}$.

5. 设隐函数方程 $F(x + mz, y + nz) = 0$ 确定函数 $z = f(x, y)$，求 $m\dfrac{\partial z}{\partial x} + n\dfrac{\partial z}{\partial y}$.

*6. 设 $\begin{cases} x + y + z = 0 \\ x^2 + y^2 + z^2 = 1 \end{cases}$，求 $\dfrac{\mathrm{d}x}{\mathrm{d}z}, \dfrac{\mathrm{d}y}{\mathrm{d}z}$.

4.6　偏导数在几何上的应用

本节是讨论多元微分学在几何上的某些应用.

4.6.1　空间曲线的切线与法平面

设空间曲线 Γ 的参数方程为

$$\begin{cases} x = x(t) \\ y = y(t), \\ z = z(t) \end{cases}$$

现在来讨论 Γ 上对应于参数 $t = t_0$ 的点 $P_0(x_0, y_0, z_0)$ 处的切线方程，为了保证切线存在，假设函数 $x(t), y(t), z(t)$ 可导，且导数不全为零.

现在来讨论 Γ 上对应于参数 $t = t_0$ 的点 $P_0(x_0, y_0, z_0)$ 处的切线方程，为了保证切线存在，假设函数 $x(t), y(t), z(t)$ 可导，且导数不全为零.

我们先定义空间曲线的切线，再给出切线方程的公式.

在曲线上点 $P_0(x_0,y_0,z_0)$ 附近任取点 $P(x_0+\Delta x,y_0+\Delta y,z_0+\Delta z)$,它们对应的参数为 $t_0,t_0+\Delta t$,则过点 P_0 与 P 的割线方程为

$$\frac{x-x_0}{\Delta x}=\frac{y-y_0}{\Delta y}=\frac{z-z_0}{\Delta z}.$$

用 Δt 去除上式各项的分母,得

$$\frac{x-x_0}{\dfrac{\Delta x}{\Delta t}}=\frac{y-y_0}{\dfrac{\Delta y}{\Delta t}}=\frac{z-z_0}{\dfrac{\Delta z}{\Delta t}}.$$

令 $\Delta t \to 0$,即 $P \xrightarrow{\text{沿}\Gamma} P_0$,若割线 P_0P 存在极限位置 P_0T,则称 P_0T 为曲线 Γ 在点 P_0 处的**切线**(如图 4-12),由割线方程,我们也得到曲线 Γ 在点 P_0 处的切线方程

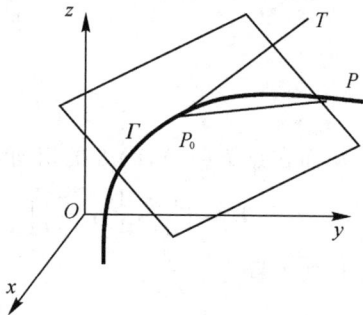

图 4-12

$$\frac{x-x_0}{x'(t_0)}=\frac{y-y_0}{y'(t_0)}=\frac{z-z_0}{z'(t_0)},$$

其中

$$\boldsymbol{T}=(x'(t_0),y'(t_0),z'(t_0))$$

称为**切线的方向向量**,简称为**切线向量**.

过点 P_0,且垂直于曲线在该点的切线的平面,称为曲线在点 P_0 的**法平面**(如图 4-12),易知法平面方程为

$$x'(t_0)(x-x_0)+y'(t_0)(y-y_0)+z'(t_0)(z-z_0)=0.$$

【例 1】 求空间曲线 $\Gamma:x=t^3,y=2t^2,z=t$ 在点 $t=-1$ 处的切线方程与法平面方程.

解 此题可以直接套用公式来求解.

易见 $t=-1$ 时,对应于曲线上的点为 $M(-1,2,-1)$.
又由于 $x'=3t^2$, $y'=4t$, $z'=1$,所以在点 M 的切线向量为

$$\boldsymbol{T}=(x',y',z')\Big|_{t=1}=(3t^2,-4t,1)\Big|_{t=1}=(3,-4,1).$$

从而,曲线在点 $M(-1,2,-1)$ 处的切线方程为

$$\frac{x+1}{3}=\frac{y-2}{-4}=\frac{z+1}{1},$$

法平面方程为

$$3(x+1)-4(y-2)+(z+1)=0,$$

即

$$3x-4y+z+12=0.$$

【例2】 求曲线 $\begin{cases} z = x^2 + y^2 \\ y = x^2 \end{cases}$ 在点 $P(1,1,2)$ 处的切线与法平面方程.

解 这是用交面式方程表示的曲线,可见方程形式比较简单,可以直接化成参数式方程,如取 x 为参数,则可将它改写成参数方程

$$\begin{cases} x = x \\ y = x^2 \\ z = x^2 + x^4 \end{cases}.$$

从而在点 $P(1,1,2)$ 处的切向量为

$$\boldsymbol{T} = \left(\frac{\mathrm{d}x}{\mathrm{d}x}, \frac{\mathrm{d}y}{\mathrm{d}x}, \frac{\mathrm{d}z}{\mathrm{d}x} \right) \Big|_{x=1} = (1, 2x, 2x + 4x^3) \Big|_{x=1} = (1, 2, 6),$$

切线方程为

$$\frac{x-1}{1} = \frac{y-1}{2} = \frac{z-2}{6},$$

法平面方程为

$$(x-1) + 2(y-1) + 6(z-2) = 0,$$

即

$$x + 2y + 6z - 15 = 0.$$

4.6.2 曲面的切平面与法线

我们知道,过曲面 S 上的一点 P 可以作无数条曲线,如果每条曲线在点 P 都存在切线,则可以证明这些切线都位于同一平面 π 上,我们称平面 π 为曲面 S 在点 P 的**切平面**.本段讨论曲面的切平面及其方程.

设空间曲面 S 由方程

$$F(x, y, z) = 0$$

给出,点 $P_0(x_0, y_0, z_0)$ 是曲面 S 上的一点,偏导数 F_x, F_y, F_z 在点 $P_0(x_0, y_0, z_0)$ 处连续且不全为零.

我们首先说明,在曲面上过 P_0 点的任何一条曲线在 P_0 的切线均落在一个平面上,此平面的法向量为 $\boldsymbol{n} = (F_x, F_y, F_z)$.

在曲面 S 上过点 P_0 任意取一条曲线 Γ(如图 4-13),设 Γ 的参数方程为

$$\begin{cases} x = x(t) \\ y = y(t). \\ z = z(t) \end{cases}$$

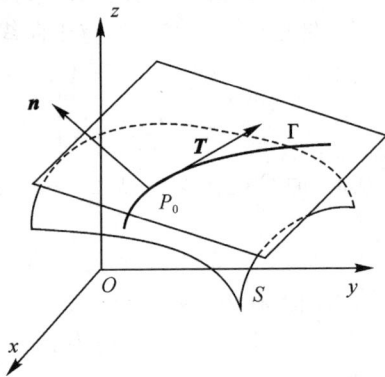

图 4-13

将 Γ 代入 S 的方程,得恒等式
$$F(x(t),y(t),z(t)) = 0.$$
对上式两边取对 t 的导数,并代入 t_0,得
$$F_x\big|_{P_0} \cdot x'(t_0) + F_y\big|_{P_0} \cdot y'(t_0) + F_z\big|_{P_0} \cdot z'(t_0) = 0.$$
因为曲线 Γ 在点 P_0 处的切线的方向向量是
$$\boldsymbol{T} = (x'(t_0),y'(t_0),z'(t_0)),$$
所以,这表明,向量 $\boldsymbol{T}$ 与向量
$$\boldsymbol{n} = (F_x,F_y,F_z)\big|_{P_0}$$
垂直.因为 Γ 是曲面 S 上过点 P_0 的任一条曲线,而 $\boldsymbol{n}$ 是一个固定向量,故曲面 S 上过点 P_0 的任一条曲线在点 P_0 处的切线必位于同一平面上,此平面法向量为 $\boldsymbol{n} = (F_x,F_y,F_z)$,我们称此平面为曲面 S 在点 P_0 处的切平面.

显然,是切平面的一个法向量.于是,曲面 S 在点 P_0 处的切平面方程是
$$F_x\big|_{P_0} \cdot (x-x_0) + F_y\big|_{P_0} \cdot (y-y_0) + F_z\big|_{P_0} \cdot (z-z_0) = 0$$
过点 P_0,且与曲面在点 P_0 处的切平面垂直的直线称为曲面 S 在点 P_0 处的**法线**.法线方程为
$$\frac{x-x_0}{F_x\big|_{P_0}} = \frac{y-y_0}{F_y\big|_{P_0}} = \frac{z-z_0}{F_z\big|_{P_0}}.$$

【例 3】 求曲面 $z = x^2 + y^2$ 在点 $(1,2,5)$ 处的切平面方程与法线方程.

解 此题可以直接套用公式来求解.先求法向量,
令 $F(x,y,z) = x^2 + y^2 - z$,则 $F_x = 2x$,$F_y = 2y$,$F_z = -1$,得到法向量为
$$\boldsymbol{n} = (F_x,F_y,F_z)\bigg|_{(1,2,5)} = (2x,2y,-1)\bigg|_{(1,2,5)} = (2,4,-1).$$
代入上面的公式,得到切平面方程为
$$2(x-1) + 4(y-2) - (z-5) = 0,$$
即
$$2x + 4y - z - 5 = 0;$$
法线方程为
$$\frac{x-1}{2} = \frac{y-2}{4} = \frac{z-5}{-1}.$$

【例 4】 求椭球面 $x^2 + 2y^2 + z^2 = 1$ 上平行于平面 $x - y + 2z = 0$ 的切平面方程.

解 设曲面上 $P(x,y,z)$ 点处的切平面与平面 $x - y + 2z = 0$ 平行,
先求曲面在点 P 处的法向量,令 $F = x^2 + 2y^2 + z^2 - 1$,则法向量 $\boldsymbol{n} = (F_x,F_y,F_z) = (2x,4y,2z)$,由两平面平行,得到两平面的法向量平行,即

$$(2x, 4y, 2z) /\!/ (1, -1, 2).$$

从而在切点处
$$\begin{cases} \dfrac{2x}{1} = \dfrac{4y}{-1} = \dfrac{2z}{2} \\ x^2 + 2y^2 + z^2 = 1 \end{cases}.$$

解此方程组，$x = -2y$，$z = -4y$，代入 $x^2 + 2y^2 + z^2 = 1$，得 $(-2y)^2 + 2y^2 +$ $(-4y)^2 = 1$，解得 $22y^2 = 1$，$y = \pm\dfrac{1}{\sqrt{22}}$，得 $x = \mp\dfrac{2}{\sqrt{22}}$，$z = \mp\dfrac{4}{\sqrt{22}}$，从而得到切点为

$$\left(\mp\dfrac{2}{\sqrt{22}}, \pm\dfrac{1}{\sqrt{22}}, \mp\dfrac{4}{\sqrt{22}}\right).$$

所以切平面方程为

$$\left(x \pm \dfrac{2}{\sqrt{22}}\right) - \left(y \mp \dfrac{1}{\sqrt{22}}\right) + 2\left(z \pm \dfrac{4}{\sqrt{22}}\right) = 0,$$

即
$$x - y + 2z \pm \dfrac{11}{\sqrt{22}} = 0.$$

下面讲一下，可用切平面方程来表示用一般式方程表示的空间曲线的切线方程.

设空间曲线 Γ: $\begin{cases} F(x, y, z) = 0 \\ G(x, y, z) = 0 \end{cases}$，$P$ 是 Γ 上一点，设曲面 $F(x, y, z) = 0$ 在点 P 的切平面是 π_F，曲面 $G(x, y, z) = 0$ 在点 P 的切平面是 π_G，则 Γ 在点 P 的切线同时在 π_F，π_G 上，从而可将切线看成是两张切平面的交线. 此时切向量

$$\boldsymbol{T} = \boldsymbol{n}_F \times \boldsymbol{n}_G = (F_x, F_y, F_z) \times (G_x, G_y, G_z).$$

这样我们就有了切点及切向量，因此也就得到了切线方程.

习题 4.6

1. 试求下列曲线在指定点的切线和法平面方程：

(1) $x = a\cos t$，$y = a\sin t$，$z = bt$ 在点 $(a, 0, 0)$ 处；

(2) $x = t^2$，$y = 1 - t$，$z = t^3$ 在点 $t = 1$ 处；

(3) $\begin{cases} xyz = 1 \\ x = y^2 \end{cases}$ 在点 $(1, 1, 1)$ 处.

2. 试求下列曲面在指定点的切平面与法线方程：

(1) $z = 4 - x^2 - y^2$ 在点 $(0, 1, 3)$ 处；

(2) $e^z - 2z + xy = 3$ 在点 $(2, 1, 0)$ 处.

3. 在曲面 $z = x^2 + \dfrac{1}{4}y^2 - 1$ 上求一点,使它的切平面与平面 $2x + y + z = 0$ 平行,并求该点处的切平面与法线方程.

4. 求曲线 $x = t$,$y = -t^2$,$z = t^3$ 上平行于平面 $x - 2y + z = 4$ 的切线方程.

*5. 求曲线 $\begin{cases} x^2 + y^2 = 1 \\ x - y + z = 2 \end{cases}$ 在点 $(\dfrac{1}{\sqrt{2}}, \dfrac{1}{\sqrt{2}}, 2)$ 处的切线和法平面方程.

4.7 多元函数的极值

多元函数的极值与最值在许多实际问题中有广泛的应用.本节将一元函数极值的概念推广到多元函数,建立取到多元函数极值的必要条件与充分条件,最后讨论多元函数的条件极值以及最值应用问题,讨论以二元函数为主.

4.7.1 多元函数的极值

1. 极值的定义

定义   设二元函数 $z = f(x,y)$ 在点 $P_0(x_0, y_0)$ 某邻域内有定义,如果对于该去心邻域内任一点 $P(x,y)(P(x,y) \neq P_0(x_0, y_0))$,有

$$f(x,y) < f(x_0, y_0) \ (\text{或} \ f(x,y) > f(x_0, y_0))$$

则称 $f(x_0, y_0)$ 为函数 $z = f(x,y)$ 的**极大值**(或**极小值**),称 $P_0(x_0, y_0)$ 为函数 $z = f(x,y)$ 的**极大值点**(或**极小值点**).函数极大值与极小值统称为函数的**极值**.

比如,函数 $z = \sqrt{x^2 + y^2}$ 在点 $(0,0)$ 取到极小值 $z(0,0) = 0$(如图 4-14);函数 $z = 1 - x^2 - y^2$ 在点 $(0,0)$ 取到极大值 $z(0,0) = 1$(如图 4-15).

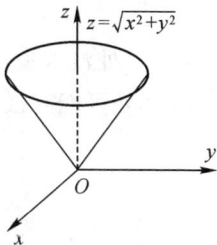

图 4-14

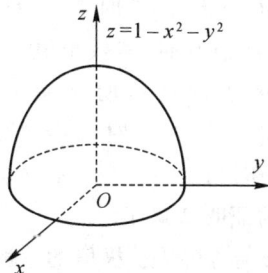

图 4-15

2. 取得极值的必要条件

定理 设二元函数 $z = f(x, y)$ 在点 $P_0(x_0, y_0)$ 有偏导数，并且 $P_0(x_0, y_0)$ 为函数 $z = f(x, y)$ 的极值点，则有

$$\begin{cases} f_x(x_0, y_0) = 0 \\ f_y(x_0, y_0) = 0 \end{cases}.$$

证明 由于函数 $z = f(x, y)$ 在点 $P_0(x_0, y_0)$ 有极大值，故 x_0 是一元函数 $z = f(x, y_0)$ 的极值点，根据一元函数取极值的必要条件，得到

$$f_x(x_0, y_0) = 0.$$

同理可得

$$f_y(x_0, y_0) = 0.$$

所以结论成立.

使得 $f_x(x_0, y_0) = 0$ 和 $f_y(x_0, y_0) = 0$ 同时成立的点 (x_0, y_0)，称为函数 $z = f(x, y)$ 的**驻点**.

此定理表明，对可偏导的函数 $z = f(x, y)$，极值点必为驻点，但驻点不一定是极值点.

反例：函数 $z = xy, z_x(0, 0) = y \big|_{(0,0)} = 0, z_y(0, 0) = x \big|_{(0,0)} = 0$，但由定义可直接判断，点 $(0, 0)$ 的任意邻域内：

当 $xy > 0$ 时，$z = xy > 0 = z(0, 0)$；当 $xy < 0$ 时，$z = xy < 0 = z(0, 0)$，所以点 $(0, 0)$ 不是极值点.

下面给出验证函数 $f(x, y)$ 的驻点是否为极值点的充分条件.

3. 取得极值的充分条件

定理 设二元函数 $z = f(x, y)$ 在点 $P_0(x_0, y_0)$ 某邻域内具有二阶连续偏导数，且 (x_0, y_0) 为函数 $z = f(x, y)$ 的驻点，记

$$f_{xx}(x_0, y_0) = A, \quad f_{xy}(x_0, y_0) = B, \quad f_{yy}(x_0, y_0) = C,$$

则

（1）当 $AC - B^2 > 0$ 时，$z = f(x, y)$ 在点 (x_0, y_0) 处取极值；当 $A < 0$ 时，取极大值；当 $A > 0$ 时，取极小值；

（2）当 $AC - B^2 < 0$ 时，$z = f(x, y)$ 在点 (x_0, y_0) 处没有极值；

（3）当 $AC - B^2 = 0$ 时，$z = f(x, y)$ 在点 (x_0, y_0) 处可能有极值，也可能无极值，还需另作讨论.

此定理的证明从略了.

求函数 $z = f(x, y)$ 极值的一般步骤：

第一步 求出函数 $z = f(x, y)$ 的所有驻点：

$$\begin{cases} f_x(x_0,y_0)=0 \\ f_y(x_0,y_0)=0 \end{cases};$$

第二步　　求出每一个驻点处的 A,B,C 和 $AC-B^2$；

第三步　　根据 $AC-B^2$ 的符号,按取极值的充分条件判别 $f(x_0,y_0)$ 是否为极值,并定出是极大值还是极小值,最后求出极值.

【例 1】　求函数 $f(x,y)=y^3-x^2+6x-12y$ 的极值.

解　先求函数的所有驻点

$$\begin{cases} f_x=-2x+6=0 \\ f_y=3y^2-12=0 \end{cases}.$$

解出驻点 $(3,2),(3,-2)$.

记　　　　　$A=f_{xx}=-2,\quad B=f_{xy}=0,\quad C=f_{yy}=6y,$

在点 $(3,2)$ 处, $AC-B^2=-24<0$,故 $f(3,2)$ 不是极值；

在点 $(3,-2)$ 处, $AC-B^2=24>0$,且 $A=-2<0$,故 $f(3,-2)=25$ 是极大值.

最后指出：函数的偏导数不存在的点也可能是极值点. 如函数 $z=\sqrt{x^2+y^2}$ 在点 $(0,0)$ 取得极小值,但在点 $(0,0)$ 处,它的两个偏导数均不存在.

4.7.2　多元函数的条件极值及最值应用问题

1. 条件极值及应用问题

在很多实际问题中经常会遇到对函数自变量具有某些约束条件的极值问题.

如：求体积为固定常数 V_0,而表面积为最小的长方体(即材料最省的问题).

如果设长方体三边长为 x,y,z,则表面积为 $A=2(xy+xz+yz)$,但其中的 x,y,z 还应满足约束条件 $xyz=V_0$,这种对自变量有约束条件的极值称为**条件极值**.

本段要讨论条件极值问题及**拉格朗日乘数法**来求解的方法.

求函数 $z=f(x,y)$ 在约束条件 $g(x,y)=0$ 下的条件极值问题.

为了求解这类带有约束条件 $g(x,y)=0$ 的函数 $z=f(x,y)$ 的极值,一个想法是将条件 $g(x,y)=0$ 看作隐函数方程,进而得出隐函数的显性表示 $y=y(x)$ 代入函数 $z=f(x,y)$ 中,得 $z=f(x,y(x))$,再求此一元函数的无条件极值. 这个想法面临的一个问题是：很多隐函数方程无法或很难进行显性表示. 因此,这种想法有时很难进行.

拉格朗日乘数法的思路是借助于一个辅助函数将条件极值问题化成无条件极值问题,具体地说,就是

为了求函数 $z = f(x,y)$ 在约束条件 $g(x,y) = 0$ 下的条件极值问题,引入辅助函数

$$F(x,y,\lambda) = f(x,y) + \lambda g(x,y),$$

称 F 为**拉格朗日函数**,λ 为**拉格朗日乘数**. 将求函数 $z = f(x,y)$ 的条件极值化为求 F 的无条件极值. 这种方法就称为**拉格朗日乘数法**.

求条件极值的拉格朗日乘数法的一般过程如下:

构造拉格朗日函数

$$F(x,y,\lambda) = f(x,y) + \lambda g(x,y),$$

求 $F(x,y,\lambda)$ 的驻点,即解方程组

$$\begin{cases} F_x = f_x(x,y) + \lambda g_x(x,y) = 0 \\ F_y = f_y(x,y) + \lambda g_y(x,y) = 0. \\ F_\lambda = g(x,y) = 0 \end{cases}$$

应该指出,拉格朗日乘数法是解决许多实际问题的有效方法.

下面简单说明一下此方法为什么可行.

事实上:如果函数 $z = f(x,y)$ 在点 (x_0, y_0) 处取得极值,则 $g(x_0, y_0) = 0$,由隐函数存在定理,从 $g(x,y) = 0$ 中解得 $y = \varphi(x)$,代入 $z = f(x,y)$ 中,则 $z = f(x, \varphi(x))$ 在 x_0 取得无条件极值,故在 x_0 处成立

$$\frac{\mathrm{d}z}{\mathrm{d}x} = f_x + f_y \frac{\mathrm{d}y}{\mathrm{d}x} = 0.$$

由隐函数求导公式,得 $\dfrac{\mathrm{d}y}{\mathrm{d}x} = -\dfrac{g_x}{g_y}$,从而在 x_0 处,成立 $f_x - f_y \dfrac{g_x}{g_y} = 0$,

即在 x_0 处,成立 $\dfrac{f_x}{g_x} = \dfrac{f_y}{g_y}$,记 $\dfrac{f_x}{g_x} = \dfrac{f_y}{g_y} = -\lambda$,得到

$$\begin{cases} f_x(x_0, y_0) + \lambda g_x(x_0, y_0) = 0 \\ f_y(x_0, y_0) + \lambda g_y(x_0, y_0) = 0 \end{cases}.$$

这说明,若点 (x_0, y_0) 是此条件极值的极值点,则必定满足上述方程.

注意:拉格朗日乘数法适用于多于两个自变量的多元函数以及约束条件多于一个的情形. 例如求函数 $u = f(x,y,z)$ 在条件

$$g(x,y,z) = 0, \quad h(x,y,z) = 0$$

下的极值,可以构造拉格朗日函数

$$L(x,y,z,\lambda,\mu) = f(x,y,z) + \lambda g(x,y,z) + \mu h(x,y,z).$$

然后求函数 $L(x,y,z,\lambda,\mu)$ 的无条件极值.

这里需要指出,用拉格朗日乘数法求出的是可能极值点,至于如何确定究

竟是否为极值点,在实际问题中往往可根据问题本身的性质来判定.下面看两个例题.

【例 2】 要造一个体积为 V_0 的长方体盒子,问应如何选择其长、宽、高,方可使它的表面积最小.

解 设长方体的长、宽、高分别为 x,y,z,则体积 $V_0 = xyz$ $(x > 0, y > 0, z > 0)$,表面积为

$$A = 2(xy + xz + yz).$$

这是一个条件极值问题,求函数 $A = 2(xy + xz + yz)$,在约束条件 $V_0 = xyz$ 下的最小值.下面就用拉格朗日乘数法来求解.

构造辅助函数

$$F = 2(xy + xz + yz) + \lambda(xyz - V_0),$$

求 F 的驻点,令

$$\begin{cases} F_x = 2(y+z) + \lambda yz = 0 & (1) \\ F_y = 2(x+z) + \lambda xz = 0 & (2) \\ F_z = 2(x+y) + \lambda xy = 0 & (3) \\ F_\lambda = xyz - V_0 = 0 & (4) \end{cases}.$$

由方程(1)、(2)得到 $\dfrac{y+z}{x+z} = \dfrac{y}{x}$,解得 $x = y$;由方程(2)、(3)得到 $\dfrac{x+z}{x+y} = \dfrac{z}{y}$,解得 $y = z$,所以 $x = y = z$,代入方程(4),得到 $x^3 = V_0$,所以 $x = y = z = \sqrt[3]{V_0}$.

这是唯一的可能极值点,因为由问题本身可知最小值一定存在,所以最小值在这个极值点取得.也就是说,在体积为 V_0 的立方体中,以边长为 $\sqrt[3]{V_0}$ 的正方体的表面积为最小.

【例 3】 某公司为销售某产品作两种方式的广告宣传.当两种方式的宣传费分别为 x、y 时,销售量为 $A = \dfrac{200x}{5+x} + \dfrac{100y}{10+y}$,若销售产品所得利润是销量的 $\dfrac{1}{5}$ 减去广告费.现要使用广告费 25 万元,问应如何选择两种广告形式,才能使广告产生的利润最大?最大利润是多少?

解 这是广告费最优投入问题,按题意利润函数为

$$f(x,y) = \frac{1}{5}A - 25 = \frac{40x}{5+x} + \frac{20y}{10+y} - 25,$$

约束条件为

$$x + y = 25.$$

作拉格朗日函数

$$L(x,y,\lambda) = \frac{40x}{5+x} + \frac{20y}{10+y} - 25 + \lambda(x+y-25),$$

求 $L(x,y,\lambda)$ 的驻点，令

$$\begin{cases} L_x = \dfrac{200}{(5+x)^2} + \lambda = 0 \\[2mm] L_y = \dfrac{200}{(10+y)^2} + \lambda = 0 \\[2mm] L_\lambda = x+y-25 = 0 \end{cases}$$

解得 $x = 15, y = 10$.

由问题的实际意义知，存在最大利润，且驻点唯一，故当两种广告费分别为 15 万元和 10 万元时利润最大，最大利润为 $f(15,10) = 15$ 万元.

2. 闭区域上连续函数的最值问题

设函数 $f(x,y)$ 在有界闭区域 D 上连续，则 $f(x,y)$ 在 D 上必能取到最大值和最小值，它们可能在 D 内部取到，也可能在 D 边界上取到，易见，如果在内部取到，则它必定也是极值，从而我们得到求 $f(x,y)$ 在 D 上最大、最小值的方法.

求函数 $z = f(x,y)$ 最值的一般方法：

（1）求出函数 $f(x,y)$ 在 D 上的可能极值点及其函数值；

（2）求出函数 $f(x,y)$ 在 D 边界上的最值；

（3）比较以上所求得的函数值的大小，得出函数的最值.

【例 4】 求函数 $f(x,y) = x^2 + y^2$ 在 $(x-\sqrt{2})^2 + (y-\sqrt{2})^2 \leqslant 9$ 上的最大值与最小值.

解 （1）先求函数在圆内 $(x-\sqrt{2})^2 + (y-\sqrt{2})^2 < 9$ 的驻点

$$\begin{cases} f_x = 2x = 0 \\ f_y = 2y = 0 \end{cases}$$

得唯一驻点 $P(0,0)$，并且 $f(0,0) = 0$.

（2）再求函数在圆边界上 $(x-\sqrt{2})^2 + (y-\sqrt{2})^2 = 9$ 的驻点.

易见，可看成条件极值问题，用拉格朗日乘数法，令

$$F = x^2 + y^2 + \lambda((x-\sqrt{2})^2 + (y-\sqrt{2})^2 - 9),$$

求 F 的驻点，令

$$\begin{cases} F_x = 2x + 2\lambda(x-\sqrt{2}) = 0 & (1) \\ F_y = 2y + 2\lambda(y-\sqrt{2}) = 0 & (2) \\ F_\lambda = (x-\sqrt{2})^2 + (y-\sqrt{2})^2 - 9 = 0 & (3) \end{cases}$$

由(1)、(2)解得 $x = y$,代入(3)得 $2(x - \sqrt{2})^2 = 9$,即 $x = \dfrac{5}{\sqrt{2}}$, $x = -\dfrac{1}{\sqrt{2}}$,解得

驻点 $(\dfrac{5}{\sqrt{2}}, \dfrac{5}{\sqrt{2}})$, $(-\dfrac{1}{\sqrt{2}}, -\dfrac{1}{\sqrt{2}})$,且 $f(\dfrac{5}{\sqrt{2}}, \dfrac{5}{\sqrt{2}}) = 25$, $f(-\dfrac{1}{\sqrt{2}}, -\dfrac{1}{\sqrt{2}}) = 1$,比较

(1)(2) 求得的驻点的函数值的大小,得到函数的最大值为 $f(\dfrac{5}{\sqrt{2}}, \dfrac{5}{\sqrt{2}}) = 25$,最

小值为 $f(0,0) = 0$.

习题 4.7

1. 求下列函数的极值:

(1) $z = x^3 - 4x^2 + 2xy - y^2$;　　　　(2) $z = x^3 - y^3 + 3x^2 + 3y^2 - 9x$;

(3) $z = x^2 - (y - 1)^2$;　　　　(4) $z = \mathrm{e}^{2x}(x + y^2 + 2y)$.

2. 欲建造一个容积为 $32\mathrm{m}^3$ 的开顶长方体水池,问长、宽、高各为多少时,才能使池壁与池底的总面积最小.

3. 在平面 $2x - y + z = 2$ 上求一点,使该点到原点和点 $(-1,0,2)$ 的距离平方和最小.

4. 求原点到曲面 $(x - y)^2 - z^2 = 1$ 的最短距离.

5. 求抛物面 $z = x^2 + y^2$ 到平面 $x + 2y - 2z = 9$ 的最近距离.

综合测试题四

一、单项选择题:

1. 下列四个函数中,函数(　　) 在点 $(0,0)$ 处是驻点,但不是极值点;函数(　　) 在点 $(0,0)$ 处取得极值,但在该点的偏导数不存在.

(A) $f(x,y) = x^2 + y^2$;　　　　(B) $f(x,y) = xy$;

(C) $f(x,y) = 2 - (x^2 + y^2)$;　　(D) $f(x,y) = \sqrt{x^2 + y^2}$.

2. 如果函数 $z = f(x,y)$ 在点 (x_0, y_0) 处可全微分,则下列结论错误的是(　　).

(A) $f(x,y)$ 在点 (x_0, y_0) 处连续;

(B) $f_x(x,y)$, $f_y(x,y)$ 在点 (x_0, y_0) 处连续;

(C) $f_x(x_0, y_0)$, $f_y(x_0, y_0)$ 存在;

(D) 曲面 $z = f(x,y)$ 在点 $(x_0, y_0, f(x_0, y_0))$ 处有切平面;

3. 曲线 $x = \dfrac{t}{1+t}$, $y = \dfrac{1+t}{t}$, $z = t^2$ 在对应 $t = 1$ 处点的切线是(　　).

(A) $\dfrac{x-\dfrac{1}{2}}{-1}=\dfrac{y-2}{-4}=\dfrac{z-1}{8}$;　　(B) $\dfrac{x-\dfrac{1}{2}}{-\dfrac{1}{4}}=\dfrac{y-2}{-1}=\dfrac{z-1}{2}$;

(C) $\dfrac{2x-1}{2}=\dfrac{y-2}{-4}=\dfrac{z-1}{8}$;　　(D) $\dfrac{2x-1}{2}=\dfrac{y-2}{4}=\dfrac{z-1}{-8}$;

二、填空题：

1. 曲线 $\begin{cases} z=\dfrac{1}{4}(x^2+y^2) \\ y=4 \end{cases}$ 在点 $(2,4,5)$ 处的切线与正向 x 轴所成的倾角

为 _____ ；

2. 设 $z=f(\mathrm{e}^{xy},x^2+y^2)$，则 $\dfrac{\partial z}{\partial x}=$ _____ ；

3. 曲面 $z-\mathrm{e}^z+2xy=3$ 在点 $(1,2,0)$ 处的切平面方程为 _____ ；

4. 设 $z=z(x,y)$ 由方程 $z=\mathrm{e}^{2x-3z}+2y$ 所确定，则 $3\dfrac{\partial z}{\partial x}+\dfrac{\partial z}{\partial y}=$ _____ .

三、设 $f(x,y)=\begin{cases} (x^2+y^2)\sin\dfrac{1}{x^2+y^2} & x^2+y^2\neq 0 \\ 0 & x^2+y^2=0 \end{cases}$，试证明 $f(x,y)$ 在点

$(0,0)$ 连续，可偏导，且可全微分.

四、解答题：

1. 设函数 $z=3x^2+2xy-y^2$，求 $\mathrm{d}z\Big|_{(1,-1)}$.

2. 设 $z=\arctan\dfrac{y}{x}$，求 $\dfrac{\partial^2 z}{\partial x^2}$，$\dfrac{\partial^2 z}{\partial y^2}$，$\dfrac{\partial^2 z}{\partial x\partial y}$.

3. 设 $z=f(y+1,\dfrac{x}{y})$，求 $\dfrac{\partial^2 z}{\partial x^2}$，$\dfrac{\partial^2 z}{\partial x\partial y}$.

4. 设 $z=y\cdot f(x^2-y^2)$，验证：$y\dfrac{\partial z}{\partial x}+x\dfrac{\partial z}{\partial y}=\dfrac{x}{y}z$.

5. 设 $z=f(x,y)$ 是由方程 $x^2+z^2=y\phi(\dfrac{z}{y})$ 确定的隐函数，求 $\dfrac{\partial z}{\partial y}$.

6. 求曲面 $z=xy$ 上的点，使得在该点处的切平面平行于平面 $x+3y+z=-9$，并写出该点的切平面方程.

7. 在第一卦限作球面 $x^2+y^2+z^2=1$ 的切平面，使得切平面与三个坐标面所围成的四面体的体积最小，求切点的坐标.

第 5 章

多元函数积分学

从一元函数积分学中,我们知道定积分是某种确定形式的和的极限,这种和的极限的概念推广到定义在平面区域、空间区域、曲线及曲面上的多元函数的情形,便得到二重积分、三重积分、曲线积分及曲面积分概念,统称为多元函数积分学.

本章将学习多元函数积分学的概念、计算法以及某些应用. 为了对多元函数积分的概念有一个统一的理解,我们先介绍点函数积分的概念.

5.1 点函数积分的概念

5.1.1 曲顶柱体的体积

我们先来分析计算如图 5-1 所示的曲顶柱体的体积.

设曲顶函数是

$$z = f(P) = f(x,y), \ P(x,y) \in D,$$

其中 $f(x,y)$ 是平面有界闭区域 D 上的连续函数,曲顶柱体的底是 xOy 平面上的 D,侧面是以 D 的边界曲线为准线、母线平行于 z 轴的柱面. 现在计算此曲顶柱体的体积.

若 $f(x,y) \equiv C$,即是平顶的柱体,其体积可用公式

$$体积 = 高 \times 底面积$$

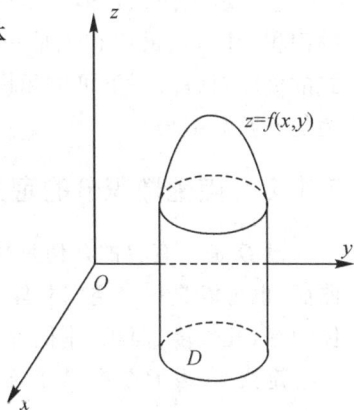

图 5-1

来计算.

若 $f(x,y) \neq C$，即是曲顶柱体，则它的体积就不能用上述公式简单的计算出来.此时我们可以利用定积分中求曲边梯形面积类似的方法来解决.

先用任意两组曲线将区域 D 分成 n 个小区域 σ_1，$\sigma_2,\cdots,\sigma_n$（图 5-2），它们的面积分别记作 $\Delta\sigma_i$（$i=1$，$2,\cdots,n$），分别以这些小区域 σ_i 的边界曲线为准线，作母线平行于 z 轴的柱面,这些柱面将曲顶柱体分成 n 个细小的曲顶柱体,当这些小区域 σ_i 的直径 d_i（小区域 σ_i 上任意两点间距间最大者）均很小时,这时小曲顶柱体可近似看作平顶柱体.在每个 σ_i 中任取一点 $P_i(\xi_i,\eta_i)$,那么以 $\Delta\sigma_i$ 为底,$f(P_i)=f(\xi_i,\eta_i)$ 为高的平顶柱体的体积为 $f(\xi_i,\eta_i)\Delta\sigma_i$（$i=1,2,\cdots,n$）,我们用这 n 个小平顶柱体的体积之和

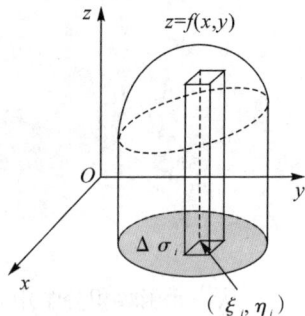

$$\sum_{i=1}^{n}f(\xi_i,\eta_i)\Delta\sigma_i$$

作为所求曲顶柱体体积的近似值.

令 $n\to\infty$,同时令这些小区域的直径中最大者 $d=\max\limits_{1\leqslant i\leqslant n}\{d_i\}$ 趋于零,即分划越来越密,此时如果上述和式的极限存在,则自然地就可以认为是所求曲顶柱体的体积

$$V=\lim_{d\to 0}\sum_{i=1}^{n}f(p_i)\Delta\sigma_i=\lim_{d\to 0}\sum_{i=1}^{n}f(\xi_i,\eta_i)\Delta\sigma_i.$$

上述所求曲顶柱体的体积,其分析方法及计算步骤与定积分中求曲边梯形的面积相同,且最终它也是一个与定积分定义类似的和式的极限,其实这类和式的极限对解决一类可求和量的实际问题有着普遍的意义,为此我们可定义所谓的点函数积分.

5.1.2　点函数积分的定义

设 Ω 是一有界的几何形体,它可以是一段直线或曲线,可以是一张平面或曲面,也可以是一个空间立体.Ω 是可度量的,即是可以求长度,或求面积,或求体积等,其长度、面积、体积统称为该几何形体的**度量**.用同一记号 Ω 来表示.

定义　设 P 是有界几何形体 Ω 上的任意一点,$f(P)$ 是定义在 Ω 上的连续点函数,

$$u=f(P),\quad P\in\Omega.$$

将 Ω 任意分成 n 个小形体 $\Omega_1,\Omega_2,\cdots,\Omega_n$,这些小形体的度量记作 $\Delta\Omega_i$ ($i=1,2,\cdots,n$),且 Ω_i 中任意两点间距离最大者称为直径,记为 d_i,并令 $d=\max\limits_{1\leqslant i\leqslant n}\{d_i\}$.

在每个小形体 Ω_i 上任意取一点 P_i,作乘积 $f(P_i)\Delta\Omega_i$,取和

$$\sum_{i=1}^{n}f(P_i)\Delta\Omega_i$$

若此和式无论 Ω 如何分法,以及 Ω_i 上点 P_i 如何取法,只要当 $d\to 0$ 时,它恒有统一个极限 I,则称 I 为点函数 $f(P)$ 在 Ω 上的积分,记作 $\int_{\Omega}f(P)\mathrm{d}\Omega$,即

$$\int_{\Omega}f(P)\mathrm{d}\Omega=\lim_{d\to 0}\sum_{i=1}^{n}f(P_i)\Delta\Omega_i, \qquad (*)$$

其中 $f(P)$ 称为被积函数,Ω 称为积分区域.

特别地,当被积函数 $f(P)=1$,$P\in\Omega$ 时

$$\int_{\Omega}\mathrm{d}\Omega=\lim_{d\to 0}\sum_{i=1}^{n}\Delta\Omega_i=\Omega\text{ 的度量}.$$

此积分有简单的物理意义:若几何形体 Ω 是连续分布着密度为 $\mu(P)$ 的物质,那么 Ω_i 的质量近似于 $\Delta\Omega_i$ 中的任意一点 P_i 处的密度 $\mu(P_i)$ 乘以 $\Delta\Omega_i$,因此 Ω 的总质量 M 为

$$M=\lim_{d\to 0}\sum_{i=1}^{n}\mu(P_i)\Delta\Omega_i=\int_{\Omega}\mu(P)\mathrm{d}\Omega.$$

5.1.3 点函数积分的性质

点函数积分的基本性质均可以从定积分性质推广得出,假设点函数 $f(P)$,$g(P)$ 在几何形体 Ω 上连续,则可以得到下列性质:

性质 1 $\int_{\Omega}kf(P)\mathrm{d}\Omega=k\int_{\Omega}f(P)\mathrm{d}\Omega$ （k 为常数）.

性质 2 $\int_{\Omega}f(P)\mathrm{d}\Omega=\int_{\Omega_1}f(P)\mathrm{d}\Omega+\int_{\Omega_2}f(P)\mathrm{d}\Omega$,其中 Ω 由两块几何形体 Ω_1,Ω_2 组成.

性质 3 $\left|\int_{\Omega}f(P)\mathrm{d}\Omega\right|\leqslant\int_{\Omega}|f(P)|\mathrm{d}\Omega$.

性质 4 至少存在一点 $P^*\in\Omega$,使得

$$\int_{\Omega}f(P)\mathrm{d}\Omega=f(P^*)\cdot(\Omega\text{ 的度量}),$$

此性质称为**积分中值定理**.

性质 5 $\displaystyle\int_\Omega [f(P) \pm g(P)]\mathrm{d}\Omega = \int_\Omega f(P)\mathrm{d}\Omega \pm \int_\Omega g(P)\mathrm{d}\Omega.$

性质 6 当 $f(P) \leqslant g(P), P \in \Omega$ 时,有 $\displaystyle\int_\Omega f(P)\mathrm{d}\Omega \leqslant \int_\Omega g(P)\mathrm{d}\Omega.$

最后指出:根据几何形体 Ω 的类型,积分(*)式有不同的表达式和名称,例如,当 Ω 为实数轴 x 轴上的一个闭区间 $[a,b]$ 时,$f(P) = f(x), x \in [a,b]$,这时(*)的积分记为

$$\int_\Omega f(P)\mathrm{d}\Omega = \int_a^b f(x)\mathrm{d}x.$$

这就是我们熟知的一元函数 $f(x)$ 在闭区间 $[a,b]$ 上的定积分.以后的几节中我们将着重讨论二重积分、三重积分、曲线积分、曲面积分.

5.2 二重积分

5.2.1 二重积分的概念

利用点函数积分的概念,如果积分区域为平面上的有界闭区域,那么我们就引入了二重积分,具体如下:

1. 二重积分的定义

定义 设 Ω 是平面直角坐标系 xOy 下的有界闭区域 D,函数 $f(P) = f(x,y)$,$(x,y) \in D, f(x,y)$ 在 D 上连续或分片连续,于是

$$\int_\Omega f(P)\mathrm{d}\Omega = \iint_D f(x,y)\mathrm{d}\sigma$$

称为函数 $f(x,y)$ 在区域 D 上的二重积分.

当 $f(x,y) \equiv 1$ 时,$\displaystyle\iint_D \mathrm{d}\sigma =$ 区域 D 的面积.

> 由上节第一点曲顶柱体的体积去理解

2. 二重积分的几何意义

当 $f(x,y) \geqslant 0$ 时,$\displaystyle\iint_D f(x,y)\mathrm{d}\sigma$ 可理解为以曲面 $z = f(x,y)$ 为顶,D 为底的曲顶柱体的体积(由 5.1 节的第一点曲顶柱体的体积可以知道);

当 $f(x,y) \leqslant 0$ 时,$\displaystyle\iint_D f(x,y)\mathrm{d}\sigma$ 可理解为曲顶柱体体积取成负(因为 $-f(x,y) \geqslant 0$);

一般地，$\iint\limits_{D} f(x,y)\mathrm{d}\sigma$ 可理解为曲顶柱体体积的代数和，其中在 xOy 上方的柱体体积取成正，在 xOy 下方的柱体体积取成负．

【例 1】 利用几何意义求值 $\iint\limits_{D} \sqrt{1-x^2-y^2}\,\mathrm{d}\sigma$.

解 $z = \sqrt{1-x^2-y^2}$ 表示半径为 1 的上半球面，$D = \{(x,y) \mid x^2+y^2 \leqslant 1\}$ 表示半径为 1 的圆域(如图 5-3)，所以利用二重积分的几何意义知道，此积分表示上半球体的体积．即

$$\iint\limits_{D} \sqrt{1-x^2-y^2}\,\mathrm{d}\sigma = \frac{1}{2} \cdot \frac{4}{3}\pi 1^3 = \frac{2}{3}\pi.$$

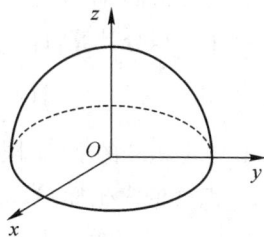

图 5-3

5.2.2 二重积分在直角坐标系下的计算法

根据二重积分的定义及其性质，难以对一般的二重积分进行计算，通常我们是将一个二重积分化为先后两次定积分进行计算．

下面根据二重积分的几何意义，采用"平面切片法"来计算以 $z = f(x,y)$ 为曲顶，以区域 D 为底的曲顶柱体的体积，从而导出在直角坐标系下将二重积分化为先后两次定积分进行计算的公式．

设积分区域为
$$D = \{(x,y) \mid y_1(x) \leqslant y \leqslant y_2(x), a \leqslant x \leqslant b\},$$
其中 $y_1(x), y_2(x)$ 是闭区间 $[a,b]$ 上的连续函数，如图 5-4(a).

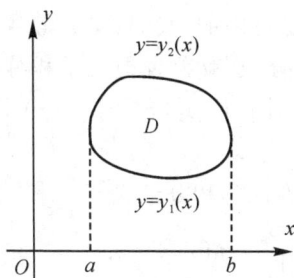

(a)

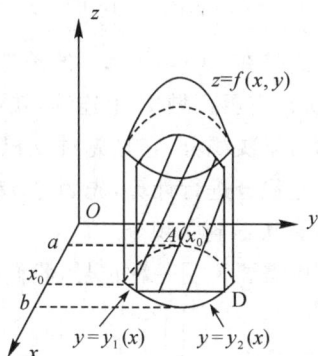

(b)

图 5-4

如图 5-4(b) 所示，先求平面切片的面积，为此取点 $x_0 \in [a,b]$，作垂直于 x 轴的平面 $x = x_0$ 去截曲顶柱体，截得的曲边方程为

$$
\begin{cases}
z = f(x,y) \\
x = x_0
\end{cases},
$$

得一以区间 $y_1(x_0) \leqslant y \leqslant y_2(x_0)$ 为底，$z = f(x_0,y)$ 为高的曲边梯形，其面积可用定积分计算，即

$$
A(x_0) = \int_{y_1(x_0)}^{y_2(x_0)} f(x_0,y)\mathrm{d}y \qquad a \leqslant x_0 \leqslant b,
$$

其中定积分的上、下限分别为区域 D 的上段边界与下段边界对应于横坐标为 x_0 点处的纵坐标. 当 x_0 在 $[a,b]$ 内变动，那么其切片面积 $A(x_0)$ 随 x_0 的变化而变化，对于任意一点 $x \in [a,b]$，都有

$$
A(x) = \int_{y_1(x)}^{y_2(x)} f(x,y)\mathrm{d}y.
$$

应当指出，在求上述积分时，要将被积函数 $f(x,y)$ 中的 x 看作是固定不动的数. 按照已知平行截面面积求立体体积的公式，可知所求曲顶柱体的体积为

$$
V = \int_a^b A(x)\mathrm{d}x = \int_a^b \left[\int_{y_1(x)}^{y_2(x)} f(x,y)\mathrm{d}y \right]\mathrm{d}x.
$$

另一方面，根据二重积分的几何意义，即

$$
V = \iint_D f(x,y)\mathrm{d}\sigma,
$$

由此得到

$$
\iint_D f(x,y)\mathrm{d}\sigma = \int_a^b \left[\int_{y_1(x)}^{y_2(x)} f(x,y)\mathrm{d}y \right]\mathrm{d}x = \int_a^b \mathrm{d}x \int_{y_1(x)}^{y_2(x)} f(x,y)\mathrm{d}y.
$$

此式是在 $f(x,y) \geqslant 0$ 的条件下，利用几何直观方法得出的. 一般地，只要 $f(x,y)$ 在有界区域 D 上连续，就可证明此式是正确的. 我们指出，等号右端表达式称为累次积分，它是先对 y 积分再对 x 积分，也就是说把二重积分化为先后两次定积分进行计算，先固定 x（视为常数），对 y 从 $y_1(x)$ 到 $y_2(x)$ 积分，然后再对 x 从 a 到 b 积分.

这里需要说明一种记号，我们一般把此式右端的积分记成

$$
\int_a^b \left[\int_{y_1(x)}^{y_2(x)} f(x,y)\mathrm{d}y \right]\mathrm{d}x = \int_a^b \mathrm{d}x \int_{y_1(x)}^{y_2(x)} f(x,y)\mathrm{d}y.
$$

所以，得到

$$
\iint_D f(x,y)\mathrm{d}\sigma = \int_a^b \mathrm{d}x \int_{y_1(x)}^{y_2(x)} f(x,y)\mathrm{d}y.
$$

它就表示将二重积分化成了先对 y 后对 x 的累次积分.

类似地，区域 D 的左右两部分边界的方程分别为 $x=x_1(y), x=x_2(y), c \leqslant y \leqslant d$，于是
$$D = \{(x,y) \,|\, x_1(y) \leqslant x \leqslant x_2(y), c \leqslant y \leqslant d\}$$
其中 $x=x_1(y), x=x_2(y)$ 在区间 $[c,d]$ 上连续（如图 5-5），那么就有下面的二重积分计算公式

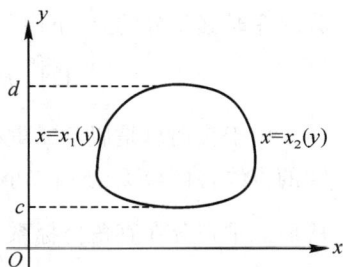

图 5-5

$$
\iint_D f(x,y)\mathrm{d}\sigma = \int_c^d \left[\int_{x_1(y)}^{x_2(y)} f(x,y)\mathrm{d}x \right] \mathrm{d}y
$$
$$
= \int_c^d \mathrm{d}y \int_{x_1(y)}^{x_2(y)} f(x,y)\mathrm{d}x,
$$

此式表示先对 x（将 y 视为常数）后对 y 的累次积分.

此式表示先固定 y 对 x 计算由 $x_1(y)$ 到 $x_2(y)$ 的定积分，然后对 y 计算由 c 到 d 的定积分.

这两种不同的计算方法所求得的结果都是同一个曲顶柱体的体积，因此应当相同，即

$$
\int_a^b \mathrm{d}x \int_{y_1(x)}^{y_2(x)} f(x,y)\mathrm{d}y = \int_c^d \mathrm{d}y \int_{x_1(y)}^{x_2(y)} f(x,y)\mathrm{d}x.
$$

从而用累次积分计算二重积分时可交换积分次序，但注意在交换积分次序时，一般情况下其积分的上、下限将随之改变.

以上叙述中，将二重积分化为累次积分时，假定积分区域 D 为正规区域，即经过区域 D 内一点作平行于坐标轴的直线，则一般这一直线与区域 D 的边界的交点不超过两个. 当平行坐标轴的直线与区域 D 的边界的交点多于两个时，可将区域 D 适当地分成若干个子区域（如图 5-6）. 在每个子区域上的积分用上述两式进行计算，再将几个子区域上的积分值相加就可求得整个积分值.

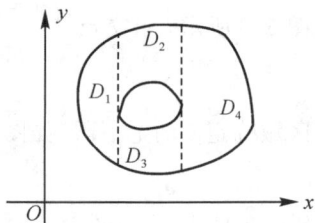

图 5-6

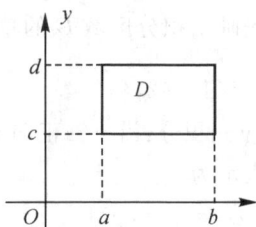

图 5-7

如果积分区域 D 是一个各边均平行坐标轴的矩形区域（如图 5-7），交换积

分次序时其积分的上、下限不受影响.

$$\int_a^b \mathrm{d}x \int_c^d f(x,y)\mathrm{d}y = \int_c^d \mathrm{d}y \int_a^b f(x,y)\mathrm{d}x.$$

由于我们总是假定二重积分是存在的,因此在直角坐标系下用平行于坐标轴的直线将区域 D 分割成小矩形时,$\Delta\sigma = \Delta x \Delta y$,于是其**面积元素** $\mathrm{d}\sigma = \mathrm{d}x\mathrm{d}y$,从而二重积分在直角坐标系下也常记作 $\iint_D f(x,y)\mathrm{d}x\mathrm{d}y$.

下面再专门说一下将二重积分化成累次积分时,确定积分上下限的方法:

如果对 y(或 x)先积分:首先沿 y(或 x)轴的直线穿区域,则穿入点的 y(或 x)坐标为积分下限,穿出点的 y(或 x)坐标为积分上限;其次再确定 x(或 y)的范围.

【例 2】 求二重积分 $\iint_D \mathrm{e}^{x+y}\mathrm{d}\sigma$,其中 $D: |x| \leqslant 1, 0 \leqslant y \leqslant 2$.

解 因为 D 是正方形(如图 5-8),所以,积分上下限总是常数.

$$\{(x,y) \mid D: -1 \leqslant x \leqslant 1, 0 \leqslant y \leqslant 2\}.$$

又 $\mathrm{e}^{x+y} = \mathrm{e}^x \cdot \mathrm{e}^y$,所以

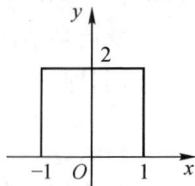

图 5-8

$$\iint_D \mathrm{e}^{x+y}\mathrm{d}\sigma = \int_{-1}^1 \mathrm{d}x \int_0^2 \mathrm{e}^x \cdot \mathrm{e}^y \mathrm{d}y$$

$$= \int_{-1}^1 \mathrm{e}^x \mathrm{d}x \int_0^2 \mathrm{e}^y \mathrm{d}y = \mathrm{e}^x \Big|_{-1}^1 \cdot \mathrm{e}^y \Big|_0^2$$

$$= (\mathrm{e} - \mathrm{e}^{-1})(\mathrm{e}^2 - 1) = \frac{(\mathrm{e}^2 - 1)^2}{\mathrm{e}}.$$

【例 3】 将二重积分 $\iint_D f(x,y)\mathrm{d}\sigma$ 化为累次积分,其中 D:由直线 $y = x + 2$ 和抛物线 $y = x^2$ 所围成区域.

解 先画出积分区域 D 的草图,如图 5-9 所示,求交点 $\begin{cases} y = x + 2 \\ y = x^2 \end{cases}$,得交点坐标为 $(-1, 1)$,$(2, 4)$.

(1) 对 y 先积分:沿 y 轴正向直线穿区域确定 y 的上下限(如图 5.9(a)),可见 D 可以表示为

$$D = \{(x,y) \mid x^2 \leqslant y \leqslant x + 2, -1 \leqslant x \leqslant 2\},$$

从而

$$\iint_D f(x,y)\mathrm{d}\sigma = \int_{-1}^2 \mathrm{d}x \int_{x^2}^{x+2} f(x,y)\mathrm{d}y.$$

（2）对 x 先积分：沿 x 轴正向直线穿区域确定 x 的上下限，从图 5-9(b) 可见，要将 D 分成两部分 $D = D_1 + D_2$.

先求反函数 $\quad y = x^2 \longrightarrow x = \pm\sqrt{y}, y = x + 2 \longrightarrow x = y - 2$,

则
$$D_1 = \left\{ (x,y) \,\middle|\, -\sqrt{y} \leqslant x \leqslant \sqrt{y}, 0 \leqslant y \leqslant 1 \right\};$$
$$D_2 = \left\{ (x,y) \,\middle|\, y - 2 \leqslant x \leqslant \sqrt{y}, 1 \leqslant y \leqslant 4 \right\}.$$

于是
$$\iint_D f(x,y)\,\mathrm{d}\sigma = \iint_{D_1} f(x,y)\,\mathrm{d}\sigma + \iint_{D_2} f(x,y)\,\mathrm{d}\sigma$$
$$= \int_0^1 \mathrm{d}y \int_{-\sqrt{y}}^{\sqrt{y}} f(x,y)\,\mathrm{d}x + \int_1^4 \mathrm{d}y \int_{y-2}^{\sqrt{y}} f(x,y)\,\mathrm{d}x.$$

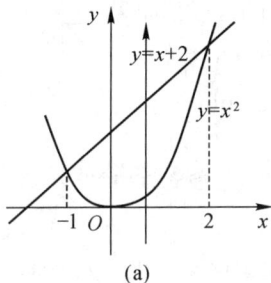

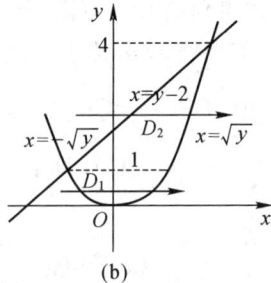

图 5-9

可见在求二重积分时，需要选择积分的次序，可以简化计算量.

【例 4】 计算二重积分 $\displaystyle\iint_D \frac{\sin x}{x}\,\mathrm{d}\sigma$,其中 D：由 $y = x$ 和 $y = x^2$ 所围成的区域.

解 由于积分 $\displaystyle\int \frac{\sin x}{x}\,\mathrm{d}x$ 不能用初等函数来表示，所以此题不能对 x 先积分，必须选择对 y 先积分，先作 D 的草图，如图 5-10 所示.

图 5-10

对 y 先积分，D 应该表示为
$$\left\{ (x,y) \,\middle|\, D : x^2 \leqslant y \leqslant x, \, 0 \leqslant x \leqslant 1 \right\}.$$
所以
$$\iint_D \frac{\sin x}{x}\,\mathrm{d}\sigma = \int_0^1 \mathrm{d}x \int_{x^2}^x \frac{\sin x}{x}\,\mathrm{d}y$$
$$= \int_0^1 \frac{\sin x}{x}\,\mathrm{d}x \int_{x^2}^x \mathrm{d}y = \int_0^1 \frac{\sin x}{x}(x - x^2)\,\mathrm{d}x = \int_0^1 (\sin x - x\sin x)\,\mathrm{d}x$$

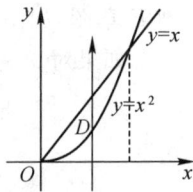

$$=-\cos x\Big|_0^1+\int_0^1 x\mathrm{d}\cos x=1-\cos 1+x\cos x\Big|_0^1-\int_0^1\cos x\mathrm{d}x$$

$$=1-\cos 1+\cos 1-\sin x\Big|_0^1=1-\sin 1.$$

【例5】 改变二次积分 $\displaystyle\int_1^2\mathrm{d}x\int_{\frac{1}{x}}^x f(x,y)\mathrm{d}y$ 的积分次序.

解 这类题目的解题思路是先根据上下限写出积分区域 D，再画出 D 的草图，然后再交换其积分次序.

由二次积分的上下限可知 D 为

$$\left\{(x,y)\ D:\frac{1}{x}\leqslant y\leqslant x,\ 0\leqslant x\leqslant 1\right\}.$$

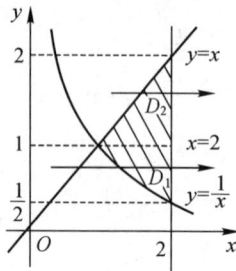

图 5-11

根据此不等式组画出 D 的草图，如图 5-11 所示，可见如果对 x 先积分，需要将 D 分成上下两部分 $D=D_1+D_2$,

$$\left\{(x,y)\ D_1:\frac{1}{y}\leqslant x\leqslant 2,\ \frac{1}{2}\leqslant y\leqslant 1\right\},$$

$$\left\{(x,y)\ D_2:y\leqslant x\leqslant 2,\ 1\leqslant y\leqslant 2\right\}.$$

从而

$$\int_1^2\mathrm{d}x\int_{\frac{1}{x}}^x f(x,y)\mathrm{d}y=\int_{\frac{1}{2}}^1\mathrm{d}y\int_{\frac{1}{y}}^2 x^2 y\mathrm{d}x+\int_1^2\mathrm{d}y\int_y^2 x^2 y\mathrm{d}x.$$

【例6】 证明：$\displaystyle\int_0^a\mathrm{d}x\int_0^x f(y)\mathrm{d}y=\int_0^a(a-x)f(x)\mathrm{d}x\quad(a>0).$

证明 将左边的二次积分交换积分次序，就可以证明此等式了.

先由左边积分的上下限，得积分区域为

$$\{(x,y)\ D:\ 0\leqslant y\leqslant x,0\leqslant x\leqslant a\},$$

画 D 草图，如图 5-12 所示.

如果对 x 先积分，则 D 应该表示为

$$\{(x,y)\ D:y\leqslant x\leqslant a,0\leqslant y\leqslant a\}.$$

于是

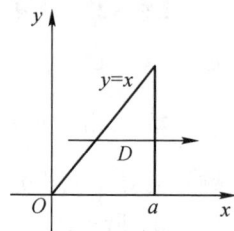

图 5-12

$$\int_0^a\mathrm{d}x\int_0^x f(y)\mathrm{d}y=\int_0^a\mathrm{d}y\int_y^a f(y)\mathrm{d}x$$

$$=\int_0^a f(y)\int_y^a\mathrm{d}x=\int_0^a f(y)(a-y)\mathrm{d}y=\int_0^a f(x)(a-x)\mathrm{d}x.$$

5.2.3　二重积分在极坐标系下的计算法

由于被积函数与积分区域特点的不同，有些二重积分利用直角坐标系来计

算往往很困难，而用极坐标系来计算则比较简单. 因此我们来讨论利用极坐标

求二重积分的方法. 下面我们先回目极坐标.

1. 极坐标

设 $M(x, y)$ 是平面上一点,记 ρ 是 **OM** 的长度,θ 是从 x 轴到 **OM** 的转角(逆时针为正,顺时针为负),则

$$0 \leqslant \rho \leqslant +\infty, \qquad 0 \leqslant \theta \leqslant 2\pi(-\pi \leqslant \theta \leqslant \pi),$$

则 M 也可用 (ρ, θ) 确定.

极坐标与直角坐标关系

$$\begin{cases} x = \rho\cos\theta, \\ y = \rho\sin\theta \end{cases} \qquad (*)$$

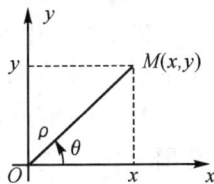

图 5-13

从而 $x^2 + y^2 = \rho^2$.

比如,圆的极坐标表示

$x^2 + y^2 = R^2 \text{——} \rho = R$;

$(x-a)^2 + y^2 = R^2$,即 $x^2 + y^2 = 2Rx \text{——} \rho = 2R\cos\theta$(如图 5-14(a));

$x^2 + (y-a)^2 = R^2$,即 $x^2 + y^2 = 2Ry \text{——} \rho = 2R\sin\theta$(如图 5-14(b)).

注意:将 x, y 用($*$)式代入方程,就可从直角坐标化成极坐标方程了.

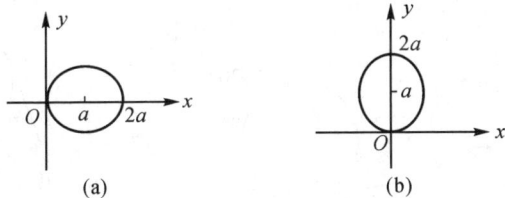

图 5-14

2. 在极坐标系下求二重积分的方法

下面说明在极坐标系下如何将二重积分化成二次积分.

假定积分区域 D 的边界与过极点的射线交点不多于两个,被积函数 $f(\rho, \theta)$ 在区域 D 上是连续的. 我们用两族曲线:θ 为常数与 ρ 为常数,即一族射线与一族圆心在极点的同心圆,将区域 D 分割成 n 个子区域,第 i 个子区域的面积 $\Delta\sigma_i$ 为(如图 5-15 所示,将图中阴影小区区域近似看成矩形,则其面积近似为)

$$\Delta\sigma \approx \rho\Delta\rho\Delta\theta,$$

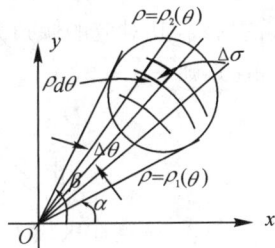

所以面积元素为

图 5-15

$$\mathrm{d}\sigma = \rho\mathrm{d}\sigma\mathrm{d}\theta.$$

从而在极坐标下，二重积分的形式为

$$\iint_D f(x,y)\mathrm{d}\sigma$$

$$= \iint_D f(\rho\cos\theta,\rho\sin\theta)\rho\mathrm{d}\rho\mathrm{d}\theta.$$

极坐标系中的二重积分，同样可以化成二次定积分来计算，关键还是确定上下限，这里介绍积分次序为先 ρ 后 θ 的情形。

对 ρ 先积分：首先从原点出发的射线穿区域确定 ρ 的上下限；其次再看 θ 的范围。

比如，以下三种情况将区域 D 用极坐标表示的方法：

（1）极点在区域 D 的内部（如图 5-16(a)），设 D 的边界曲线极坐标方程为 $\rho = \rho(\theta)$，则

$$D = \{(\rho,\theta)\,|\,0\leqslant\rho\leqslant\rho(\theta)\,,\,0\leqslant\theta\leqslant 2\pi\},$$

$$\iint_D f(x,y)\mathrm{d}\sigma = \int_0^{2\pi}\mathrm{d}\theta\int_0^{\rho(\theta)}f(\rho\cos\theta,\rho\sin\theta)\rho\mathrm{d}\rho.$$

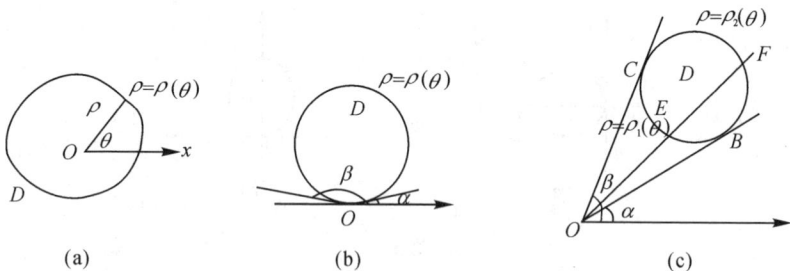

图 5-16

（2）极点在区域 D 的边界上（如图 5-16(b)），从极点作两条紧贴域 D 边界的射线，其对应的倾角分别为 $\alpha,\beta(\alpha < \beta)$，$D$ 的边界曲线的极坐标方程为 $\rho = \rho(\theta)$，则

$$D = \{(\rho,\theta)\,|\quad 0\leqslant\rho\leqslant\rho(\theta)\quad,\,\alpha\leqslant\theta\leqslant\beta\},$$

$$\iint_D f(x,y)\mathrm{d}\sigma = \int_\alpha^\beta\mathrm{d}\theta\int_0^{\rho(\theta)}f(\rho\cos\theta,\rho\sin\theta)\rho\mathrm{d}\rho.$$

（3）极点在区域 D 外部（如图 5-16(c)），从极点作两条紧贴域 D 边界的射线，其对应的倾角分别为 $\alpha,\beta(\alpha < \beta)$，这两条射线把 D 的边界曲线分为两部分 CEB 和 CFB，在 α 与 β 之间作一条射线 OEF，它与曲线 CEB 和 CFB 的交点的极坐标分别为 $\rho_1(\theta)$ 与 $\rho_2(\theta)$（设 $\rho_1(\theta) < \rho_2(\theta)$），则

$$D = \{(\rho, \theta) \mid \rho_1(\theta) < \rho_2(\theta), \quad \alpha \leqslant \theta \leqslant \beta\},$$

$$\iint_D f(x, y) \mathrm{d}\sigma = \int_\alpha^\beta \mathrm{d}\theta \int_{\rho_1(\theta)}^{\rho_2(\theta)} f(\rho\cos\theta, \rho\sin\theta)\rho\mathrm{d}\rho.$$

其中 $\rho_1(\theta)$ 与 $\rho_2(\theta)$ 就是曲线 CEB 的极坐标方程 $\rho = \rho_1(\theta)$ 与曲线 CFB 的极坐标方程 $\rho = \rho_2(\theta)$.

【例7】 计算二重积分 $\iint_D \mathrm{e}^{-x^2-y^2}\mathrm{d}\sigma$,其中 D 为圆域 $x^2 + y^2 \leqslant R^2$.

解 由于积分 $\int \mathrm{e}^{-x^2}\mathrm{d}x$ 不能用初等函数表示,所以此积分不能用直角坐标系计算,但用极坐标计算很方便.

如图 5-17 所示.区域 D 在极坐标系下表示为

$$D = \{(\rho, \theta) \mid 0 \leqslant \rho \leqslant R, 0 \leqslant \theta \leqslant 2\pi\},$$

则

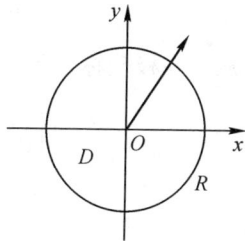

图 5-17

$$\iint_D \mathrm{e}^{-x^2-y^2}\mathrm{d}\sigma = \int_0^{2\pi}\mathrm{d}\theta\int_0^R \mathrm{e}^{-\rho^2} \cdot \rho\mathrm{d}\rho$$

$$= \int_0^{2\pi}\mathrm{d}\theta(-\frac{1}{2})\int_0^R \mathrm{e}^{-\rho^2}\mathrm{d}(-\rho^2)$$

$$= 2\pi(-\frac{1}{2})\mathrm{e}^{-\rho^2}\Big|_0^R = \pi(1 - \mathrm{e}^{-R^2}).$$

【例8】 计算二重积分 $\iint_D (x^2 + y^2)\mathrm{d}\sigma$,其中 $D = \{(x, y) \mid 1 \leqslant x^2 + y^2 \leqslant 4, y \geqslant 0\}$.

解 作 D 的草图,这是半个圆环(如图 5-18),在极坐标系下,圆环

$$1 \leqslant x^2 + y^2 \leqslant 4 \rightarrow 1 \leqslant \rho \leqslant 2$$

区域 D 在极坐标系下表示为

$$D = \{(\rho, \theta) \mid 1 \leqslant \rho \leqslant 2, 0 \leqslant \theta \leqslant \pi\}.$$

从而

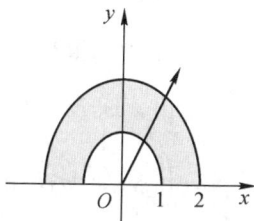

图 5-18

$$\iint_D (x^2 + y^2)\mathrm{d}\sigma = \int_0^\pi \mathrm{d}\theta\int_1^2 \rho^2 \cdot \rho\mathrm{d}\rho = \pi \cdot \left[\frac{1}{4}\rho^4\right]_1^2 = \frac{15\pi}{4}.$$

【例9】 将二重积分 $\int_0^2 \mathrm{d}x\int_x^{\sqrt{3}x} f(\sqrt{x^2 + y^2})\mathrm{d}y$ 表示成极坐标下的二次积分.

解 先根据上下限写出积分区域

$$D = \{(x, y) \mid x \leqslant y \leqslant \sqrt{3}x, 0 \leqslant x \leqslant 2\},$$

如图 5-19 所示，再将区域的边界曲线用极坐标表示

$$x = 2 \to \rho\cos\theta = 2 \to \rho = \frac{2}{\cos\theta},$$

$$y = x \to \rho\sin\theta = \rho\cos\theta \to \theta = \frac{\pi}{4},$$

$$y = \sqrt{3}\,x \to \rho\sin\theta = \sqrt{3}\,\rho\cos\theta$$

$$\to \tan\theta = \sqrt{3} \to \theta = \frac{\pi}{3}.$$

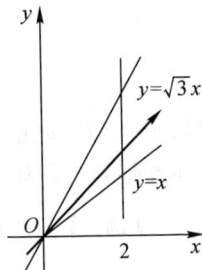

图 5-19

从而在极坐标系下，上述积分为

$$\int_0^2 \mathrm{d}x \int_x^{\sqrt{3}\,x} f\left(\sqrt{x^2 + y^2}\right) \mathrm{d}y = \int_{\frac{\pi}{4}}^{\frac{\pi}{3}} \mathrm{d}\theta \int_0^{\frac{2}{\cos\theta}} f(\rho)\rho\,\mathrm{d}\rho.$$

习题 5.2

1. 将二重积分 $\iint_D f(x, y)\mathrm{d}\sigma$ 化为二次积分（两种积分次序都要），其中积分区域 D 是：

(1) 由抛物线 $y = x^2$ 及直线 $y = x$ 所围成的闭区域；

(2) 由曲线 $y = \mathrm{e}^x, y = \mathrm{e}$ 及 y 轴所围成的闭区域；

(3) 由 x 轴及上半圆周 $y = \sqrt{a^2 - x^2}$ 所围成的闭区域；

(4) 由直线 $y = x, x = 2$ 及双曲线 $y = \dfrac{1}{x}(x > 0)$ 所围成的闭区域.

2. 计算下列二重积分：

(1) $\iint_D x\,\mathrm{d}\sigma, D$ 为矩形区域 $|x| \leqslant 1, 0 \leqslant y \leqslant 3$；

(2) $\iint_D y\sqrt{x}\,\mathrm{d}\sigma, D$ 由 $y = x^2, x = y^2$ 所围成的区域；

(3) $\iint_D \mathrm{e}^{x+y}\mathrm{d}\sigma, D$ 由直线 $x + y = 1, y = 0, x = 0$ 所围成的区域；

(4) $\iint_D xy\,\mathrm{d}x\mathrm{d}y, D$ 由抛物线 $x = y^2$ 及直线 $y = x - 2$ 所围成区域；

(5) $\iint_D \dfrac{x^2}{y^2}\mathrm{d}\sigma, D$ 由直线 $x = 2, y = x$ 和双曲线 $xy = 1$ 所围成的区域.

3. 画出下列各积分区域，并改变积分次序：

(1) $\int_0^1 \mathrm{d}x \int_0^x f(x, y)\mathrm{d}y$；

$(2) \displaystyle\int_1^2 \mathrm{d}x \int_1^{x^2} f(x,y)\mathrm{d}y;$

$(3) \displaystyle\int_1^e \mathrm{d}x \int_0^{\ln x} f(x,y)\mathrm{d}y;$

$(4) \displaystyle\int_0^1 \mathrm{d}y \int_0^{2y} f(x,y)\mathrm{d}x + \int_1^3 \mathrm{d}y \int_0^{3-y} f(x,y)\mathrm{d}x;$

$(5) \displaystyle\int_0^1 \mathrm{d}x \int_{\sqrt{x}}^{1+\sqrt{1-x^2}} f(x,y)\mathrm{d}y.$

4. 将下列二次积分化成极坐标系下的二次积分：

$(1) \displaystyle\int_0^2 \mathrm{d}x \int_0^{\sqrt{4-x^2}} f(\sqrt{x^2+y^2})\mathrm{d}y;$

$(2) \displaystyle\int_0^4 \mathrm{d}x \int_x^{\sqrt{3}x} f(\frac{y}{x})\mathrm{d}y;$

$(3) \displaystyle\int_0^1 \mathrm{d}x \int_{1-x}^{\sqrt{1-x^2}} f(x^2+y^2)\mathrm{d}y.$

5. 利用极坐标求下列各积分：

$(1) \displaystyle\iint_D \mathrm{e}^{x^2+y^2}\mathrm{d}\sigma, D: x^2+y^2 \leqslant 4, y \geqslant 0;$

$(2) \displaystyle\iint_D \sin\sqrt{x^2+y^2}\,\mathrm{d}\sigma,$ 其中 $D: \pi^2 \leqslant x^2+y^2 \leqslant 4\pi^2;$

$(3) \displaystyle\iint_D (x^2+y^2)\mathrm{d}\sigma,$ 其中 $D: x^2+y^2 \leqslant 2ax.$

6. 求下列各积分：

$(1) \displaystyle\int_0^1 \mathrm{d}x \int_x^{\sqrt{x}} \frac{\sin y}{y}\mathrm{d}y;$

$(2) \displaystyle\int_{\frac{1}{4}}^{\frac{1}{2}} \mathrm{d}x \int_{\frac{1}{2}}^{\sqrt{x}} \mathrm{e}^{\frac{x}{y}}\mathrm{d}y + \int_{\frac{1}{2}}^1 \mathrm{d}x \int_x^{\sqrt{x}} \mathrm{e}^{\frac{x}{y}}\mathrm{d}y.$

7. 设 $a < b$，证明

$$\int_a^b \mathrm{d}x \int_a^x f(x,y)\mathrm{d}y = \int_a^b \mathrm{d}y \int_y^b f(x,y)\mathrm{d}x.$$

8. 设 $D: \{(x,y) \mid x \geqslant 0, y \geqslant 0, x^2+y^2 \leqslant 1\}$，且

$$f(x,y) = 1 - 2xy + 8(x^2+y^2)\iint_D f(x,y)\mathrm{d}x\mathrm{d}y,$$

求函数 $f(x,y)$.

5.3 二重积分的应用

本节介绍二重积分在几何与物理上的某些应用,主要是讲用二重积分求空间立体的体积、曲面的面积以及平面薄片的质量.

5.3.1 空间立体的体积

利用二重积分的几何意义,当 $f(x,y) \geqslant 0$ 时,$\iint_D f(x,y)\mathrm{d}\sigma$ 表示以曲面 $z = f(x,y)$ 为顶,D 为底的曲顶柱体的体积,从而可利用二重积分求由曲面所围成的立体体积.

【例 1】 求由旋转抛物面 $z = 6 - (x^2 + y^2)$ 与锥面 $z = \sqrt{x^2 + y^2}$ 所围成立体的体积.

解 先作此立体的草图,如图 5-20 所示,

可见此立体可以看成是两个曲顶柱体体积之差,从而可以用二重积分来求体积.

先求此立体在 xOy 面上投影域,即积分区域 D.

为此求两曲面的交线在 xOy 面上投影线方程,也就是积分域的边界.

从 $\begin{cases} z = 6 - (x^2 + y^2) \\ z = \sqrt{x^2 + y^2} \end{cases}$ 中得到,$z = 6 - z^2$,

即 $(z + 3)(z - 2) = 0$,解得 $z = 2$,

从而得到投影域 $D: x^2 + y^2 \leqslant 4$,因此所求立体的体积为

$$V = \iint_D \big[(6 - (x^2 + y^2)) - \sqrt{x^2 + y^2}\big]\mathrm{d}\sigma.$$

因为积分区域是圆,所以利用极坐标计算此积分

$$V = \iint_D \big[(6 - (x^2 + y^2)) - \sqrt{x^2 + y^2}\big]\mathrm{d}\sigma$$

$$= \int_0^{2\pi} \mathrm{d}\theta \int_0^2 (6 - \rho^2 - \rho)\rho \mathrm{d}\rho$$

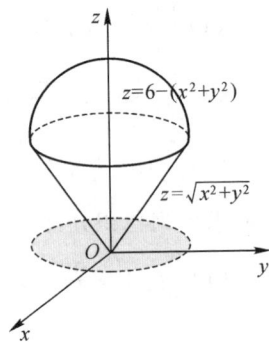

图 5-20

$$= 2\pi\left(3\rho^2 - \frac{\rho^4}{4} - \frac{\rho^3}{3}\right)\Big|_0^2 = \frac{32}{3}\pi.$$

【例 2】 求由球面 $x^2 + y^2 + z^2 = 4a^2$ 与柱面 $x^2 + y^2 = 2ax$ 所围的公共部分的立体体积. $(a > 0)$

解 如图 5-21,作出了所求立体在 xOy 平面上方的一半. 这部分是上面覆盖着球面 $z = \sqrt{4a^2 - x^2 - y^2}$,并以 xOy 平面上圆 $x^2 + y^2 = 2ax$ 为底的曲顶柱体,由对称性,求出此立体在第一卦限部分的体积,再 4 倍即可,所以体积为

$$V = 4\iint_D \sqrt{4a^2 - x^2 - y^2}\,\mathrm{d}\sigma,$$

其中 D:$x^2 + y^2 \leqslant 2ax, x \geqslant 0, y \geqslant 0$.

图 5-21

此二重积分选用极坐标计算比较方便.

$$x^2 + y^2 = 2ax \xrightarrow{\text{极坐标}} \rho = 2a\cos\theta.$$

$$
\begin{aligned}
V &= 4\iint_D \sqrt{4a^2 - x^2 - y^2}\,\mathrm{d}\sigma \\
&= 4\int_0^{\frac{\pi}{2}}\mathrm{d}\theta \int_0^{2a\cos\theta} \sqrt{4a^2 - \rho^2}\,\rho\mathrm{d}\rho \\
&= -2\int_0^{\frac{\pi}{2}}\mathrm{d}\theta \int_0^{2a\cos\theta} (4a^2 - \rho^2)^{\frac{1}{2}}\,\mathrm{d}(4a^2 - \rho^2) \\
&= -2\int_0^{\frac{\pi}{2}}\mathrm{d}\theta \frac{2}{3}(4a^2 - \rho^2)^{\frac{3}{2}}\Big|_0^{2a\cos\theta} \\
&= \frac{32a^3}{3}\int_0^{\frac{\pi}{2}} (1 - \sin^3\theta)\mathrm{d}\theta = \frac{16a^3}{9}(3\pi - 4).
\end{aligned}
$$

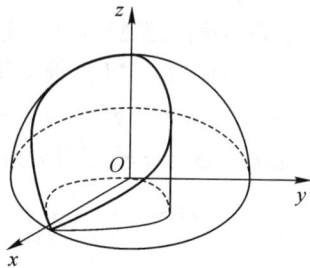

5.3.2 求曲面的面积

设曲面 S 的方程为

$$z = f(x, y),\ (x, y) \in D_{xy},$$

其中 D_{xy} 为曲面 S 在 xOy 面是上的投影区域,$f(x, y)$ 是 D_{xy} 上单值函数,且在 D_{xy} 上有连续的偏导数 $f_x(x, y), f_y(x, y)$,则曲面 S 的面积为

$$A = \iint_{D_{xy}} \sqrt{1 + [f_x(x, y)]^2 + [f_y(x, y)]^2}\,\mathrm{d}\sigma.$$

下面给出说明(如图 5-22):

实际上,用曲线网将区域 D_{xy} 任意分成 n 个小块,任取其中的一小块 $\Delta\sigma$($\Delta\sigma$ 的

面积仍记作 $\Delta\sigma$)，在小区域 $\Delta\sigma$ 上任取一点 $P(x,y)$，相应地曲面 S 上有一点 $M(x,$ $y,f(x,y))$，P 点为曲面上的 M 点在 xOy 平面上的投影，在 M 点作曲面 S 的切平面 π，以小区域 $\Delta\sigma$ 的边界为准线，作母线平行于 z 轴的柱面. 此柱面在曲面 S 上截下一块 ΔS(其面积仍记为 ΔS)，又在切平面 π 上截下一块 ΔA(其面积记为 ΔA)，于是小块曲面 ΔS 的面积近似等于小块平面 ΔA 的面积，即 $\Delta S \approx \Delta A$.

曲面 S 在 M 点处切平面的法向量为
$$\boldsymbol{n} = f_x(x,y)\,\boldsymbol{i} + f_y(x,y)\,\boldsymbol{j} - \boldsymbol{k},$$
此法向量与 z 轴正向夹角的方向余弦为
$$|\cos\gamma| = \frac{1}{\sqrt{1 + [f_x(x,y)]^2 + [f_y(x,y)]^2}}.$$

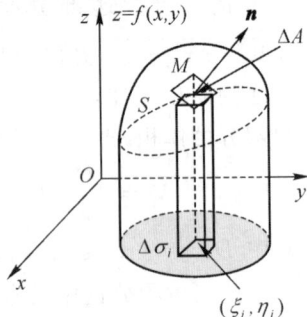

图 5-22

注意到 $\Delta\sigma$ 为 ΔA 在 xOy 平面上的投影，因而它们的面积有以下关系：
$$\Delta A = \frac{1}{|\cos\gamma|}\Delta\sigma$$
$$= \sqrt{1 + [f_x(x,y)]^2 + [f_y(x,y)]^2}\,\Delta\sigma.$$

于是，曲面 S 的面积为
$$A \approx \sum\Delta A = \sum \sqrt{1 + [f_x(x,y)]^2 + [f_y(x,y)]^2}\,\Delta\sigma,$$
故得曲面 S 的公式为
$$A = \lim\sum \sqrt{1 + [f_x(x,y)]^2 + [f_y(x,y)]^2}\,\Delta\sigma$$
$$= \iint_{D_{xy}} \sqrt{1 + [f_x(x,y)]^2 + [f_y(x,y)]^2}\,\mathrm{d}x\mathrm{d}y,$$

其中 $\mathrm{d}S = \mathrm{d}A = \sqrt{1 + [f_x(x,y)]^2 + [f_y(x,y)]^2}\,\mathrm{d}\sigma$ 称为曲面的面积元素.

同理，若曲面 $S: y = h(x,z)$ 单值函数，$(x,z) \in D_{xz}$(D_{xz} 是曲面 S 在 xOz 面上的投影)，则曲面 S 的面积可表示成
$$A = \iint_{D_{xz}} \sqrt{1 + [h_x(x,z)]^2 + [h_z(x,z)]^2}\,\mathrm{d}x\mathrm{d}z.$$

（请同学们写出，若曲面 $S: x = g(y,z)$ 时，S 面积的表示式）.

【例3】 求抛物面 $z = x^2 + y^2$ 在平面 $z = 1$ 下的部分曲面的面积.

解 如图 5-23 所示，所截部分曲面在 xOy 面的投影区域 $D_{xy}: x^2 + y^2 \leqslant 1$.

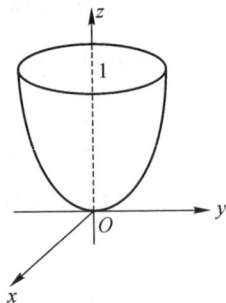

图 5-23

又 $$z_x = 2x, \quad z_y = 2y,$$

则
$$A = \iint_{D_{xy}} \sqrt{1+(z_x)^2+(z_y)^2}\,\mathrm{d}x\mathrm{d}y$$

$$= \iint_{D_{xy}} \sqrt{1+4x^2+4y^2}\,\mathrm{d}x\mathrm{d}y$$

$$= \int_0^{2\pi}\mathrm{d}\theta\int_0^1 \sqrt{1+4\rho^2}\cdot\rho\mathrm{d}\rho$$

$$= \int_0^{2\pi}\mathrm{d}\theta\,\frac{1}{8}\int_0^1(1+4\rho^2)^{\frac{1}{2}}\mathrm{d}(1+4\rho^2) = 2\pi\cdot\frac{1}{8}\cdot\frac{2}{3}(1+4\rho^2)^{\frac{3}{2}}\bigg|_0^1$$

$$= \frac{\pi}{6}(5\sqrt{5}-1).$$

【例 4】 求球面 $x^2+y^2+z^2=R^2$ 的面积.

解 取曲面 S 为上半球面,$S: z = \sqrt{R^2-x^2-y^2}$,则 z 为单值函数,且
$$D_{xy}: x^2+y^2 \leqslant R^2.$$

由 $\quad z_x = \dfrac{-x}{\sqrt{R^2-x^2-y^2}}, z_y = \dfrac{-y}{\sqrt{R^2-x^2-y^2}},$

> 选用极坐标

则球面面积为

$$A = 2\iint_{D_{xy}} \sqrt{1+(z_x)^2+(z_y)^2}\,\mathrm{d}\sigma = 2\iint_{D_{xy}} \frac{R}{\sqrt{R^2-x^2-y^2}}\,\mathrm{d}\sigma$$

$$= 2\int_0^{2\pi}\mathrm{d}\theta\int_0^R \frac{R}{\sqrt{R^2-\rho^2}}\cdot\rho\mathrm{d}\rho$$

$$= 4\pi R(-\sqrt{R^2-\rho^2})\bigg|_0^R = 4\pi R^2.$$

5.3.3 求平面薄片的质量

在 5.1 节中已经指出了点函数积分的物理意义,也就是质量的问题.

现在设平面薄片 D 在点 $P(x,y)$ 的面密度为 $\mu(x,y)$,则此薄片的质量为

$$M = \iint_D \mu(x,y)\mathrm{d}\sigma.$$

【例 5】 设有一个等腰直角三角形薄片,腰长为 a,各点处的面密度等于该点到直角顶点的距离的平方,求这薄片的质量.

解 先建立直角坐标系,取原点在直角顶点,如图 5-24 所示,则三角形薄片所占区域为

$$D: x+y \leqslant a, x \geqslant 0, y \geqslant 0.$$

按照题意,面密度为

$$\mu(x,y) = x^2+y^2.$$

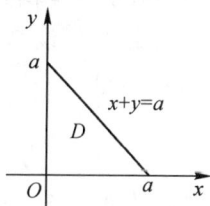

图 5-24

从而质量为

$$\iint_D \mu(x,y)\mathrm{d}\sigma = \iint_D (x^2+y^2)\mathrm{d}\sigma$$

$$= \int_0^a \mathrm{d}x \int_0^{a-x} (x^2+y^2)\mathrm{d}y$$

$$= \int_0^a \mathrm{d}x \cdot (x^2 y + \frac{y^3}{3}) \Big|_0^{a-x}$$

$$= \int_0^a (x^2(a-x) + \frac{(a-x)^3}{3})\mathrm{d}x = \frac{1}{6}a^4.$$

习题 5.3

1. 求由平面 $x+y=1, x=0, y=0$ 所围成的柱体被平面 $z=0$ 及旋转抛物面 $z=1-x^2-y^2$ 截得的立体的体积.

2. 求曲面 $z=\sqrt{x^2+y^2}$ 和曲面 $z=2-x^2-y^2$ 所围成立体的体积.

3. 求旋转抛物面 $z=6-x^2-y^2$ 与 xOy 所围成立体的体积及表面积.

4. 求锥面 $z=\sqrt{x^2+y^2}$ 被柱面 $z^2=2x$ 所割下部分曲面的面积.

5. 设平面薄片 D 由直线 $y=0, y=x$ 及 $x=1$ 所围成,其上任一点处的密度为 $\rho=\sqrt{x^2+y^2}$,试用二重积分表示该薄片的质量.

5.4 三重积分

5.4.1 三重积分的概念

利用点函数积分的概念,如果积分区域为空间上的有界闭区域,那么我们就引入了三重积分,具体如下:

定义 设 Ω 是空间有界闭区域 G,函数 $f(P)=f(x,y,z),(x,y,z)\in G$, $f(x,y,z)$ 是 G 上连续或分块连续函数,则积分

$$\int_\Omega f(P)\mathrm{d}\Omega = \iiint_G f(x,y,z)\mathrm{d}V$$

称为 $f(x,y,z)$ 在空间区间 G 上的**三重积分**.

二重积分与三重积分统称为**重积分**.

当 $f(x,y,z) \equiv 1$ 时，$\iiint_G \mathrm{d}V =$ 空间区域 G 的体积.

5.4.2 三重积分在直角坐标系下的计算法

在空间直角坐标系中，可以用平行于坐标平面的平面把积分区域 G 分割成小长方体，这时 $\Delta v = \Delta x \Delta y \Delta z$，因而在直角坐标系下的**体积元素**为 $\mathrm{d}v = \mathrm{d}x\mathrm{d}y\mathrm{d}z$，三重积分也可记作

$$\iiint_G f(x,y,z)\mathrm{d}x\mathrm{d}y\mathrm{d}z,$$

与二重积分类似，三重积分也可以化为累次积分来计算.

经过 G 内任意一点作平行于 z 轴的直线与区域 G 的边界曲面的交点不超过两点，把 G 投影到 xOy 平面，得到一个平面闭区域 D（如图

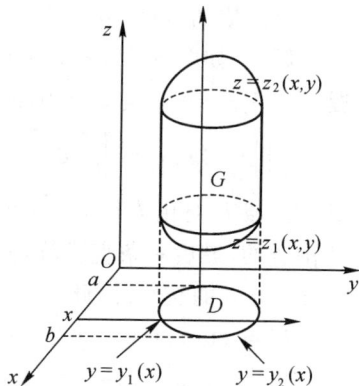

图 5-25

5-25），以 D 的边界曲线为准线，作母线平行于 z 轴的柱面，它与 G 的交线将 G 的表面分成上下两部分，它们的方程为 $z = z_2(x,y), z = z_1(x,y)$，其中 $z_1(x,y)$ 与 $z_2(x,y)$ 都是连续函数. 由 D 内任意一点 (x,y) 作与 z 轴平行的直线，便得到 G 的下部分及上部分曲面分别相交于竖坐标为 $z_1(x,y), z_2(x,y)$ 的两点，则有

$$G = \{(x,y,z) \mid z_1(x,y) \leqslant z \leqslant z_2(x,y), (x,y) \in D\},$$

这时三重积分化为

$$\iiint_G f(x,y,z)\mathrm{d}V = \iint_D \left[\int_{z_1(x,y)}^{z_2(x,y)} f(x,y,z)\mathrm{d}z\right]\mathrm{d}\sigma$$
$$= \iint_D \mathrm{d}\sigma \int_{z_1(x,y)}^{z_2(x,y)} f(x,y,z)\mathrm{d}z,$$

即为了计算三重积分，只要将被积函数 $f(x,y,z)$ 中的 x,y 先视为常数，对变量 z 在区间 $[z_1(x,y), z_2(x,y)]$ 上求积分，积分的结果是 x,y 的二元函数，对此函数在区域 D 上再求一次二重积分，又若

$$D = \{(x,y) \mid y_1(x) \leqslant y \leqslant y_2(x), a \leqslant x \leqslant b\},$$

其中 $y = y_1(x), y = y_2(x)$ 分别为区域 D 的左右两边界曲线方程，则

$$G = \{(x,y,z) \mid z_1(x,y) \leqslant z \leqslant z_2(x,y), y_1(x) \leqslant y \leqslant y_2(x), a \leqslant x \leqslant b\}.$$

于是三重积分可化为如下形式的累次积分

$$\iiint_G f(x,y,z)\mathrm{d}V = \int_a^b \mathrm{d}x \int_{y_1(x)}^{y_2(x)} \mathrm{d}y \int_{z_1(x,y)}^{z_2(x,y)} f(x,y,z)\mathrm{d}z.$$

要是想先对 x 积分,那么只要将区域 G 投影到 yOz 平面上.累次积分的次序是可以交换的,但积分的结果总是一样的,应选择便于计算的积分次序.

【例 1】 求 $\iiint_G xyz\,\mathrm{d}V$,其中 G 是由平面 $x=0,y=0,z=0$ 及 $x+y+z=1$ 所围成的区域.

解 如图 5-26,先对 z 积分,上下限分别

是 $z=1-x-y$ 与 $z=0$,即

$$\iiint_G xyz\,\mathrm{d}V = \iint_D \mathrm{d}\sigma\int_0^{1-x-y} xyz\,\mathrm{d}z,$$

其中区域 D 是由直线 $x=0,y=0,x+y=1$ 所围成的,最后一条直线就是平面 $z=1-x-y$ 与 $z=0$ 的交线.因此

$$D=\{(x,y)\,|\,0\leqslant y\leqslant 1-x,0\leqslant x\leqslant 1\},$$

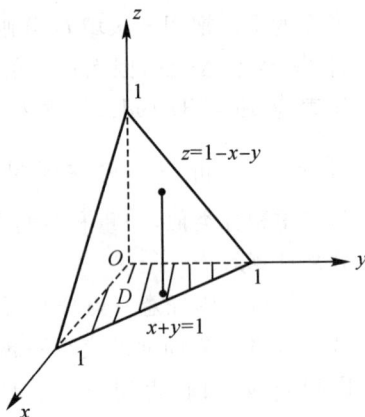

图 5-26

$$\iiint_G xyz\,\mathrm{d}V = \int_0^1 \mathrm{d}x\int_0^{1-x}\mathrm{d}y\int_0^{1-x-y} xyz\,\mathrm{d}z$$

$$= \int_0^1 \mathrm{d}x\int_0^{1-x}\mathrm{d}y\cdot x\frac{z^2}{2}\Big|_0^{1-x-y}$$

$$= \frac{1}{2}\int_0^1 \mathrm{d}x\int_0^{1-x} x(1-x-y)^2\mathrm{d}y$$

$$= \frac{1}{2}\int_0^1 x\mathrm{d}x(-\frac{1}{3})(1-x-y)^3\Big|_0^{1-x}$$

$$= \frac{1}{6}\int_0^1 x(1-x)^3\mathrm{d}x = \frac{1}{120}.$$

以上计算三重积分的方法称为"投影法".对于有些类型的三重积分,我们也可以用"截面法"或称为"先二后一"法来计算,即先求一个二重积分,再求一个定积分,具体如下:

设空间区域

$$G=\{(x,y,z)\,|\,c_1\leqslant z\leqslant c_2,(x,y)\in D_z\},$$

其中 D_z 是平行于 xOy 面的横截面区域(如图 5-27).则

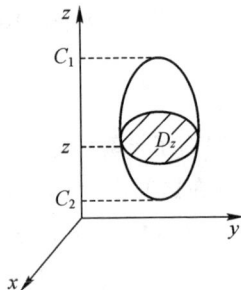

图 5-27

$$\iiint_G f(x,y,z)\mathrm{d}V = \int_{c_1}^{c_2}\mathrm{d}z\iint_{D_z} f(x,y,z)\mathrm{d}x\mathrm{d}y.$$

注意:当 $f(x,y,z)$ 仅是 z 的函数,且 D_z 面积易求时,用此公式计算三重积分极佳.

【例2】 求 $\iiint_G z^2 \mathrm{d}V$,其中 G 是由锥面 $z^2 = x^2 + y^2$ 与平面 $z = 1, z = 2$ 围成的区域.

解 如图 5-28 所示,G 可表示成

$$G = \{(x,y,z) \mid 1 \leqslant z \leqslant 2, D_z : x^2 + y^2 \leqslant z^2\},$$

又截面 $D_z : x^2 + y^2 \leqslant z^2$ 的面积是 πz^2.

从而

$$\iiint_G z^2 \mathrm{d}V = \int_1^2 z^2 \mathrm{d}z \iint_{D_z} \mathrm{d}x\mathrm{d}y = \int_1^2 z^2 \cdot \pi z^2 \mathrm{d}z = \frac{31}{5}\pi.$$

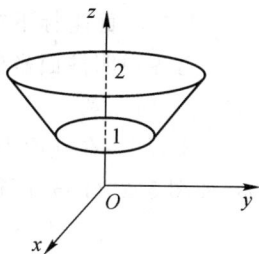

图 5-28

5.4.3 三重积分在柱面坐标系下的计算法

1. 介绍柱面坐标

设 $P(x,y,z)$ 为空间中的一点,它在 xOy 平面上的投影点 P_1 的直角坐标为 (x,y),若用其极坐标 (ρ,θ) 来表示 P_1,则有序数组 (ρ,θ,z) 可确定 P 点的位置,称为 P 点的**柱面坐标**(如图 5-29(a)),其中 ρ,θ,z 的变化范围是

$$0 \leqslant \rho < +\infty, 0 \leqslant \theta \leqslant 2\pi(或 -\pi \leqslant \theta \leqslant \pi), -\infty < z < +\infty.$$

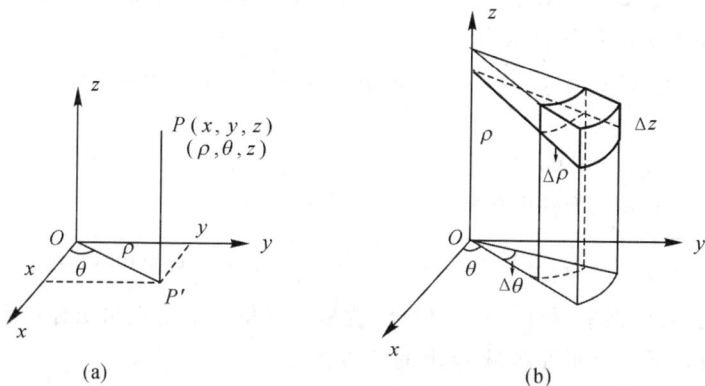

图 5-29

(a)   (b)

图 5-29

可见,此处的柱面坐标可以理解为是 x,y 用极坐标,而 z 还是直角坐标,则所构成的空间点的坐标为柱面坐标,所以,柱面坐标与直角坐标有以下关系:

$$x = \rho\cos\theta, \quad y = \rho\sin\theta, z = z$$

当 ρ,θ,z 分别取常数值,得

$\rho = $ 常数,表示以 z 轴为中心轴的圆柱面;

$\theta = $ 常数,表示经过 z 轴半平面;

$z = $ 常数,表示平行于 xOy 平面的平面.

> 看图 5-29(a)
> 想一下

2. 在柱面坐标下求三重积分的方法

首先说明柱面坐标下的体积元素为

$$dV = \rho d\rho d\theta dz.$$

实际上：在柱面坐标系下，用三族曲面 $z = C$，$\rho = C$，$\theta = C$ 分割积分区域 G（如图 5-29(b)），所得的一般小区域的体积近似地表示为

$$\Delta V \approx \rho \Delta \rho \Delta \theta \Delta z,$$

于是，在柱面坐标系中的体积元素为 $dV = \rho d\rho d\theta dz$，故有

> 近似看成立方体
> 看图 5-29(b)

$$\iiint_G f(x,y,z) dV = \iiint_G f(\rho\cos\theta, \rho\sin\theta, z)\rho d\rho d\theta dz.$$

将柱面坐标下的三重积分化成三次积分的方法如下：

设平行于 z 轴的直线与区域 G 的边界最多只有两个交点，记 G 在 xOy 平面上的投影区域为 D.

那么对 z 先积分，可设

$$G = \{(x,y,z) \mid z_1(x,y) \leqslant z \leqslant z_2(x,y)，(x,y) \in D\},$$

$$z_1(x,y) \leqslant z \leqslant z_2(x,y) \xrightarrow{\text{柱面坐标}} z_1(\rho,\theta) \leqslant z \leqslant z_2(\rho,\theta),(x,y) \in D,$$

又设 D 在极坐标系下表示为

$$D = \{(\rho,\theta) \mid \rho_1(\theta) \leqslant \rho \leqslant \rho_2(\theta)，\alpha \leqslant \theta \leqslant \beta\},$$

则

$$G = \{(x,y,z) \mid z_1(\rho,\theta) \leqslant z \leqslant z_2(\rho,\theta)，\rho_1(\theta) \leqslant \rho \leqslant \rho_2(\theta), \alpha \leqslant \theta \leqslant \beta\}.$$

从而将三重积分化为柱面坐标系下的累次积分为

$$\iiint_G f(x,y,z) dV = \int_\alpha^\beta d\theta \int_{\rho_1(\theta)}^{\rho_2(\theta)} d\rho \int_{z_1(\rho,\theta)}^{z_2(\rho,\theta)} f(\rho\cos\theta, \rho\sin\theta, z)\rho dz.$$

可见，用柱面坐标计算三重积分，就是对变量 z 采用直角坐标进行积分，然后采用极坐标计算平面区域 D 上的二重积分.

【例 3】 计算 $\iiint_G xy dV$，其中 G 由柱面 $x^2 + y^2 = 9$ 与平面 $x = 0$，$y = 0$ 及 $z = 1$，$z = 2$ 围成的第一卦限的区域.

解 先作 G 的草图，如图 5-30 所示，可见在 xOy 面的投影域是在第一象限的圆域，z 在 1 与 2 之间，这是典型的柱面坐标型区域，即

$$G = \{(x,y) \mid 1 \leqslant z \leqslant 2, x^2 + y^2 \leqslant 9, x \geqslant 0, y \geqslant 0\}.$$

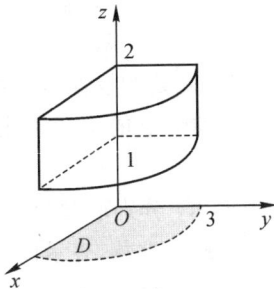

图 5-30

换成柱面坐标：

$$G = \left\{ (\rho, \theta) \,\middle|\, 1 \leqslant z \leqslant 2, \rho \leqslant 3, 0 \leqslant \theta \leqslant \frac{\pi}{2} \right\}.$$

从而

$$\iiint_G xy \, \mathrm{d}V = \int_0^{\frac{\pi}{2}} \mathrm{d}\theta \int_0^3 \rho \, \mathrm{d}\rho \int_1^2 \rho\cos\theta\rho\sin\theta \, \mathrm{d}z$$

$$= \int_0^{\frac{\pi}{2}} \cos\theta\sin\theta \, \mathrm{d}\theta \int_0^3 \rho^3 \, \mathrm{d}\rho \int_1^2 \mathrm{d}z$$

$$= \frac{1}{2}\sin^2\theta \Big|_0^{\frac{\pi}{2}} \cdot \frac{\rho^4}{4} \Big|_0^3 \cdot (2-1) = \frac{81}{8}.$$

【例 4】　计算 $\iiint_G (x^2 + y^2) \mathrm{d}V$，其中 G 由抛物面 $z = x^2 + y^2$ 及平面 $z = 1$ 所围成的区域.

解　先作 G 的草图（如图 5-31），再求平面 $z = 1$ 与抛物面 $z = x^2 + y^2$ 在 xOy 面上的投影，于是 G 在 xOy 平面上的投影区域 D 为圆域 $x^2 + y^2 \leqslant 1$，采用柱面坐标来计算：

$$z = x^2 + y^2 \xrightarrow{\text{柱面坐标}} z = \rho^2,$$

G 在柱面坐标下可表示为

$G = \{ (\rho, \theta, z) \mid \rho^2 \leqslant z \leqslant 1, 0 \leqslant \rho \leqslant 1, 0 \leqslant \theta \leqslant 2\pi \}$,

从而

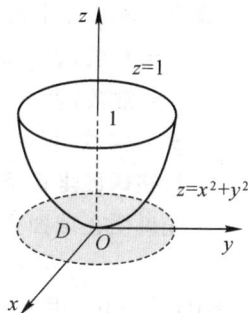

图 5-31

$$\iiint_G (x^2 + y^2) \mathrm{d}V = \int_0^{2\pi} \mathrm{d}\theta \int_0^1 \mathrm{d}\rho \int_{\rho^2}^1 \rho^2 \cdot \rho \mathrm{d}z = 2\pi \int_0^1 \rho^3 (1 - \rho^2) \mathrm{d}\rho = \frac{\pi}{6}.$$

*5.4.4　三重积分在球面坐标系下的计算法

1. 介绍球面坐标

设 $P(x, y, z)$ 为空间直角坐标系中的一点，有向线段 OP 的长度为 r，P_1 为点 P 在 xOy 面上的投影点，θ 为从 x 轴正向到 OP_1 角，φ 为 z 轴正向到 OP 与的夹角，则 P 点的位置也可用 r, θ, φ 三个数来确定，这三个数组成的有序数组 (r, θ, φ) 称为 P 点的球面坐标. 它们的变化范围分别是

$$0 \leqslant r < +\infty, \ 0 \leqslant \theta \leqslant 2\pi(\text{或} -\pi \leqslant \theta \leqslant \pi), \ 0 \leqslant \varphi \leqslant \pi$$

如图 5-32(a)，可知点 P 的直角坐标与球面坐标之间的关系为

$$x = r\sin\varphi\cos\theta, \quad y = r\sin\varphi\sin\theta, \quad z = r\cos\varphi,$$

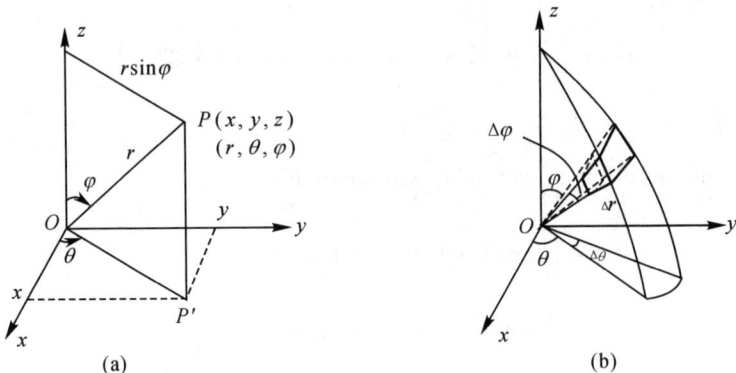

图 5-32

分别令 r,θ,φ 取常数值,得

$r =$ 常数,表示球心为原点的球面;

$\theta =$ 常数,表示过 z 轴半平面;

$\varphi =$ 常数,表示定点在原点,z 轴为对称轴的圆锥面.

2. 在球面坐标下求三重积分的方法

先说明在球面坐标下,体积元素为

$$dV = r^2 \sin\varphi dr d\theta d\varphi.$$

看图 5-32(b),用上述三族曲面 $r = C$, $\varphi = C$, $\theta = C$ 分割区域 G,所得一般小
区域的体积近似地表示为

$$\Delta V \approx r\sin\varphi\Delta\theta \cdot r\Delta\varphi\Delta r,$$

于是,在球面坐标系下的体积元素为 $dV = r^2 \sin\varphi dr d\theta d\varphi$,
故有

> 近似看成立方体
> 看图 5-32(b)

$$\iiint_G f(x,y,z)dV = \iiint_G f(r\sin\varphi\cos\theta, r\sin\varphi\sin\theta, r\cos\varphi)r^2 \sin\varphi dr d\theta d\varphi.$$

再将上式右边化为球面坐标系下的累次积分进行计算,积分次序常用的是
先对 r,再对 φ 最后对 θ.

如 G 为球体 $x^2 + y^2 + z^2 \leqslant R^2$,其在球面坐标系下可表示为

$$G = \{(r,\theta,\varphi) \mid 0 \leqslant r \leqslant R, 0 \leqslant \varphi \leqslant \pi, 0 \leqslant \theta \leqslant 2\pi\},$$

又如 G 为球体 $x^2 + y^2 + z^2 \leqslant 2Rz$,在球面坐标系下可表示为

$$G = \left\{(r,\theta,\varphi) \mid 0 \leqslant r \leqslant 2R\cos\varphi, 0 \leqslant \varphi \leqslant \frac{\pi}{2}, 0 \leqslant \theta \leqslant 2\pi\right\}.$$

一般地,当被积函数中含有 $x^2 + y^2 + z^2$,而积分区域 G 为球形区域或球锥
形区域时,常采用球面坐标计算三重积分.

【例5】 计算 $\iiint_G \sqrt{x^2 + y^2 + z^2}\,dV$，其中 G 由球面 $x^2 + y^2 + z^2 = R^2$ 所围的区域.

解 由上面的叙述知道，区域 G 在球面坐标系下表示为

$$G = \{(r, \theta, \varphi) \mid 0 \leqslant r \leqslant R, \ 0 \leqslant \varphi \leqslant \pi, \ 0 \leqslant \theta \leqslant 2\pi\},$$

于是

$$\iiint_G \sqrt{x^2 + y^2 + z^2}\,dV = \int_0^{2\pi} d\theta \int_0^{\pi} d\varphi \int_0^R r \cdot r^2 \sin\varphi\,dr$$

$$= \int_0^{2\pi} d\theta \int_0^{\pi} \sin\varphi\,d\varphi \int_0^R r^3\,dr = 2\pi \cdot 2 \cdot \frac{R^4}{4} = \pi R^4.$$

习题 5.4

1. 将三重积分 $\iiint_G f(x, y, z)\,dV$ 化为直角坐标系下的累次积分，其中积分区域 G 为：由圆锥面 $z = \sqrt{x^2 + y^2}$ 及平面 $z = 1$ 所围立体.

2. 计算下列三重积分：

(1) $\iiint_G (x + y + z)\,dV$，其中 G：$0 \leqslant x \leqslant 1$，$0 \leqslant y \leqslant 2$，$0 \leqslant z \leqslant 3$；

(2) $\iiint_G xy\,dV$，其中 G 是平面 $x + y + z = 1$ 与坐标面所围成的四面体；

(3) $\iiint_G (x^2 + y^2)\,dV$，其中 G 由圆柱 $x^2 + y^2 = a^2$，被平面 $z = 0, z = 4$ 所截部分；

(4) $\iiint_G \sqrt{x^2 + y^2}\,dV$，其中 G 由旋转抛物面 $2z = x^2 + y^2$ 及平面 $z = 2$ 所围区域；

*(5) $\iiint_G (x^2 + y^2 + z^2)\,dV$，其中 G：$x^2 + y^2 + z^2 \leqslant a^2 (a > 0)$；

*(6) $\iiint_G z\,dV$，其中 G：$x^2 + y^2 + z^2 \leqslant 2z, z \geqslant \sqrt{x^2 + y^2}$.

*3. 设函数 $f(u)$ 具有连续的导数，且 $f(0) = 0$，证明：

$$\lim_{t \to 0^+} \frac{1}{\pi\,t^4} \iiint_{x^2 + y^2 + z^2 \leqslant t^2} f(\sqrt{x^2 + y^2 + z^2})\,dV = f'(0).$$

5.5　曲线积分

5.5.1　对弧长的曲线积分

1. 对弧长曲线积分的概念

定义　设 Ω 是 xOy 平面中的一段可求长的曲线 L，$f(P)=f(x,y)$，(x,y) $\in L$，$f(x,y)$ 是曲线 L 上的连续函数或分段连续函数，则积分

$$\int_{\Omega} f(P)\mathrm{d}\Omega = \int_{L} f(x,y)\mathrm{d}l$$

称为 $f(x,y)$ 在曲线 L 上**对弧长的曲线积分**或**第一类曲线积分**.

对弧长的曲线积分在物理上表示为：曲线型细棒 L 上分布有线密度为 $f(x,y)$ 的物质，$\int_{L} f(x,y)\mathrm{d}l$ 即为该细棒的质量.

当 $f(x,y)\equiv 1$ 时，$\int_{L}\mathrm{d}l =$ 曲线 L 的长度.

2. 对弧长曲线积分的计算

我们可以用"代入法"将对弧长的曲线积分化成定积分求值. 下面给出计算公式，证明略.

（1）参数方程　$L:\begin{cases} x=\varphi(t) \\ y=\varphi(t) \end{cases}(\alpha \leqslant t \leqslant \beta)$，

其中 $\varphi(t),\varphi(t)$ 在 $[\alpha,\beta]$ 上有一阶连续导数，$(\varphi'(t))^2+(\varphi'(t))^2 \neq 0$，$f(x,y)$ 在 L 上连续，则

$$\int_{L} f(x,y)\mathrm{d}l = \int_{\alpha}^{\beta} f[\varphi(t),\varphi(t)]\sqrt{(\varphi'(t))^2+(\varphi'(t))^2}\,\mathrm{d}t.$$

此公式表明，只要将 $x,y,\mathrm{d}l$ 依次用 $\varphi(t),\varphi(t),\sqrt{(\varphi'(t))^2+(\varphi'(t))^2}\,\mathrm{d}t$（弧微分 $\mathrm{d}l=\sqrt{(\mathrm{d}x)^2+(\mathrm{d}y)^2}$）代入，再积分就行了.

注意：因为 $\mathrm{d}l>0$，而 $\mathrm{d}l=\sqrt{(\varphi'(t))^2+(\varphi'(t))^2}\,\mathrm{d}t$，故 $\mathrm{d}t>0$，从而定积分的下限 α 一定小于上限 β，即 $\alpha<\beta$.

（2）直角坐标方程：$L:y=h(x)(a\leqslant x\leqslant b)$，
可把它看成参数方程，如取 x 为参数.

$$L:\begin{cases} x = x \\ y = h(x) \end{cases} (a \leqslant x \leqslant b),$$

则

$$\int_L f(x,y)\mathrm{d}l = \int_a^b f(x,h(x)) \sqrt{1 + (h'(x))^2}\,\mathrm{d}x.$$

同理若曲线 L 的方程为 $x = g(y), c \leqslant y \leqslant d,$ 可取 y 为参数, 得

$$L:\begin{cases} x = g(y) \\ y = y \end{cases} (c \leqslant y \leqslant d),$$

则

$$\int_L g(x,y)\mathrm{d}l = \int_c^d f(g(y),y) \sqrt{(g'(y))^2 + 1}\,\mathrm{d}y.$$

(3) 空间曲线 $\Gamma:\begin{cases} x = \varphi(t) \\ y = \varphi(t) \\ z = w(t) \end{cases} (\alpha \leqslant t \leqslant \beta),$

则 $\displaystyle\int_L f(x,y,z)\mathrm{d}l = \int_a^\beta f[\varphi(t),\varphi(t),\omega(t)] \sqrt{(\varphi'(t))^2 + (\varphi'(t))^2 + (\omega'(t))^2}\,\mathrm{d}t.$

【例 1】 计算 $\displaystyle\int_L \sqrt{y}\,\mathrm{d}l,$ 其中 L 是 $y = x^2$ 点 $O(0,0)$ 到点 $B(\sqrt{2},2)$ 之间的一段弧 (如图 5-33).

解 先将曲线 L 用某种参数方程来表示, 再代公式计算.

如取 x 为参数, 将 L 转化成参数方程,

$$L:y = x^2 \longrightarrow L:\begin{cases} x = x \\ y = x^2 \end{cases}, 0 \leqslant x \leqslant \sqrt{2},$$

从而 $\displaystyle\int_L \sqrt{y}\,\mathrm{d}l = \int_0^{\sqrt{2}} \sqrt{x^2} \cdot \sqrt{1 + (2x)^2}\,\mathrm{d}x$

$$= \int_0^{\sqrt{2}} x \cdot \sqrt{1 + 4x^2}\,\mathrm{d}x = \frac{1}{8}\int_0^{\sqrt{2}} \sqrt{1 + 4x^2}\,\mathrm{d}(1 + 4x^2)\,\mathrm{d}x$$

$$= \frac{1}{8} \cdot \frac{2}{3}(1 + 4x^2)^{\frac{3}{2}}\Big|_0^{\sqrt{2}} = \frac{13}{6}.$$

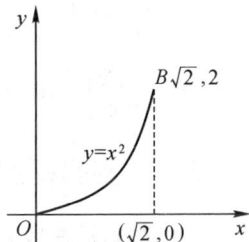

图 5-33

【例 2】 计算 $\displaystyle\int_L yx^2\,\mathrm{d}l,$ 其中 L 为上半圆周 $y = \sqrt{a^2 - x^2}$ (如图 5-34).

解 $y = \sqrt{a^2 - x^2} \rightarrow x^2 + y^2 = a^2.$

这里 L 是用直角坐标表示的, 为了计算方便起见, 我们改用圆的参数方程来表示,

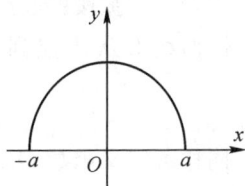

图 5-34

$$L: \begin{cases} x = a\cos\theta \\ y = a\sin\theta \end{cases}, 0 \leqslant \theta \leqslant \pi.$$

代入公式,得到

$$\int_L yx^2 \mathrm{d}l = \int_0^\pi a\sin\theta \cdot a^2\cos^2\theta \sqrt{(-a\sin\theta)^2 + (a\cos\theta)^2} \, \mathrm{d}\theta$$

$$= a^4 \int_0^\pi \cos^2\theta \sin\theta \mathrm{d}\theta = -a^4 \int_0^\pi \cos^2\theta \mathrm{d}\cos\theta = -a^4 \cdot \frac{1}{3}\cos^3\theta \Big|_0^\pi$$

$$= \frac{2}{3}a^4.$$

注意,同学们也可以直接用 L 的直角坐标的方程来计算此题,进行一番比较.

【例 3】 计算 $\int_L xyz\mathrm{d}l$,其中 L 是圆柱螺线 $x = \cos t$,$y = \sin t$,$z = t$ 上的一段,$0 \leqslant t \leqslant 2\pi$.

解 这是空间曲线下求对弧长的曲线积分,此时

$$\mathrm{d}l = \sqrt{[x'(t)]^2 + [y'(t)]^2 + [z'(t)]^2} \, \mathrm{d}t = \sqrt{(-\sin t)^2 + (\cos t)^2 + 1^2} \, \mathrm{d}t = \sqrt{2}\,\mathrm{d}t,$$

从而

分部积分

$$\int_L xyz\mathrm{d}l = \int_0^{2\pi} \cos t \cdot \sin t \cdot t \cdot \sqrt{2}\, t\mathrm{d}t = \frac{\sqrt{2}}{2}\int_0^{2\pi} t\sin 2t\mathrm{d}t$$

$$= -\frac{\sqrt{2}}{4}\int_0^{2\pi} t\mathrm{d}\cos 2t = -\frac{\sqrt{2}}{4}\left(t\cos 2t \Big|_0^{2\pi} - \int_0^{2\pi} \cos 2t\mathrm{d}t\right) = -\frac{\sqrt{2}}{2}\pi.$$

5.5.2 对坐标的曲线积分

1. 对坐标曲线积分的概念

定义 设 AB 是 xOy 平面上的有向曲线段,记作 L. $P(x,y)$ 是 L 上的连续函数,从点 A 到 B 任意将 L 任意分成 n 个小弧段 Δl_i,各有向子弧段在 x 轴上的投影为 $\Delta x_i{}'$,在每个子弧段上任意取一点 (x_i, y_i),作积分和式

$$\sum_i P(x_i, y_i)\Delta x_i,$$

当最大子弧段的长度 $\lambda \to 0$ 时,若上式极限存在,则称此极限值为函数 $P(x,y)$ 沿曲线 L 从 A 点到 B 点的关于**坐标 x 的曲线积分**或**第二类曲线积分**,记作

$$\int_L P(x,y)\mathrm{d}x = \lim_{\lambda \to 0} \sum_i P(x_i, y_i)\Delta x_i.$$

同样可定义函数 $Q(x,y)$ 沿曲线 L 从 A 点到 B 点的关于坐标 y 的曲线积分

$$\int_L Q(x,y)\mathrm{d}y = \lim_{\lambda \to 0} \sum_i Q(x_i, y_i)\Delta y_i.$$

需要指出，应用上经常出现的是上述两式合并的形式

$$\int_L P(x,y)\mathrm{d}x + \int_L Q(x,y)\mathrm{d}y,$$

为了简便起见，一般把上式写成

$$\int_L P(x,y)\mathrm{d}x + Q(x,y)\mathrm{d}y.$$

对坐标的曲线积分在物理上表示：在平面场力 $\boldsymbol{F} = P(x,y)\boldsymbol{i} + Q(x,y)\boldsymbol{j}$ 的作用下，质点从点 A 沿光滑（或分段光滑）曲线弧 L 移动到点 B 所作的功（证明略）.

也就是变力 $\boldsymbol{F} = P(x,y)\boldsymbol{i} + Q(x,y)\boldsymbol{j}$ 沿曲线 L 所作的功为

$$W = \int_L P(x,y)\mathrm{d}x + Q(x,y)\mathrm{d}y.$$

注意：对坐标的曲线积分的值与曲线的方向有关，这是因为在上述的定义中，若 L 的方向改变为由 B 点到 A 点，则 $\Delta x_i, \Delta y_i$ 要改变符号，即有

$$\int_{\overparen{BA}} P(x,y)\mathrm{d}x + Q(x,y)\mathrm{d}y = -\int_{\overparen{AB}} P(x,y)\mathrm{d}x + Q(x,y)\mathrm{d}y.$$

一般地，我们用 L^- 表示 L 的反向曲线弧.

2. 对坐标曲线积分的计算

我们也是用"代入法"，将对坐标的曲线积分化成定积分来求值的. 下面给出计算公式，证明略.

（1）参数方程 $L: \begin{cases} x = \varphi(t) \\ y = \psi(t) \end{cases} \quad t:\alpha \to \beta,$

其中当 t 单调地由 α 变到 β 时，点 $M(x,y)$ 从 L 的起点 A 沿 L 运动到终点 B，$\varphi'(t), \psi'(t)$ 连续，$P(x,y,), Q(x,y)$ 在 L 上连续，则

$$\int_L P(x,y)\mathrm{d}x + Q(x,y)\mathrm{d}y = \int_a^\beta [P(\varphi(t),\psi(t)\varphi'(t) + Q(\varphi(t),\psi(t)\psi'(t)]\mathrm{d}t.$$

此公式表明只要将 x, y 依次用 $\varphi(t), \psi(t)$ 代入，其中 $\mathrm{d}x = \mathrm{d}\varphi(t) = \varphi'(t)\mathrm{d}t, \mathrm{d}y = \mathrm{d}\psi(t) = \psi'(t)\mathrm{d}t$，再求定积分就行了.

注意：此定积分中，下限与起点对应，上限与终点对应，而不要求下限小于上限. 这是两类曲线积分化成定积分求值的区别.

（2）直角坐标方程 $L: y = y(x), x: a \to b,$

将曲线 L 看作参数方程：$\begin{cases} x = x \\ y = y(x) \end{cases} \quad x: a \to b,$

则 $\int_L P(x,y)\mathrm{d}x + Q(x,y)\mathrm{d}y = \int_a^b [P(x,y(x)) + Q(x,y(x))y'(x)]\mathrm{d}x.$

类似可得　　曲线 $L:x = x(y),y:c \to d,$

$$\int_L P(x,y)\mathrm{d}x + Q(x,y)\mathrm{d}y = \int_c^d [P(x(y),y)x'(y) + Q(x(y),y)]\mathrm{d}y.$$

(3) 空间曲线 $\Gamma:\begin{cases} x = \varphi(t) \\ y = \psi(t) \\ z = \omega(t) \end{cases},t:\alpha \to \beta,$

$$\int_\Gamma P(x,y,z)\mathrm{d}x + Q(x,y,z)\mathrm{d}y + R(x,y,z)\mathrm{d}z$$

$$= \int_\alpha^\beta [P(\varphi(t),\psi(t),\omega(t))\varphi'(t) + Q(\varphi(t),\psi(t),\omega(t))\psi'(t)$$

$$+ R(\varphi(t),\psi(t),\omega(t))\omega'(t)]\mathrm{d}t.$$

【例 4】　计算 $\int_L (y-x)\mathrm{d}x$,其中 L 为

(1) 以半径为 a,圆心为原点,按逆时针方向绕行的上半圆周;

(2) 从点 $A(a,0)$ 沿 x 轴到点 $B(-a,0)$ 的直线段.

解　先作出积分路径的图形并标出方向,如图 5-35 所示.

(1) L 的参数方程为 $\begin{cases} x = a\cos\theta \\ y = a\sin\theta \end{cases},\theta:0 \to \pi,$

所以 $\displaystyle\int_L (y-x)\mathrm{d}x$

$$= \int_0^\pi (a\sin\theta - a\cos\theta)(-a\sin\theta)\mathrm{d}\theta$$

$$= a^2 \int_0^\pi (\cos\theta\sin\theta - \sin^2\theta)\mathrm{d}\theta$$

$$= a^2 \left[\int_0^\pi \frac{1}{2}\sin\theta\mathrm{d}\sin\theta - \int_0^\pi \frac{1-\cos 2\theta}{2}\mathrm{d}\theta \right]$$

$$= a^2 \left[\frac{\sin^2\theta}{2}\bigg|_0^\pi - \frac{1}{2}\left(\theta - \frac{\sin 2\theta}{2}\right)\bigg|_0^\pi \right] = -\frac{\pi}{2}a^2.$$

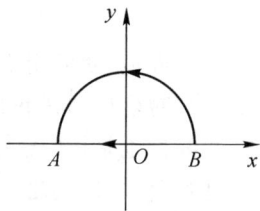

图 5-35

(2) L 的方程 $y = 0, x:a \to -a,$

所以　　　　　　　　$\displaystyle\int_L (y-x)\mathrm{d}x = \int_a^{-a} -x\mathrm{d}x = 0.$

此例说明一般情况下,对坐标的曲线积分,其积分值会随积分的路径不同而不同.

对于平面封闭曲线,其方向经常用逆时针,或顺时针等标明,也常称封闭曲线的所谓正向,即当人沿封闭曲线的一个方向前进时,若曲线所围的区域总在

人的左手一侧,如图5-36所示.用"$\oint$"表示沿封闭曲线的曲线积分.

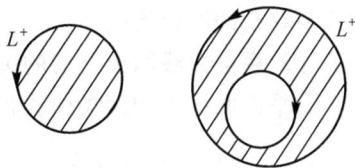

图 5-36

【例5】 计算 $\oint_L y\mathrm{d}x - x\mathrm{d}y$,其中 L 是沿圆周 $x^2 + y^2 = a^2$ 的正向.

解 圆周的参数方程为 $x = a\cos t$,$y = a\sin t$,沿正向一周 $t:0 \to 2\pi$.

从而 $$\oint_L y\mathrm{d}x - x\mathrm{d}y = \int_0^{2\pi}\left[(a\sin t)(-a\sin t) - (a\cos t)(a\cos t)\right]\mathrm{d}t$$
$$= -\int_0^{2\pi} a^2 \mathrm{d}t = -2\pi a^2.$$

【例6】 计算 $\int_\Gamma x^3\mathrm{d}x + 3zy^2\mathrm{d}y - x^2 y\mathrm{d}z$,其中 Γ 是从点 $A(3,2,1)$ 到点 $B(0,0,0)$ 的直线段 AB.

解 直线段 AB 的方程为:$\dfrac{x}{3} = \dfrac{y}{2} = \dfrac{z}{1}$,化为参数方程得:
$$x = 3t, y = 2t, z = t, t:1 \to 0.$$

因此 $$\int_\Gamma x^3\mathrm{d}x + 3zy^2\mathrm{d}y - x^2 y\mathrm{d}z = \int_1^0\left[(3t)^3 \cdot 3 + 3t(2t)^2 \cdot 2 - (3t)^2 \cdot 2t\right]\mathrm{d}t$$
$$= 87\int_1^0 t^3\mathrm{d}t = -\frac{87}{4}.$$

【例7】 设有一质量为 m 的质点,在重力 mg 的作用下,沿平面内一条从 $A(x_0,y_0)$ 到 $B(x_1,y_1)$ 的光滑曲线 L 上移动,求重力对质点所做的功.

解 取坐标系如图5-37,则重力 $\boldsymbol{F}$ 为
$$\vec{F}(x,y) = (P(x,y), Q(x,y)) = (0, mg),$$
则功
$$W = \int_L P(x,y)\mathrm{d}x + Q(x,y)\mathrm{d}y = \int_L mg\,\mathrm{d}y.$$

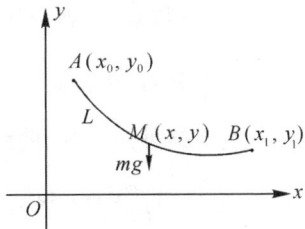

图 5-37

因为 mg 是常数,所以取曲线方程为以 y 参数的方程
$$L:\begin{cases} x = g(y) \\ y = y \end{cases}, y:y_0 \to y_1,$$

则 $$W = \int_L mg\,\mathrm{d}y = mg\int_{y_0}^{y_1}\mathrm{d}y = mg(y_1 - y_0).$$

此结果表明,重力场力所做的功只与质点移动的起点和终点的位置有关,

而与移动的路径无关.

3. 两类曲线积分之间的关系

平面曲线上的两类曲线积分之间有如下联系：

$$\int_L P\,\mathrm{d}x + Q\,\mathrm{d}y = \int_L (P(x,y)\cos\alpha + Q(x,y)\cos\beta)\mathrm{d}l,$$

其中 $\cos\alpha, \cos\beta$ 是有向曲线弧 L 上点 (x,y) 处的切线向量的方向余弦.

实际上，设有向曲线弧 L 的起点为 A，终点为 B. 曲线弧 L 的参数方程为 $\begin{cases} x = \varphi(t) \\ y = \psi(t) \end{cases}$，起点 A、终点 B 分别对应参数 α、β. 函数 $\phi(t), \psi(t)$ 在闭区间 $[\alpha,\beta]$ 上具有一阶连续导数，且 $\phi'^2(t) + \psi'^2(t) \neq 0$，又函数 $P(x,y), Q(x,y)$ 在 L 上连续. 于是，由对坐标的曲线积分计算公式有

$$\int_L P(x,y)\mathrm{d}x + Q(x,y)\mathrm{d}y = \int_\alpha^\beta \{P[\phi(t),\psi(t)]\phi'(t) + Q[\phi(t),\psi(t)]\psi'(t)\}\mathrm{d}t$$

又有向曲线弧 L 的切向量为 $\boldsymbol{T} = \{\varphi'(t), \psi'(t)\}$，它的方向余弦为

$$\cos\alpha = \frac{\varphi'(t)}{\sqrt{\varphi'^2(t) + \psi'^2(t)}}, \quad \cos\beta = \frac{\psi'(t)}{\sqrt{\varphi'^2(t) + \psi'^2(t)}}.$$

由对弧长的曲线积分的计算公式可得

$$\int_L (P(x,y)\cos\alpha + Q(x,y)\cos\beta)\mathrm{d}l$$

$$= \int_\alpha^\beta \left[P[\varphi(t),\psi(t)] \frac{\varphi'(t)}{\sqrt{\varphi'^2(t) + \psi'^2(t)}} + Q[\varphi(t),\psi(t)] \frac{\psi'(t)}{\sqrt{\varphi'^2(t) + \psi'^2(t)}} \right] \cdot$$

$$\sqrt{\varphi'^2(t) + \psi'^2(t)}\,\mathrm{d}t$$

$$= \int_\alpha^\beta (P[\varphi(t),\psi(t)]\varphi'(t) + Q[\varphi(t),\psi(t)]\psi'(t))\mathrm{d}t$$

$$= \int_L P\,\mathrm{d}x + Q\,\mathrm{d}y.$$

类似地可知，空间曲线 Γ 上的两类曲线积分之间有如下联系：

$$\int_\Gamma P\,\mathrm{d}x + Q\,\mathrm{d}y + R\,\mathrm{d}z = \int_\Gamma (P\cos\alpha + Q\cos\beta + R\cos\gamma)\mathrm{d}l,$$

其中 $\cos\alpha, \cos\beta, \cos\gamma$ 为有向曲线弧 Γ 上点 (x,y,z) 处的切线向量的方向余弦.

5.5.3 格林公式

格林公式是曲线积分中的重要公式，它介绍曲线积分与二重积分之间的联系，也就是讨论平面区域上的二重积分与沿这个区域边界的曲线积分间的

关系.

格林定理 设 D 是平面有界闭区域,其边界 L 为光滑或分段光滑曲线,函数 $P(x,y),Q(x,y)$ 在 D 上连续并有连续的一阶偏导数,则有公式

$$\iint_D \left(\frac{\partial Q}{\partial x} - \frac{\partial P}{\partial y}\right) \mathrm{d}\sigma = \oint_L P(x,y)\mathrm{d}x + Q(x,y)\mathrm{d}y,$$

其中 L 是取区域 D 的正向边界曲线. 此公式称为**格林公式**.

证 先假定曲线 L 与平行于坐标轴的直线的交点不多于两个,作区域 D 及其边界曲线 L 的图形,并标出 L 的正方向,如图 5-38 所示.

将上式左边的积分写成两个二重积分之差的形式,即

$$\iint_D \left(\frac{\partial Q}{\partial x} - \frac{\partial P}{\partial y}\right) \mathrm{d}\sigma = \iint_D \frac{\partial Q}{\partial x}\mathrm{d}\sigma - \iint_D \frac{\partial P}{\partial y}\mathrm{d}\sigma.$$

只须证明

$$\iint_D \frac{\partial Q}{\partial x}\mathrm{d}\sigma = \oint_L Q(x,y)\mathrm{d}y, \iint_D \frac{\partial P}{\partial y}\mathrm{d}\sigma = -\oint_L P(x,y)\mathrm{d}x$$

即可. 我们只证

$$\iint_D \frac{\partial P}{\partial y}\mathrm{d}\sigma = -\oint_L P(x,y)\mathrm{d}x,$$

另一个式子完全类似地证明.

由于 $\frac{\partial P}{\partial y}$ 在区域 D 上连续,按照二重积分化为累次积分的方法,将 $\iint_D \frac{\partial P}{\partial y}\mathrm{d}\sigma$ 化为先对 y 后对 x 的积分,如图 5-38 所示,

$$\begin{aligned}
\iint_D \frac{\partial P}{\partial y}\mathrm{d}\sigma &= \int_a^b \mathrm{d}x \int_{y_1(x)}^{y_2(x)} \frac{\partial P}{\partial y}\mathrm{d}y \\
&= \int_a^b P(x,y)\Big|_{y_1(x)}^{y_2(x)} \mathrm{d}x \\
&= \int_a^b \left[P(x,y_2(x)) - P(x,y_1(x)) \right]\mathrm{d}x.
\end{aligned}$$

另一方面,根据曲线积分化为定积分的方法,如图 5-38 所示,有

$$\begin{aligned}
\oint_L P(x,y)\mathrm{d}x &= \int_{\overset{\frown}{AEB}} P(x,y)\mathrm{d}x + \int_{\overset{\frown}{BFA}} P(x,y)\mathrm{d}x \\
&= \int_a^b P(x,y_1(x))\mathrm{d}x + \int_b^a P(x,y_2(x))\mathrm{d}x \\
&= \int_a^b \left[P(x,y_1(x)) - P(x,y_2(x)) \right]\mathrm{d}x,
\end{aligned}$$

即

$$\iint_D \frac{\partial P}{\partial y}\mathrm{d}\sigma = -\oint_L P(x,y)\mathrm{d}x.$$

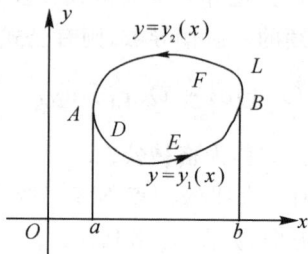

图 5-38

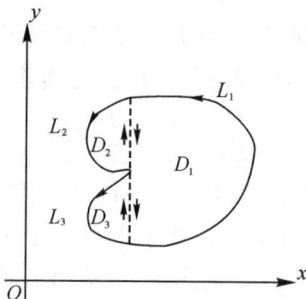

图 5-39

若曲线 L 与平行于坐标轴地直线交点多于两个时,如图 5-39 所示. 可引进几条平行于坐标轴的辅助直线,将区域分成若干个子区域,使每个子区域的边界(除去辅助直线外)与平行坐标轴的直线的交点不超过两个,则可以证明格林公式对这样的区域 D 仍然正确. 以图 5-39 情形为例,则

$$\iint_D (\frac{\partial Q}{\partial x} - \frac{\partial P}{\partial y})\mathrm{d}\sigma = \iint_{D_1} (\frac{\partial Q}{\partial x} - \frac{\partial P}{\partial y})\mathrm{d}\sigma + \iint_{D_2} (\frac{\partial Q}{\partial x} - \frac{\partial P}{\partial y})\mathrm{d}\sigma + \iint_{D_3} (\frac{\partial Q}{\partial x} - \frac{\partial P}{\partial y})\mathrm{d}\sigma$$

$$= \oint_{L_1} P\mathrm{d}x + Q\mathrm{d}y + \oint_{L_2} P\mathrm{d}x + Q\mathrm{d}y + \oint_{L_3} P\mathrm{d}x + Q\mathrm{d}y$$

$$= \oint_L P\mathrm{d}x + Q\mathrm{d}y,$$

其中在辅助直线上的积分,由于方向相反,互相抵消了.

下面我们举几个运用格林公式计算曲线积分的例子.

【例 8】 计算 $\oint_L (x+y)\mathrm{d}x + (x-y)\mathrm{d}y$,其中 L 是沿圆周 $x^2 + y^2 = a^2$ 的正向闭路.

解 利用格林公式. 这里 $P = x + y$,$Q = x - y$,$\frac{\partial Q}{\partial x} - \frac{\partial P}{\partial y} = 0$,所以

$$\oint_L (x+y)\mathrm{d}x + (x-y)\mathrm{d}y = \iint_D (\frac{\partial Q}{\partial x} - \frac{\partial P}{\partial y})\mathrm{d}\sigma = 0.$$

再看上述解答过程,可见,实际上此积分值与积分的路径无关,沿任何闭路的积分值均为零.

【例 9】 计算 $\oint_L x^2 y\mathrm{d}x - xy^2\mathrm{d}y$,其中 L 是沿圆周 $x^2 + y^2 = a^2$ 的正向闭路.

解　利用格林公式. 这里　$P = x^2 y, Q = -xy^2, \dfrac{\partial Q}{\partial x} - \dfrac{\partial P}{\partial y} = -(x^2 + y^2)$,

所以　$\oint_L x^2 y \mathrm{d}x - xy^2 \mathrm{d}y = \iint_D (\dfrac{\partial Q}{\partial x} - \dfrac{\partial P}{\partial y}) \mathrm{d}\sigma = -\iint_D (x^2 + y^2) \mathrm{d}\sigma$,

其中 D 为 $x^2 + y^2 \leqslant a^2$. 将二重积分化为极坐标下的累次积分,得

$$\oint_L x^2 y \mathrm{d}x - xy^2 \mathrm{d}y = -\iint_D (x^2 + y^2) \mathrm{d}\sigma$$

$$= -\int_0^{2\pi} \mathrm{d}\theta \int_0^a \rho^2 \cdot \rho \mathrm{d}\rho = -\frac{\pi a^4}{2}.$$

【例 10】　计算 $\int_L (x^2 + y)\mathrm{d}x + (x + y^2 \mathrm{e}^y)\mathrm{d}y$,其中 L 从点 $A(2,0)$ 沿上半

圆 $y = \sqrt{2x - x^2}$ 到点 $O(0,0)$.

解　此题中 L 不是封闭曲线,所以要加辅助线
构成封闭曲线,才能用格林公式,如图 5-40 所示,做
辅助线 $\overline{OA}$ 并与 $\overline{AO}$ 组成一条正向封闭曲线,设所围
成得平面区域为 D,于是

$$\int_L = \oint_{L + \overline{OA}} - \int_{\overline{OA}}.$$

由格林公式,有

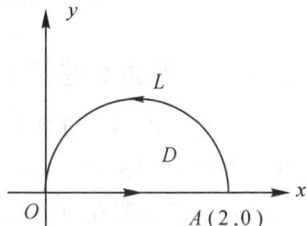

图 5-40

$$\oint_{L + \overline{OA}} (x^2 + y)\mathrm{d}x + (x + y^2 \mathrm{e}^y)\mathrm{d}y$$

$$= \iint_D \left[\frac{\partial}{\partial x}(x + y^2 \mathrm{e}^y) - \frac{\partial}{\partial y}(x^2 + y) \right] \mathrm{d}\sigma$$

$$= \iint_D (1 - 1)\mathrm{d}\sigma = 0.$$

又在线段 $\overline{OA}$ 上,其方程为 $y = 0$, $x: 0 \rightarrow 2$,于是

$$\int_{\overline{OA}} (x^2 + y)\mathrm{d}x + (x + y^2 \mathrm{e}^y)\mathrm{d}y = \int_0^2 x^2 \mathrm{d}x = \frac{8}{3}.$$

故得

$$\int_L (x^2 + y)\mathrm{d}x + (x + y^2 \mathrm{e}^y)\mathrm{d}y = \oint_{L + \overline{OA}} - \int_{\overline{OA}} = -\frac{8}{3}.$$

下面说明也可以利用曲线积分求平面图形的面积.

实际上,取 $P = -y, Q = x$,则由格林公式

$$\oint_L -y \mathrm{d}x + x \mathrm{d}y = \iint_D (1 - (-1))\mathrm{d}\sigma = 2 \iint_D \mathrm{d}\sigma = 2 \cdot D \text{ 的面积},$$

所以

$$区域\ D\ 的面积 = \frac{1}{2}\oint_L x\,\mathrm{d}y - y\,\mathrm{d}x.$$

其中 L 是有界闭区域 D 的正向边界曲线.

【例 11】 验证:椭圆 $\dfrac{x^2}{a^2} + \dfrac{y^2}{b^2} = 1$ 的面积为 πab.

验证 设椭圆的参数方程为 $L:x = a\cos t, y = a\sin t, t:0 \to 2\pi$,则由上述公式,椭圆面积

$$A = \frac{1}{2}\oint_L -y\,\mathrm{d}x + x\,\mathrm{d}y$$

$$= \frac{1}{2}\int_0^{2\pi}[(-b\sin t)(-a\sin t) + a\cos t \cdot b\cos t)]\mathrm{d}t$$

$$= \frac{1}{2}ab\int_0^{2\pi}\mathrm{d}t = \pi ab.$$

5.5.4 平面上曲线积分与路径无关的条件

一般情况下曲线积分的值,与被积函数有关,也与其积分的路径有关,即当起点与终点固定时,不同的路径,曲线积分的值是不同的,比如本节的例 4. 但本节的例 7 说明在重力场中,一质点在重力的作用下由 A 点移动到 B 点所作的功与路径无关. 这就是说有些曲线积分的值是与路径无关的.

下面我们来讲一下什么叫做曲线积分与路径无关,以及怎么判断曲线积分与路径无关.

设函数 $P(x,y),Q(x,y)$ 在区域 D 上连续,如果对于 D 上任意固定的两点 A,B,以及 D 上从 A 到 B 的任意两条曲线 L_1,L_2(如图 5-41),总成立

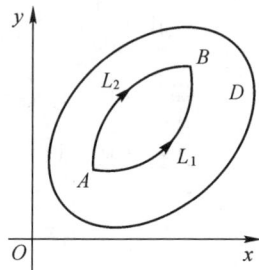

$$\int_{L_1} P\mathrm{d}x + Q\mathrm{d}y = \int_{L_2} P\mathrm{d}x + Q\mathrm{d}y,$$

则称曲线积分 $\displaystyle\int_L P\mathrm{d}x + Q\mathrm{d}y$ 在 D 上与路径无关.

由此可见,如果曲线积分与路径无关,则

$$\int_{L_1} P\mathrm{d}x + Q\mathrm{d}y = \int_{L_2} P\mathrm{d}x + Q\mathrm{d}y$$

$$= -\int_{L_2^-} P\mathrm{d}x + Q\mathrm{d}y,$$

图 5-41

所以

$$\int_{L_1} P\mathrm{d}x + Q\mathrm{d}y + \int_{L_2^-} P\mathrm{d}x + Q\mathrm{d}y = 0,$$

即
$$\int_{L_1+L_2^-} P\mathrm{d}x + Q\mathrm{d}y = 0.$$

有点 A, B 的任意性以及曲线 L_1, L_2 的任意性,可以知道 $L_1+L_2^-$ 是 D 上任意一条有向闭曲线,因此当曲线积分与路径无关时,可以推出在 D 上沿任意闭曲线的曲线积分为零.反过来也成立.

总之,曲线积分 $\int_L P\mathrm{d}x + Q\mathrm{d}y$ 在 D 上与路径无关,等价于沿 D 内沿任意闭曲线的曲线积分 $\oint_L P\mathrm{d}x + Q\mathrm{d}y = 0$.

那么怎么判定曲线积分与路径无关呢?下面的定理回答这个问题.

定理   设函数 $P(x, y), Q(x, y)$ 在单连通区域 D 上有一阶连续的偏导数,则曲线积分 $\int_L P\mathrm{d}x + Q\mathrm{d}y$ 在 D 上与路径无关的充分必要条件的在 D 所有点处,均成立
$$\frac{\partial P}{\partial y} = \frac{\partial Q}{\partial x}. \qquad (*)$$

下面证明此结论是成立的.

证   先说明什么是单连通区域.

如果区域上的任意一条闭曲线所围成的区域完全属于,就说 是单连通区域.形象化说,单连通区域就是没有"空洞"的区域,否则就是复连通区域.

充分性:设 L 是 D 内的任意一条简单封闭曲线,它所围成的区域是 D',由于是单连通域,因而 D' 属于 D,根据格林公式,有
$$\oint_{+L} P(x, y)\mathrm{d}x + Q(x, y)\mathrm{d}y = \iint_{D'} \left(\frac{\partial Q}{\partial x} - \frac{\partial P}{\partial y}\right)\mathrm{d}\sigma = 0,$$
所以结论成立.

必要性:我们用反证法证明,若沿区域 D 内任何简单封闭曲线上的曲线积分为零,而在区域内的某一点 M 处 $\dfrac{\partial P}{\partial y} \neq \dfrac{\partial Q}{\partial x}$.

不妨设 $\dfrac{\partial Q}{\partial x} > \dfrac{\partial P}{\partial y}$,即 $\dfrac{\partial Q}{\partial x} - \dfrac{\partial P}{\partial y} > 0$,由于 $\dfrac{\partial P}{\partial y}, \dfrac{\partial Q}{\partial x}$ 均连续,则存在 M 点的一个充分小的邻域 $\overline{D}$,使得在该邻域内 $\dfrac{\partial Q}{\partial x} - \dfrac{\partial P}{\partial y} \geqslant \delta$,从而 $\iint_{\overline{D}} \mathrm{d}\sigma > 0$,又设 $\overline{D}$ 的边界曲线为 $\overline{L}$,于是由格林公式
$$\oint_{\overline{L}} P(x, y)\mathrm{d}x + Q(x, y)\mathrm{d}y = \iint_{\overline{D}} \left(\frac{\partial Q}{\partial x} - \frac{\partial P}{\partial y}\right)\mathrm{d}\sigma \geqslant \delta\iint_{\overline{D}} \mathrm{d}\sigma = \delta \cdot S,$$

其中 S 为区域 $\overline{D}$ 的面积. 因为 $\delta \cdot S > 0$,则

$$\oint_L P(x,y)\mathrm{d}x + Q(x,y)\mathrm{d}y > 0.$$

这与沿任何简单封闭曲线上的积分为零矛盾. 从而可知在区域 D 内的所有点（＊）式均成立. 因此条件（＊）也就是曲线积分与路径无关的充分与必要条件.

当曲线积分与路径无关时,可以不必指明具体的积分路径 L,而只需指出起点 A 作为积分下限,终点 B 作为积分上限,记作

$$\int_A^B P(x,y)\mathrm{d}x + Q(x,y)\mathrm{d}y.$$

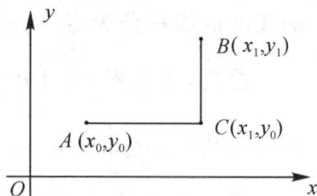

图 5-42

在计算时,常取平行于坐标轴的折线作积分路径.

如图 5-42 所示,取 L 为折线 ACB. 其中 AC 的方程为 $y = y_0, x: x_0 \to x_1$,于是 $\mathrm{d}y = 0$; CB 的方程为 $x = x_1, y: y_0 \to y_1$,于是 $\mathrm{d}x = 0$. 因而

$$\int_A^B P(x,y)\mathrm{d}x + Q(x,y)\mathrm{d}y = \int_A^C P(x,y)\mathrm{d}x + Q(x,y)\mathrm{d}y + \int_C^B P(x,y)\mathrm{d}x + Q(x,y)\mathrm{d}y$$

$$= \int_{x_0}^{x_1} P(x,y_0)\mathrm{d}x + \int_{y_0}^{y_1} Q(x_1,y)\mathrm{d}y.$$

【例 12】 计算曲线积分

$$I = \int_L (2x + \sin y)\mathrm{d}x + x\cos y\,\mathrm{d}y,$$

其中 L 是摆线 $x = t - \sin t, y = 1 - \cos t$,从 $O(0,0)$ 到 $A(2\pi,0)$ 的一段.

解 这里 $P = 2x + \sin y, Q = x\cos y$,则 $\dfrac{\partial Q}{\partial x} = \cos y = \dfrac{\partial P}{\partial y}$,从而曲线积分与路径无关,如图 5-43 所示,取直线段 $\overline{OA}$ 为积分路径,在 $\overline{OA}$ 上,方程

$$y = 0, x: 0 \to 2\pi,$$

则

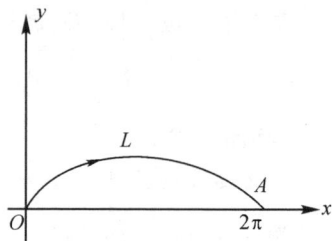

图 5-43

$$I = \int_L (2x + \sin y)\mathrm{d}x + x\cos y\,\mathrm{d}y$$

$$= \int_{\overline{OA}} (2x + \sin y)\mathrm{d}x + x\cos y\,\mathrm{d}y$$

$$= \int_0^{2\pi} 2x\,\mathrm{d}x = 4\pi^2.$$

【例 13】 验证在整个 xOy 平面上,曲线积分

$$\int_L e^y \mathrm{d}x + (xe^y - 2y)\mathrm{d}y$$

与路径无关,并计算曲线积分 $\int_{(1,0)}^{(2,3)} e^y \mathrm{d}x + (xe^y - 2y)\mathrm{d}y$.

证 这里 $P(x,y) = e^y$, $Q(x,y) = xe^y - 2y$,
可求得

$$\frac{\partial P}{\partial y} = e^y = \frac{\partial Q}{\partial x}.$$

所以此曲线积分与路径无关.

因为此曲线积分与路径无关,故取图 5-44 所示的折线
为积分路径.

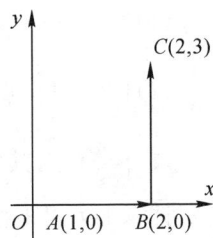

$\overline{AB}$：$y = 0$, $x:1 \to 2$；$\overline{BC}$：$x = 2$, $y:0 \to 3$,

$$\int_{(1,0)}^{(2,3)} e^y \mathrm{d}x + (xe^y - 2y)\mathrm{d}y = (\int_{\overline{AB}} + \int_{\overline{BC}}) e^y \mathrm{d}x + (xe^y - 2y)\mathrm{d}y$$

$$= \int_1^2 e^0 \mathrm{d}x + \int_0^3 (2e^y - 2y)\mathrm{d}y = 1 + (2e^y - y^2)\Big|_0^3 = 2e^3 - 10.$$

【例 14】 若 $f'(x)$ 连续,且 $f(\pi) = 1$,试确定 $f(x)$,使得在 $x > 0$ 时,曲线
积分

$$\int_A^B [\sin x - f(x)] \frac{y}{x} \mathrm{d}x + f(x)\mathrm{d}y$$

与路径无关.

解 这里 $P = [\sin x - f(x)] \dfrac{y}{x}$, $Q = f(x)$,

则

$$\frac{\partial Q}{\partial x} = f'(x) \quad, \quad \frac{\partial P}{\partial y} = \frac{\sin x - f(x)}{x}.$$

根据曲线积分与路径无关的条件,$\dfrac{\partial Q}{\partial x} = \dfrac{\partial P}{\partial y}$,得到

$$f'(x) + \frac{1}{x}f(x) = \frac{\sin x}{x},$$

这是一阶线性微分方程,其通解为

$$f(x) = e^{-\int \frac{1}{x} \mathrm{d}x}(\int \frac{\sin x}{x} e^{\int \frac{1}{x} \mathrm{d}x} \mathrm{d}x + C) = e^{-\ln x}(\int \frac{\sin x}{x} e^{\ln x} \mathrm{d}x + C)$$

$$= \frac{1}{x}(\int \sin x \mathrm{d}x + C) = \frac{1}{x}(-\cos x + C).$$

代入 $f(\pi) = 1$,得 $C - \pi - 1$,则

$$f(x) = \frac{1}{x}(\pi - 1 - \cos x).$$

习题 5.5

1.计算下列对弧长的曲线积分：

(1)$\oint_L (x^2 + y^2)^4 \mathrm{d}l$,其中 L 是圆周 $x^2 + y^2 = a^2$;

(2)$\int_L (x + y)\mathrm{d}l$,其中 L 为连接点 $A(2,0)$, $B(0,2)$ 的直线段；

(3)$\oint_L xy\mathrm{d}l$,其中 L 为由直线 $y = x$ 及抛物线 $y = x^2$ 所围区域的整个边界.

2.计算下列对坐标的曲线积分：

(1)$\int_L (x + y)\mathrm{d}x$,其中 L 是抛物线 $y^2 = x$ 上从点 $A(1,1)$ 到点 $B(1,-1)$ 的一段弧；

(2)$\int_L xy\mathrm{d}x$,其中 L 是从点 $A(2,0)$ 沿上半圆周 $(x-1)^2 + y^2 = 1$ 到原点 $O(0,0)$;

(3)$\oint_L \dfrac{y\mathrm{d}x - x\mathrm{d}y}{x^2 + y^2}$,其中 L 是圆周 $x^2 + y^2 = a^2$ 依逆时针方向一周；

(4)$\oint_L y\mathrm{d}x + \sin x\mathrm{d}y$,其中 L 为 $y = \sin x(0 \leqslant x \leqslant \pi)$ 与 x 轴所围的封闭曲线,依顺时针方向；

(5)$\int_L x\mathrm{d}x + y\mathrm{d}y + (z - 1)\mathrm{d}z$,$L$ 是从点 $A(1,1,1)$ 到点 $B(2,3,4)$ 的直线段.

3.设有一力场,在点 $M(x,y)$ 处力 $\boldsymbol{F}$ 的大小与点 M 到原点的距离成正比,方向指向原点,试求当质点沿圆周 $x^2 + y^2 = R^2$ 从点 $A(R,0)$ 到点 $B(0,R)$ 时场力所作的功.

4.用格林公式计算下列曲线积分：

(1)$\oint_L (3x - 5y + 1)\mathrm{d}x + (2x + y)\mathrm{d}y$,其中 L 是曲线 $|x| + |y| = 1$ 正向一周；

(2)$\oint_L xy^2\mathrm{d}y - x^2 y\mathrm{d}x$,其中 L 是沿圆周 $x^2 + y^2 = a^2$ 的正向封闭曲线；

(3)$\oint_L (2xy + \mathrm{e}^{2x})\mathrm{d}x + (x - 2y^2)\mathrm{d}y$,其中 L 是由 $x = y^2$,$x = y$ 围成区域的正向边界；

(4)$\int_L (\mathrm{e}^x \sin y - 1)\mathrm{d}x + (\mathrm{e}^x \cos y + 3x)\mathrm{d}y$,其中 L 是沿 $y = \sqrt{2ax - x^2}$ 从点 $A(2a,0)$ 到原点.

5. 利用曲线积分计算由星形线 $x = a\cos^3 t$, $y = a\sin^3 t (0 \leqslant t \leqslant 2\pi)$ 所围图形的面积.

6. 证明 $\int_L \mathrm{e}^x \cos y \mathrm{d}x - \mathrm{e}^x \sin y \mathrm{d}y$ 与路径无关,并计算 $\int_{(0,0)}^{(2,1)} \mathrm{e}^x \cos y \mathrm{d}x - \mathrm{e}^x \sin y \mathrm{d}y$ 的值.

*5.6 曲面积分

5.6.1 对面积的曲面积分

1. 对面积的曲面积分的概念

定义 设 Ω 是空间直角坐标系下的一张曲面 S,有界函数 $f(P) = f(x,y,z)$,在 S 上连续,则积分记为

$$\int_\Omega f(P) \mathrm{d}\Omega = \iint_S f(x,y,z) \mathrm{d}S,$$

称为函数 $f(x,y,z)$ 在曲面 S 上的对面积的曲面积分或第一类曲面积分.

对面积的曲面积分在物理上表示为:曲面型薄片壳 S 上分布有面密度为 $f(x,y,z)$ 的物质,$\iint_S f(x,y,z) \mathrm{d}S$ 即为该薄片壳的质量.

当 $f(x,y,z) \equiv 1$ 时,$\iint_S \mathrm{d}S =$ 曲面 S 的面积.

2. 对面积的曲面积分的计算

我们可以将 S 投影到某个坐标面,再用"代入法",将对面积曲面积分化成二重积分求值.具体做法如下:

设 $f(x,y,z)$ 在曲面 S 上连续,用平行于 z 轴的直线穿过曲面 S,与曲面只交于一点,则曲面 S 可用单值函数 $z = z(x,y)$ 表示,再设 D_{xy} 是曲面 S 在 xOy 平面上的投影区域,由 5.3 节中曲面面积计算法可知,面积元素

$$\mathrm{d}S = \sqrt{1 + (z_x)^2 + (z_y)^2} \mathrm{d}x\mathrm{d}y.$$

于是可将对面积曲面积分化为二重积分,有

$$\iint_S f(x,y,z) \mathrm{d}S = \iint_{D_{xy}} f(x,y,z(x,y)) \sqrt{1 + (z_x)^2 + (z_y)^2} \mathrm{d}x\mathrm{d}y$$

同理,若曲面 $S: y = y(x,z)$ 单值函数,$(x,z) \in D_{xz}$(D_{xz} 是 S 在 xOz 面上投影),则

$$\iint_S f(x,y,z)\mathrm{d}S = \iint_{D_{xx}} f(x,y(x,z),z)\sqrt{1+(y_x)^2+(y_z)^2}\,\mathrm{d}x\mathrm{d}z.$$

若曲面 S 用单值函数 $x=x(y,z)$ 表示，D_{yz} 是曲面 S 在 yOz 平面上的投影区域，则

$$\iint_S f(x,y,z)\mathrm{d}S = \iint_{D_{yz}} f(x(y,z),y,z)\sqrt{1+(x_y)^2+(x_z)^2}\,\mathrm{d}y\mathrm{d}z.$$

证明略了。

【例 1】 计算 $\iint_S (x^2+y^2+z^2)\mathrm{d}S$，其中 S 为球面 $x^2+y^2+z^2=a^2$。

解 用"代入法"计算此题非常简单。

$$\iint_S (x^2+y^2+z^2)\mathrm{d}S = \iint_S a^2\,\mathrm{d}S = a^2\iint_S \mathrm{d}S = a^2 \cdot 4\pi a^2 = 4\pi a^4.$$

【例 2】 计算 $\iint_S z\mathrm{d}S$，其中 S 为锥面 $z=\sqrt{x^2+y^2}$ 被平面 $z=1$ 所截得的曲面。

解 将曲面 S 投影到 xOy 平面，得投影区域

$$D_{xy} = \{(x,y)\,|\,x^2+y^2 \leqslant 1\}.$$

（如图 5-45），又曲面 S 的方程为

$$z=\sqrt{x^2+y^2},\; z_x=\frac{x}{\sqrt{x^2+y^2}},\; z_y=\frac{y}{\sqrt{x^2+y^2}},$$

其面积元素为

$$\mathrm{d}S = \sqrt{1+(z_x)^2+(z_y)^2}\,\mathrm{d}x\mathrm{d}y = \sqrt{2}\,\mathrm{d}x\mathrm{d}y.$$

利用上述公式，并将二重积分化为极坐标系下得累次积分，有

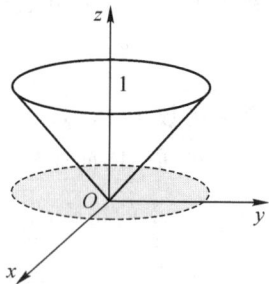

图 5-45

$$\iint_S z\mathrm{d}S = \iint_{D_{xy}} \sqrt{x^2+y^2} \cdot \sqrt{2}\,\mathrm{d}x\mathrm{d}y$$

$$= \sqrt{2}\int_0^{2\pi}\mathrm{d}\theta\int_0^1 \rho \cdot \rho\mathrm{d}\rho = \frac{2\sqrt{2}}{3}\pi.$$

5.6.2 对坐标的曲面积分

首先我们来说明有关曲面的侧以及有向曲面的概念。

先假设曲面是光滑的，通常我们遇到的曲面都是双侧的。如按惯例，假定 z 轴铅直向上，由方程 $z=z(x,y)$ 表示的曲面，有上侧与下侧之分；由方程 $x=x(y,z)$ 表示的曲面有前侧与后侧之分；一张包围某一空间区域的闭曲面，有外侧与内侧之分。在这里，我们总假定所考虑的曲面是双侧曲面。

在讨论对坐标的曲面积分时,需要指定对曲面的侧,我们可以通过曲面上法向量 $\boldsymbol{n}$ 的指向来定曲面的侧.

如:对曲面 $z = z(x,y)$,取法向量 $\boldsymbol{n}$ 的指向朝上,就认为取曲面的上侧;

对曲面 $y = y(x,z)$,取法向量 $\boldsymbol{n}$ 的指向朝右,就认为取曲面的右侧;

对于封闭曲面,如果取它的法向量的指向朝外,我们就认为取定曲面的外侧.

这种取定了侧的曲面,就称为有向曲面.

1. 对坐标的曲面积分的概念

定义　设 S 是光滑的有向曲面,S 上任意点 $M(x,y,z)$ 处单位法向量
$$\boldsymbol{n}(x,y,z) = (\cos\alpha,\cos\beta,cor\gamma),$$
其方向与曲面指定的侧一致,α,β,γ 是 $\boldsymbol{n}$ 的方向角,又记向量.
$$\boldsymbol{A}(x,y,z) = (P(x,y,z),Q(x,y,z),R(x,y,z)),$$
其中 $P(x,y,z),Q(x,y,z),R(x,y,z)$ 在曲面 S 上连续. 作 $\boldsymbol{n}$ 与 $\boldsymbol{A}$ 点积
$$\boldsymbol{A} \cdot \boldsymbol{n} = P(x,y,z)\cos\alpha + Q(x,y,z)\cos\beta + R(x,y,z)\cos\gamma,$$
作曲面 S 上对面积的曲面积分.

$$\iint_S \boldsymbol{A} \cdot \boldsymbol{n}\mathrm{d}S = \iint_S (P(x,y,z)\cos\alpha + Q(x,y,z)\cos\beta + R(x,y,z)\cos\gamma)\mathrm{d}S$$
$$\xlongequal{\text{记作}} \iint_S P(x,y,z)\mathrm{d}y\mathrm{d}z + Q(x,y,z)\mathrm{d}z\mathrm{d}x + R(x,y,z)\mathrm{d}x\mathrm{d}y \qquad (*)$$

其中 $\mathrm{d}y\mathrm{d}z = \cos\alpha\mathrm{d}S, \mathrm{d}z\mathrm{d}x = \cos\beta\mathrm{d}S, \mathrm{d}x\mathrm{d}y = \cos\gamma\mathrm{d}S$ 是面积元素 $\mathrm{d}S$ 分别在 yoz, zox, xoy 坐标面上投影,它们表示坐标平面上的面积元素,但含有一定的正负号. 如

$$\mathrm{d}x\mathrm{d}y = \cos\gamma\mathrm{d}S = \begin{cases} \mathrm{d}\sigma_{xy} & 0 < \gamma < \dfrac{\pi}{2} \\[2mm] -\mathrm{d}\sigma_{xy} & \dfrac{\pi}{2} < \gamma < \pi. \\[2mm] 0 & \gamma = \dfrac{\pi}{2} \end{cases}$$

其中 $\mathrm{d}\sigma_{xy}$ 是 $\mathrm{d}s$ 在 xOy 面上投影区域的面积(这里假定 $\mathrm{d}S$ 上各点的侧相同).

我们称积分式 $(*)$ 为函数 $P(x,y,z),Q(x,y,z),R(x,y,z)$ 在有向曲面 S 上对坐标的曲面积分,也称为第二类曲面积分.

对坐标曲面积分物理意义:设稳定流动的不可压缩流体(假定密度为 1) 的速度场由
$$\boldsymbol{A}(x,y,z) - (P(x,y,z),Q(x,y,z),R(x,y,z))$$
确定,S 是速度场中一片有向曲面,P,Q,R 均在 S 上连续,则单位时间内流向 S

指定侧的流体的质量，即流量为

$$\Phi = \iint_S \boldsymbol{A} \cdot \boldsymbol{n}\mathrm{d}s = \iint_S P(x,y,z)\mathrm{d}y\mathrm{d}z + Q(x,y,z)\mathrm{d}x\mathrm{d}z + R(x,y,z)\mathrm{d}x\mathrm{d}y.$$

注意：由定义可见，对坐标的曲面积分的值与曲面 S 的侧有关。记 S^- 表示与 S 侧相反的曲面，则

$$\iint_{S^-} P\mathrm{d}y\mathrm{d}z + Q\mathrm{d}z\mathrm{d}x + P\mathrm{d}x\mathrm{d}y = -\iint_S P\mathrm{d}y\mathrm{d}z + Q\mathrm{d}z\mathrm{d}x + R\mathrm{d}x\mathrm{d}y.$$

2. 对坐标的曲面积分的计算

按照上面定义（＊）式可见，可以利用对面积的曲面积分来计算对坐标的曲面积分，这是一种计算方法，但也可以直接将对坐标的曲面积分化成二重积分来求值，下面就来介绍这种计算方法.

对坐标的曲面积分是三项之和，$\iint_S P\mathrm{d}y\mathrm{d}z, \iint_S Q\mathrm{d}z\mathrm{d}x, \iint_S R\mathrm{d}x\mathrm{d}y$，要分别投影到 yOz，xOz，xOy 面化成二重积分来求值.

（1）设积分曲面 S 是由方程 $z = z(x,y)$（单值函数）所确定，S 在 xOy 面上的投影区域为 D_{xy}，函数 $z = z(x,y)$ 在 D_{xy} 上具有一阶连续偏导数，被积函数 $R(x,y,z,)$ 在 S 上连续. 则

$$\iint_S R(x,y,z)\mathrm{d}x\mathrm{d}y = \pm\iint_{D_{xy}} R[x,y,z(x,y)]\mathrm{d}x\mathrm{d}y.$$

等式右端的符号这样决定：如果曲面 S 取上侧，即 $\cos\gamma > 0$，则应取正号；如果 S 取下侧，即 $\cos\gamma < 0$，则应取负号.

特别，如果曲面 S 垂直于 z 轴，则 $\cos\gamma = 0$，从而 $\iint_S R(x,y,z)\mathrm{d}x\mathrm{d}y = 0$.

（2）类似地，如果 S 由 $x = x(y,z)$（单值函数）确定，则有

$$\iint_S P(x,y,z)\mathrm{d}y\mathrm{d}z = \pm\iint_{D_{yz}} P[x(y,z),y,z]\mathrm{d}y\mathrm{d}z.$$

如果曲面 S 取前侧，即 $\cos\alpha > 0$，应取正号；如果 S 取后侧，即 $\cos\alpha < 0$，应取负号.

特别，如果曲面 S 垂直于 x 轴，则 $\cos\alpha = 0$，从而 $\iint_S P(x,y,z)\mathrm{d}y\mathrm{d}z = 0$.

（3）如果 S 由 $y = y(z,x)$（单值函数）确定，则有

$$\iint_S Q(x,y,z)\mathrm{d}z\mathrm{d}x = \pm\iint_{D_{zx}} Q[x,y(x,z),z]\mathrm{d}z\mathrm{d}x.$$

如果曲面 S 取右侧，即 $\cos\beta > 0$，应取正号；如果 S 取左侧，即 $\cos\beta < 0$，应取负号.

特别,如果曲面 S 垂直于 y 轴,则 $\cos\beta=0$,从而 $\iint_S Q(x,y,z)\mathrm{d}x\mathrm{d}z=0$.

【例3】 计算 $\iint_S z\mathrm{d}x\mathrm{d}y$,其中 S 是球面 $x^2+y^2+z^2=1$ 外侧在 $x\geqslant0,y\geqslant0$ 部分.

解 看被积表达式 $z\mathrm{d}x\mathrm{d}y$,应将 S 投影到 xOy 面计算,将 S 分成 S_1 与 S_2 两部分(如图 5-46).

S_1 的方程为 $\quad z=-\sqrt{1-x^2-y^2}$,取下侧,

S_2 的方程为 $\quad z=\sqrt{1-x^2-y^2}$,取上侧,

$D_{xy}:x^2+y^2\leqslant1,x\geqslant0,y\geqslant0$.

利用公式,此积分为

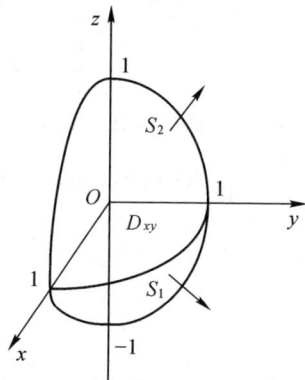
图 5-46

$$\iint_S z\,\mathrm{d}x\mathrm{d}y=\iint_{S_1}z\mathrm{d}x\mathrm{d}y+\iint_{S_2}z\mathrm{d}x\mathrm{d}y$$

$$=-\iint_{D_{xy}}(-\sqrt{1-x^2-y^2})\,\mathrm{d}x\mathrm{d}y+\iint_{D_{xy}}\sqrt{1-x^2-y^2}\,\mathrm{d}x\mathrm{d}y$$

$$=2\iint_{D_{xy}}\sqrt{1-x^2-y^2}\,\mathrm{d}x\mathrm{d}y=2\int_0^{\frac{\pi}{2}}\mathrm{d}\theta\int_0^1\sqrt{1-\rho^2}\cdot\rho\,\mathrm{d}\rho$$

$$=\frac{\pi}{2}(-1)\int_0^1\sqrt{1-\rho^2}\,\mathrm{d}(1-\rho^2)=\frac{\pi}{2}(-1)\frac{2}{3}(1-\rho^2)^{\frac{3}{2}}\Big|_0^1=\frac{\pi}{3}.$$

5.6.3 高斯公式

格林公式建立了平面区域上二重积分与沿该区域边界上的曲线积分之间的联系.而高斯公式揭示了空间区域上的三重积分与沿该区域的边界面上的曲面积分的关系.

定理 设空间闭区域 Ω 是由分片光滑的闭曲面 S 所围成,$P(x,y,z)$,$Q(x,y,z)$,$R(x,y,z)$ 在 Ω 上具有一阶连续偏导数,则

$$\oiint_S P\mathrm{d}y\mathrm{d}z+Q\mathrm{d}z\mathrm{d}x+R\mathrm{d}x\mathrm{d}y=\iiint_\Omega\left(\frac{\partial P}{\partial x}+\frac{\partial Q}{\partial y}+\frac{\partial R}{\partial z}\right)\mathrm{d}V,$$

或 $\oiint_S(P\cos\alpha+Q\cos\beta+R\cos\gamma)\mathrm{d}S=\iiint_\Omega\left(\frac{\partial P}{\partial x}+\frac{\partial Q}{\partial y}+\frac{\partial R}{\partial z}\right)\mathrm{d}V.$

其中 S 是 Ω 的整个边界曲面的外侧,$\cos\alpha,\cos\beta,\cos\gamma$ 是 S 在点 (x,y,z) 处法向量的方向余弦.

证 设 Ω 在 xOy 面上投影区域为 D_{xy},假定穿过 Ω 内部且平行于 z 轴的直线与 Ω 的边界曲面 S 的交点恰好两个,这样 $S=S_1+S_2+S_3$(如图 5-47),其中

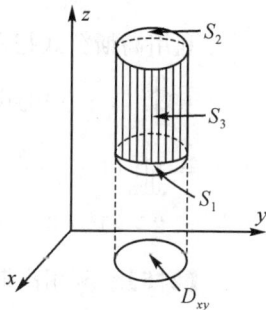
图 5-47

$S_1:z=z_1(x,y)$，取下侧；$S_2:z=z_2(x,y)$，取上侧，S_3 是母线平行于 z 轴的柱面，取外侧，由三重积分计算法.

$$\iiint_\Omega \frac{\partial R}{\partial z}\mathrm{d}V = \iint_{D_{xy}} \mathrm{d}x\mathrm{d}y \int_{z_1(x,y)}^{z_2(x,y)} \frac{\partial R}{\partial z}\mathrm{d}z$$
$$= \iint_{D_{xy}} (R(x,y,z_2(x,y)) - R(x,y,z_1(x,y)))\mathrm{d}x\mathrm{d}y.$$

又由曲面积分计算法，

$$\oiint_S R(x,y,z)\mathrm{d}x\mathrm{d}y = (\iint_{S_1} + \iint_{S_2} + \iint_{S_3})R(x,y,z)\mathrm{d}x\mathrm{d}y$$
$$= -\iint_{D_{xy}} R(x,y,z_1(x,y))\mathrm{d}x\mathrm{d}y$$
$$+ \iint_{D_{xy}} R(x,y,z_2(x,y))\mathrm{d}x\mathrm{d}y + 0.$$

可见 $\quad \iiint_\Omega \frac{\partial R}{\partial z}\mathrm{d}V = \oiint_S R(x,y,z)\mathrm{d}x\mathrm{d}y.$

同理可得 $\quad \iiint_\Omega \frac{\partial P}{\partial x}\mathrm{d}V = \oiint_S P(x,y,z)\mathrm{d}y\mathrm{d}z,$

$$\iiint_\Omega \frac{\partial Q}{\partial y}\mathrm{d}V = \oiint_S Q(x,y,z)\mathrm{d}z\mathrm{d}x.$$

三式相加，便得到高斯公式.

【例 4】 利用高斯公式计算曲面积分 $\oiint_S (x-y)\mathrm{d}y\mathrm{d}z$ $+(z-y)\mathrm{d}x\mathrm{d}y$，其中 S 为柱面 $x^2+y^2=1$ 及平面 $z=0$，$z=3$ 所围成的空间闭区域 S 的整个边界曲面的外侧（如图 5-48）.

解 这里 $P=x-y,Q=0,R=z-y$，
$$\frac{\partial P}{\partial x}=1,\frac{\partial Q}{\partial y}=0,\frac{\partial R}{\partial z}=1.$$

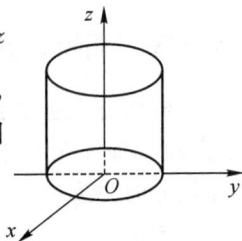

图 5-48

利用高斯公式把所给曲面积分化为三重积分，

$$\oiint_S (x-y)\mathrm{d}y\mathrm{d}z + (z-y)\mathrm{d}x\mathrm{d}y$$
$$= \iiint_\Omega (1+0+1)\mathrm{d}V = 2\iiint_\Omega \mathrm{d}V$$
$$= 2 \cdot \pi 1^2 \cdot 3 = 6\pi.$$

*【例 5】 利用高斯公式计算曲面积分 $\iint_S x^3\mathrm{d}y\mathrm{d}z + y^3\mathrm{d}x\mathrm{d}z + z^3\mathrm{d}x\mathrm{d}y$，其中 S

为球面 $x^2+y^2+z^2=a^2$，$z \geqslant 0$ 的外侧.

解　因为曲面 S 不是封闭曲面,不能直接利用高斯公式.

加辅助面 S_1 为 $z=0$　（$D_{xy}: x^2+y^2 \leqslant a^2$）的下侧,（如图 5-49）则 S 与 S_1 一起构成一个封闭曲面,记它们围成的空间闭区域为 Ω,利用高斯公式,便得

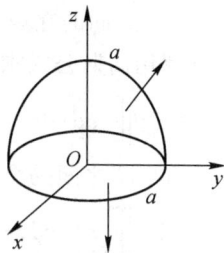

$$\oiint_{S+S_1} x^3 \mathrm{d}y\mathrm{d}z + y^3 \mathrm{d}z\mathrm{d}x + z^3 \mathrm{d}x\mathrm{d}y$$

$$= \iiint_G 3(x^2+y^2+z^2)\mathrm{d}V$$

$$= 3\int_0^{2\pi} \mathrm{d}\theta \int_0^{\frac{\pi}{2}} \mathrm{d}\varphi \int_0^a r^2 \cdot r^2 \sin\varphi \mathrm{d}r = \frac{6}{5}\pi a^5.$$

又代入计算

$$\iint_{S_1} x^3 \mathrm{d}y\mathrm{d}z + y^3 \mathrm{d}x\mathrm{d}z + z^3 \mathrm{d}x\mathrm{d}y = 0.$$

因此

$$\iint_S x^3 \mathrm{d}y\mathrm{d}z + y^3 \mathrm{d}x\mathrm{d}z + z^3 \mathrm{d}x\mathrm{d}y$$

$$= (\oiint_{S+S_1} - \iint_{S_1}) x^3 \mathrm{d}y\mathrm{d}z + y^3 \mathrm{d}z\mathrm{d}x + z^3 \mathrm{d}x\mathrm{d}y = \frac{6}{5}\pi a^5.$$

图 5-49

习题 5.6

1.计算下列第一类曲面积分:

(1) $\iint_S (z+2x+\frac{4}{3}y)\mathrm{d}S$,其中 S 为平面 $\frac{x}{2}+\frac{y}{3}+\frac{z}{4}=1$ 第一卦限有限部分;

(2) $\iint_S \sqrt{1+4z}\mathrm{d}S$,其中 S 为抛物面 $z=x^2+y^2$ 被平面 $z=1$ 所截得的有限部分;

(3) $\oiint_S (x^2+y^2)\mathrm{d}S$,其中 S 为锥面 $z=\sqrt{x^2+y^2}$ 及平面 $z=1$ 所围区域的整个边界曲面;

(4) $\iint_S \frac{1}{x^2+y^2+z^2}\mathrm{d}S$,其中 S 为柱面 $x^2+y^2=4$ 在 $z=0$ 与 $z=1$ 之间.

2.求下列第二类曲面积分:

(1) $\iint_S xyz\mathrm{d}x\mathrm{d}y$,其中 S 为球面 $x^2+y^2+z^2=1$ 的外侧在 $x\geqslant 0,y\geqslant 0$ 部分;

(2) $\iint_S x^2\mathrm{d}y\mathrm{d}z + (z+1)\mathrm{d}x\mathrm{d}y$,其中 S 为柱面 $x^2+y^2=2$ 在 $z=0$ 与 $z=1$

之间的在第一卦限部分的前侧.

3.利用高斯公式求下列曲面积分：

(1) $\oiint_S x\,\mathrm{d}y\mathrm{d}z + y\,\mathrm{d}z\mathrm{d}x + z\,\mathrm{d}x\mathrm{d}y$，其中 S 为柱面 $x^2 + y^2 = R^2$ 在 $z = 0$ 与 $z = H$ 之间的全表面外侧；

*(2) $\oiint_S x^3\,\mathrm{d}y\mathrm{d}z + y^3\,\mathrm{d}z\mathrm{d}x + z^3\,\mathrm{d}x\mathrm{d}y$，其中 S 为球面 $x^2 + y^2 + z^2 = R^2$ 的外侧.

综合测试题五

一、单项选择题

1.区域 $D: x^2 + y^2 \leqslant 1$，f 是区域 D 上连续函数，则 $\iint_D f(\sqrt{x^2 + y^2})\,\mathrm{d}x\mathrm{d}y = $（　　）.

(A) $2\pi \int_0^1 f(\rho)\,\mathrm{d}\rho$;　　　　(B) $4\pi \int_0^1 \rho f(\rho)\,\mathrm{d}\rho$;

(C) $2\pi \int_0^1 \rho f(\rho)\,\mathrm{d}\rho$;　　　　(D) $2\pi \int_0^\rho \rho f(\rho)\,\mathrm{d}\rho$.

2.设 $D: x^2 + y^2 \leqslant a^2$，$D_0: x^2 + y^2 \leqslant a^2, x \geqslant 0, y \geqslant 0$，则下列等式正确的为（　　）.

(A) $\iint_D x\,\mathrm{d}\sigma = 4\iint_{D_0} x\,\mathrm{d}\sigma$;　　　　(B) $\iint_D y^3\,\mathrm{d}\sigma = 4\iint_{D_0} y^3\,\mathrm{d}\sigma$;

(C) $\iint_D x^2\,\mathrm{d}\sigma = 4\iint_{D_0} y^2\,\mathrm{d}\sigma$;　　　　(D) $\iint_D xy\,\mathrm{d}\sigma = 4\iint_{D_0} xy\,\mathrm{d}\sigma$.

3.设 L 为沿圆周 $x^2 + y^2 = a^2$ 顺时针一周，则积分 $\oint_L x^2 y\,\mathrm{d}x - xy^2\,\mathrm{d}y = $（　　）.

(A) $-\dfrac{\pi a^2}{2}$;　　　　(B) $\dfrac{\pi a^2}{2}$;

(C) $-2\pi a^3$;　　　　(D) $2\pi a^3$.

4.设 L 是从 $O(0,0)$ 到点 $(1,1)$ 的直线段，则与曲线积分 $I = \int_L e^{\sqrt{x^2+y^2}}\,\mathrm{d}l$ 不相等的积分为（　　）.

(A) $\int_0^1 e^{\sqrt{2}x}\,\mathrm{d}x$;　　　　(B) $\sqrt{2}\int_0^1 e^{\sqrt{2}y}\,\mathrm{d}y$;

(C) $\int_0^1 e^r\,\mathrm{d}r$;　　　　(D) $\sqrt{2}\int_0^1 e^r\,\mathrm{d}r$.

二、填空题：

1. 改变积分次序 $\int_0^1 \mathrm{d}y \int_{e^y}^e f(x,y)\mathrm{d}x = $ ＿＿＿＿＿；

2. 积分值 $\int_0^2 \mathrm{d}x \int_x^2 e^{-y^2} \mathrm{d}y = $ ＿＿＿＿＿；

3. 设 $D: x^2 + y^2 \leqslant 1, y \geqslant 0$，则 $\iint_D (3 - 2xy^2)\mathrm{d}\sigma = $ ＿＿＿＿＿．

三、计算题：

1. 计算 $\iint_D x\mathrm{d}\sigma$，其中 D 由抛物线 $y = x^2 - 1$ 和直线 $y = x + 1$ 所围成的平面区域．

2. 计算 $\iint_D |x - y|\mathrm{d}\sigma$，其中 D 为圆域 $x^2 + y^2 \leqslant 4$ 在第一象限部分．

3. 求球面 $x^2 + y^2 + z^2 = 5$，被平面 $z = 1, z = 2$ 所夹部分曲面的面积．

4. 求由曲面 $z = \sqrt{5 - x^2 - y^2}$ 及 $x^2 + y^2 = 4z$ 所围立体的体积；

5. 计算 $\iiint_G z\mathrm{d}V$，其中 G 由 $x^2 + y^2 = 3z$ ，$z = 3$ 所围成的区域．

6. 计算 $\int_L (e^x \sin y - my)\mathrm{d}x + (e^x \cos y - m)\mathrm{d}y$，其中 L 为由点 $A(a,0)$ 经上半圆周 $y = \sqrt{ax - x^2}$ 至点 $O(0,0)$．

*7. 计算 $\iiint_G \sqrt{x^2 + y^2 + z^2}\,\mathrm{d}V$，其中 $G: x^2 + y^2 \leqslant z^2$，$x^2 + y^2 + z^2 \leqslant R^2$，$z \geqslant 0$．

四、证明：设 $\varphi(x)$ 是连续正值函数，L 是正向圆周 $x^2 + y^2 = 1$，则

$$\oint_L \frac{x}{\varphi(y)}\mathrm{d}y - y\varphi(x)\mathrm{d}x \geqslant 2\pi.$$

第6章

无穷级数

　　无穷级数也是高等数学的一个重要内容,它是表达函数、研究函数性质及进行数值计算的重要工具.本章将介绍常数项级数与幂级数的基本内容,并讨论怎样将函数展开成幂级数.

6.1　常数项级数的概念及其性质

6.1.1　常数项级数的概念

　　给定一个数列$\{u_n\}$:

$$u_1, u_2, \cdots, u_n, \cdots,$$

把数列中的各项依次用加号连结起来的式子就称为常数项级数,简称为级数.记作

$$\sum_{n=1}^{\infty} u_n = u_1 + u_2 + \cdots + u_n + \cdots, \qquad (*)$$

其中u_n称为级数的一般项.

　　取级数最前面的一项,两项,$\cdots$,n项,$\cdots$,相加,又得一个数列$\{S_n\}$:

$$S_1 = u_1, S_2 = u_1 + u_2, \cdots, S_n = u_1 + u_2 + \cdots + u_n, \cdots,$$

称数列$\{S_n\}$为级数$(*)$的前n项部分和数列.

　　定义　　若数列$\{S_n\}$的极限存在,记为S,即

$$\lim_{n \to \infty} S_n = S,$$

则称级数$(*)$收敛,其极限值S为级数$(*)$的和.记作

$$S = u_1 + u_2 + \cdots + u_n + \cdots = \sum_{n=1}^{\infty} u_n,$$

若数列$\{S_n\}$的极限不存在,则称级数($*$)发散.

因此讨论级数($*$)是否收敛,实质上就是讨论其前n项部分和数列$\{S_n\}$的极限是否存在,所以可利用我们熟悉的有关数列极限的知识来研究一个级数的敛散性.

【例 1】 用定义判别级数$\sum\limits_{n=1}^{\infty} \dfrac{1}{n(n+1)}$的敛散性,若收敛,求其和.

解 因为$u_n = \dfrac{1}{n(n+1)} = \dfrac{1}{n} - \dfrac{1}{n+1}$,由此可得

$$S_n = \frac{1}{1 \cdot 2} + \frac{1}{2 \cdot 3} + \cdots + \frac{1}{n(n+1)}$$
$$= (1 - \frac{1}{2}) + (\frac{1}{2} - \frac{1}{3}) + \cdots + (\frac{1}{n} - \frac{1}{n+1}) = 1 - \frac{1}{n+1}.$$

从而$\lim\limits_{n \to \infty} S_n = 1$,说明级数$\sum\limits_{n=1}^{\infty} \dfrac{1}{n(n+1)}$收敛,且其和为 1.

【例 2】 证明:等比级数

$$\sum_{n=1}^{\infty} q^{n-1} = 1 + q + q^2 + \cdots + q^{n-1} + \cdots,$$

当$|q| < 1$时是收敛的;当$|q| \geqslant 1$时是发散的.

证明 当$q \neq 1$时,我们有

$$S_n = 1 + q + q^2 + \cdots + q^{n-1} = \frac{1-q^n}{1-q}.$$

当$|q| < 1$时,有$\lim\limits_{n \to \infty} q^n = 0$,故$\lim\limits_{n \to \infty} S_n = \dfrac{1}{1-q}$,此级数收敛,其和为$\dfrac{1}{1-q}$;

当$|q| > 1$时,有$\lim\limits_{n \to \infty} q^n = \infty$,从而$\lim\limits_{n \to \infty} S_n = \infty$,此级数发散;

当$q = 1$时,级数变为 $1 + 1 + \cdots + 1 + \cdots$,

此时$S_n = n$,有$\lim\limits_{n \to \infty} S_n = \infty$,此级数发散;

当$q = -1$时,级数变为 $1 - 1 + 1 - 1 + \cdots + (-1)^{n-1} + \cdots$

此时

$$S_n = \begin{cases} 0, & \text{当 } n \text{ 为偶数} \\ 1, & \text{当 } n \text{ 为奇数} \end{cases}.$$

从而$\{S_n\}$没有极限,此级数也是发散的.

一般情况下,级数$\sum\limits_{n=1}^{\infty} u_n$的前$n$项部分和$S_n$的通式是难以求出,因此根据定

义判别级数的敛散性及求收敛级数的和是困难的,需要寻求其他判定级数收敛性的方法,为了深入研无究级数,我们先介绍级数的性质.

6.1.2 级数的基本性质

性质1 若级数 $\sum\limits_{n=1}^{\infty}u_n$ 收敛,k 为任意常数,则级数 $\sum\limits_{n=1}^{\infty}ku_n$ 也收敛,且有

$$\sum_{n=1}^{\infty}ku_n = k\sum_{n=1}^{\infty}u_n.$$

证 设级数 $\sum\limits_{n=1}^{\infty}u_n$,$\sum\limits_{n=1}^{\infty}ku_n$ 的前 n 项部分和为 S_n,σ_n,显然有

$$\sigma_n = kS_n,$$

由假设知 $\lim\limits_{n\to\infty}S_n = S$,则

$$\lim_{n\to\infty}\sigma_n = \lim_{n\to\infty}kS_n = kS$$

也存在,所以 $\sum\limits_{n=1}^{\infty}ku_n$ 也收敛,且

$$\sum_{n=1}^{\infty}ku_n = kS = k\sum_{n=1}^{\infty}u_n.$$

注意:其实,当 $k\neq 0$ 时,$\sum\limits_{n=1}^{\infty}u_n$ 与 $\sum\limits_{n=1}^{\infty}ku_n$ 同敛散(同学们可动手验证一下).

性质2 若级数 $\sum\limits_{n=1}^{\infty}u_n$ 与 $\sum\limits_{n=1}^{\infty}v_n$ 均收敛,则级数 $\sum\limits_{n=1}^{\infty}(u_n\pm v_n)$ 也收敛,且

$$\sum_{n=1}^{\infty}(u_n\pm v_n) = \sum_{n=1}^{\infty}u_n \pm \sum_{n=1}^{\infty}v_n.$$

证 设 $S_n = \sum\limits_{i=1}^{n}u_i \to S$, $\sigma_n = \sum\limits_{i=1}^{n}v_i \to \sigma(n\to\infty)$

则

$$\lim_{n\to\infty}\Big[\sum_{i=1}^{n}(u_i\pm v_i)\Big] = \lim_{n\to\infty}\sum_{i=1}^{n}u_i \pm \lim_{n\to\infty}\sum_{i=1}^{n}v_i$$
$$= \lim_{n\to\infty}S_n \pm \lim_{n\to\infty}\sigma_n = S\pm\sigma,$$

即 $\sum\limits_{n=1}^{\infty}(u_n\pm v_n)$ 也收敛,且

$$\sum_{n=1}^{\infty}(u_n\pm v_n) = \sum_{n=1}^{\infty}u_n \pm \sum_{n=1}^{\infty}v_n.$$

注意:(1) 若级数 $\sum\limits_{n=1}^{\infty}u_n$ 收敛,$\sum\limits_{n=1}^{\infty}v_n$ 发散,则 $\sum\limits_{n=1}^{\infty}(u_n\pm v_n)$ 一定发散.

（2）若级数 $\sum\limits_{n=1}^{\infty} u_n$ 与 $\sum\limits_{n=1}^{\infty} v_n$ 均发散，则 $\sum\limits_{n=1}^{\infty} (u_n \pm v_n)$ 不一定发散.

如，$\sum\limits_{n=1}^{\infty} 1$ 与 $\sum\limits_{n=1}^{\infty} (-1)$ 均发散，而 $\sum\limits_{n=1}^{\infty} [1 + (-1)] = 0 + 0 + \cdots + 0 + \cdots$ 收敛.

性质 3　对于级数 $\sum\limits_{n=1}^{\infty} u_n$，前面添加、删去或改变有限多项，不会改变级数的敛散性.

证　只对"删去"1 项的情形作说明，其他是类似的.

设删去级数 $\sum\limits_{n=1}^{\infty} u_n$ 的第 1 项，得新的级数 $\sum\limits_{n=2}^{\infty} u_n$，记原级数前 n 项部分和为 S_n，新级数的前 n 项部分和 σ_n，则

$$\sigma_n = u_2 + u_3 + \cdots + u_{n+1},$$

从而

$$\sigma_n = S_{n+1} - u_1.$$

由于 u_1 是常数，所以，当 $n \to \infty$ 时，S_n 与 σ_n 的极限同时存在或同时不存在，从而这两个级数的敛散性相同.

性质 4　（级数收敛的必要条件）若级数 $\sum\limits_{n=1}^{\infty} u_n$ 收敛，则 $\lim\limits_{n \to \infty} u_n = 0$.

证　设 $S_n = \sum\limits_{i=1}^{n} u_i$，则 $\lim\limits_{n \to \infty} S_n = S$. 由于 $S_n = S_{n-1} + u_n$，则

$$u_n = S_n - S_{n-1},$$

于是

$$\lim\limits_{n \to \infty} u_n = \lim\limits_{n \to \infty} (S_n - S_{n-1}) = S - S = 0.$$

由此可知，若 $\lim\limits_{n \to \infty} u_n \neq 0$，则级数 $\sum\limits_{n=1}^{\infty} u_n$ 一定发散.

如，级数 $\sum\limits_{n=1}^{\infty} \dfrac{n}{n+1}$ 是发散的，因为 $\lim\limits_{n \to \infty} \dfrac{n}{n+1} = 1 \neq 0$.

因此，判别一个级数 $\sum\limits_{n=1}^{\infty} u_n$ 是否收敛，首先考察其一般项 u_n 是否趋于零. 若 u_n 不趋于零，即可判定该级数发散.

同时必须指出，$\lim\limits_{n \to \infty} u_n = 0$ 只是级数 $\sum\limits_{n=1}^{\infty} u_n$ 收敛的必要条件，但不是充分条件. 有些级数虽然一般项趋于零，但级数是发散的.

如，调和函数 $\sum\limits_{n=1}^{\infty} \dfrac{1}{n}$，尽管一般项 $u_n = \dfrac{1}{n} \to 0$，但可以证明该级数是发散的.

事实上，假设调和级数 $\sum\limits_{n=1}^{\infty} \dfrac{1}{n}$ 收敛，和为 s，则 $S_n = \sum\limits_{k=1}^{n} \dfrac{1}{k} \to s$，

又 $\quad S_{2n} - S_n = \dfrac{1}{n+1} + \dfrac{1}{n+2} + \cdots + \dfrac{1}{2n} > \dfrac{1}{2n} + \dfrac{1}{2n} + \cdots + \dfrac{1}{2n} = n \cdot \dfrac{1}{2n} = \dfrac{1}{2}$，

令 $n \to \infty$，则 $S_{2n} - S_n \to s - s = 0$，从而由上式得到，$0 > \dfrac{1}{2}$，这是不成立的.

由此说明调和级数 $\sum\limits_{n=1}^{\infty} \dfrac{1}{n}$ 只能是发散的.

习题 6.1

1. 写出下列级数的一般项 u_n：

(1) $\dfrac{1}{2} + \dfrac{2}{3} + \dfrac{3}{4} + \cdots$；

(2) $1 - \dfrac{1}{3} + \dfrac{1}{5} - \dfrac{1}{7} + \cdots$；

(3) $\dfrac{x^2}{2} + \dfrac{x^3}{4} + \dfrac{x^4}{6} + \cdots$.

2. 利用定义判别下列级数的敛散性，并对收敛级数求其和：

(1) $\sum\limits_{n=1}^{\infty} \ln \dfrac{n+1}{n}$；$\qquad\qquad$ (2) $\sum\limits_{n=1}^{\infty} \dfrac{1}{(2n-1)(2n+1)}$.

6.2　正项级数

本节将介绍几种方便而又有效的级数敛散性判别方法. 我们从正项级数着手讨论.

如果级数 $\sum\limits_{n=1}^{\infty} u_n$ 的每一项都非负（即 $u_n \geqslant 0, n = 1, 2, \cdots$），则称该级数为正项级数. 正项级数的部分和数列 $\{S_n\}$ 是单调递增数列，根据"单调有界数列必有极限"的定理，我们得到判定正项级数收敛性的以下充分必要条件：

定理　正项级数 $\sum\limits_{n=1}^{\infty} u_n$ 收敛的充分必要条件是其前 n 部分和数列 $\{S_n\}$

有界.

即若存在常数 M,使得对一切 n,有 $S_n < M$,则 $\sum\limits_{n=1}^{\infty} u_n$ 收敛,否则就发散,而且此时必有 $\sum\limits_{n=1}^{\infty} u_n = +\infty$.

但一般情况下,要写出一个级数 $\sum\limits_{n=1}^{\infty} u_n$ 部分和 S_n 的通式是困难的,但是我们可以通过分析 u_n 来判别 $\{S_n\}$ 是否有界,从而讨论正项级数 $\sum\limits_{n=1}^{\infty} u_n$ 的敛散性.

6.2.1　比较判定法

定理 1　设 $\sum\limits_{n=1}^{\infty} u_n$, $\sum\limits_{n=1}^{\infty} v_n$ 均为正项级数,且 $u_n \leqslant v_n (n = 1,2,\cdots)$,

(1) 当级数 $\sum\limits_{n=1}^{\infty} v_n$ 收敛时, 则级数 $\sum\limits_{n=1}^{\infty} u_n$ 也收敛;

(2) 当级数 $\sum\limits_{n=1}^{\infty} u_n$ 发散时, 则级数 $\sum\limits_{n=1}^{\infty} v_n$ 也发散.

证　记两个级数的前 n 项部分和为 $S_n = \sum\limits_{i=1}^{n} u_i$, $\sigma_n = \sum\limits_{i=1}^{n} v_i$,可见 $S_n \leqslant \sigma_n$,

(1) 设 $\lim\limits_{n\to\infty} \sigma_n = \sigma$,因为 σ_n 单调递增,故对于一切 n,有 $\sigma_n \leqslant \sigma$,由已知条件,对一切的 n 有 $S_n \leqslant \sigma_n \leqslant \sigma$,则部分和数列 $\{S_n\}$ 有上界,因此必有极限,从而级数 $\sum\limits_{n=1}^{\infty} u_n$ 收敛.

(2) 反证法:若 $\sum\limits_{n=1}^{\infty} v_n$ 收敛,则由(1) 的结论知,级数 $\sum\limits_{n=1}^{\infty} u_n$ 也收敛,这与已知条件矛盾. 从而级数 $\sum\limits_{n=1}^{\infty} v_n$ 发散.

【**例 1**】　判定级数 $\sum\limits_{n=1}^{\infty} \dfrac{2}{3^n + 1}$ 的敛散性.

解　因为 $0 < \dfrac{2}{3^n + 1} < 2 \cdot \dfrac{1}{3^n}$,

又由上节的例 2 知道,等比级数 $\sum\limits_{n=1}^{\infty} \dfrac{1}{3^n}$ 收敛(公比 $\left| \dfrac{1}{3} \right| < 1$),所以按照收敛级数的性质知道,级数 $\sum\limits_{n=1}^{\infty} \dfrac{2}{3^n}$ 也收敛,再由比较判定法知道,原级数 $\sum\limits_{n=1}^{\infty} \dfrac{1}{3^n + 1}$ 收敛.

运用比较法来判别正项级数的敛散性时,必须将此级数的一般项与一个已知敛散性的级数的一般项进行比较.

通常我们用等比级数 $\sum\limits_{n=1}^{\infty} q^{n-1}$ 及 p-级数 $\sum\limits_{n=1}^{\infty} \dfrac{1}{n^p}$ 作为比较对象,在上一节我们已经讨论了等比级数的收敛性,下面我们来说明 p-级数的收敛性.

【例2】 证明:p-级数 $\sum\limits_{n=1}^{\infty} \dfrac{1}{n^p}$,当 $p > 1$ 时,收敛;当 $p \leqslant 1$ 时,发散.

解 当 $p < 0$ 时,由于 $\dfrac{1}{n^p} \to +\infty \ (n \to \infty)$,可知级数发散.

当 $0 \leqslant p \leqslant 1$ 时,有 $\dfrac{1}{n} \leqslant \dfrac{1}{n^p}$,由于调和函数 $\sum\limits_{n=1}^{\infty} \dfrac{1}{n}$ 是发散的,所以根据比较判定法知道,级数 $\sum\limits_{n=1}^{\infty} \dfrac{1}{n^p}$ 也发散.

当 $p > 1$ 时,若 $n \geqslant 2$,由图 6-1 知,

$$S_n = 1 + \frac{1}{2^p} + \frac{1}{3^p} + \cdots + \frac{1}{n^p}$$

$$< 1 + \int_1^2 \frac{1}{x^p} \mathrm{d}x + \int_2^3 \frac{1}{x^p} \mathrm{d}x + \cdots + \int_{n-1}^n \frac{1}{x^p} \mathrm{d}x$$

$$= 1 + \int_1^n \frac{1}{x^p} \mathrm{d}x = 1 + \frac{1 - n^{1-p}}{p-1} < 1 + \frac{1}{p-1},$$

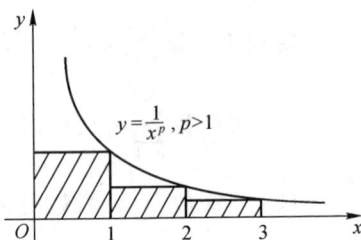

图 6-1

则数列 $\{S_n\}$ 有上界,故 $\lim\limits_{n \to \infty} S_n = S$ 存在,从而此时级数收敛.

综上所述:p-级数 $\sum\limits_{n=1}^{\infty} \dfrac{1}{n^p} \begin{cases} p > 1 & \text{收敛} \\ p \leqslant 1 & \text{发散} \end{cases}$;

等比级数 $\sum\limits_{n=0}^{\infty} q^n \begin{cases} |q| < 1 & \text{收敛} \\ |q| \geqslant 1 & \text{发散} \end{cases}$.

【例3】 判别下列正项级数的敛散性:

(1) $\sum\limits_{n=1}^{\infty} \left(\dfrac{n}{3n+2}\right)^n$; (2) $\sum\limits_{n=2}^{\infty} \dfrac{n}{\sqrt{n^4-1}}$.

解 (1) 由于 $\left(\dfrac{n}{3n+2}\right)^n < \left(\dfrac{n}{3n}\right)^n = \left(\dfrac{1}{3}\right)^n$,而级数 $\sum\limits_{n=1}^{\infty} \left(\dfrac{1}{3}\right)^n$ 是公比 q 为 $\dfrac{1}{3}$ 的等比级数,它是收敛的,因而由比较判定法知道,原级数 $\sum\limits_{n=1}^{\infty} \left(\dfrac{n}{3n+2}\right)^n$ 也收敛.

(2) 由于 $\dfrac{n}{\sqrt{n^4-1}} > \dfrac{n}{\sqrt{n^4}} = \dfrac{n}{n^2} = \dfrac{1}{n}$,而调和级数 $\sum\limits_{n=1}^{\infty} \dfrac{1}{n}$ 发散,因而由比较

判定法知道,原级数 $\sum\limits_{n=2}^{\infty} \dfrac{n}{\sqrt{n^4-1}}$ 也发散.

推论(比较判别法的极限形式):设 $\sum\limits_{n=1}^{\infty} u_n$, $\sum\limits_{n=1}^{\infty} v_n$ 均为正项级数,且

$$\lim_{n\to\infty}\frac{u_n}{v_n}=l.$$

如果 $0<l<+\infty$,则级数 $\sum\limits_{n=1}^{\infty} u_n$ 与 $\sum\limits_{n=1}^{\infty} v_n$ 同时敛散.(此推论可用极限的定义来证明,此处略了).

在推论中若取 $v_n=\dfrac{1}{n^p}$,则有

$$\lim_{n\to\infty}\frac{u_n}{v_n}=\lim_{n\to\infty}n^p\cdot u_n=l\quad(0<l<+\infty).$$

当 $p>1$ 时,级数 $\sum\limits_{n=1}^{\infty} u_n$ 收敛;当 $p\leqslant 1$ 时,级数 $\sum\limits_{n=1}^{\infty} u_n$ 发散.

【例 4】　判别下列级数的敛散性

(1) $\sum\limits_{n=1}^{\infty} \dfrac{n+1}{2n^2+n}$;　　　　(2) $\sum\limits_{n=1}^{\infty} \sin\dfrac{1}{n^2}$.

解　(1) 取 $v_n=\dfrac{1}{n}$,根据

$$\lim_{n\to\infty}n\cdot\frac{n+1}{2n^2+n}=\frac{1}{2},$$

而级数 $\sum\limits_{n=1}^{\infty} \dfrac{1}{n}$ 发散,故原级数 $\sum\limits_{n=1}^{\infty} \dfrac{n+1}{2n^2+n}$ 也发散.

(2) 取 $v_n=\dfrac{1}{n^2}$,根据

$$\lim_{n\to\infty}n^2\cdot\sin\frac{1}{n^2}=\lim_{n\to\infty}\frac{\sin\dfrac{1}{n^2}}{\dfrac{1}{n^2}}=1,$$

而级数 $\sum\limits_{n=1}^{\infty} \dfrac{1}{n^2}$ 收敛,故原级数 $\sum\limits_{n=1}^{\infty} \sin\dfrac{1}{n^2}$ 也收敛.

最后指出,特别

当 $\lim\limits_{n\to\infty}\dfrac{u_n}{v_n}=0$,若 $\sum\limits_{n=1}^{\infty} v_n$ 收敛,则 $\sum\limits_{n=1}^{\infty} u_n$ 也收敛;

当 $\lim\limits_{n\to\infty}\dfrac{u_n}{v_n}=+\infty$，若 $\sum\limits_{n=1}^{\infty}v_n$ 发散，则 $\sum\limits_{n=1}^{\infty}u_n$ 也发散.

6.2.2　比值判定法

定理 2　设 $\sum\limits_{n=1}^{\infty}u_n$ 为正项级数，且

$$\lim_{n\to\infty}\frac{u_{n+1}}{u_n}=l,$$

则当 $l<1$ 时级数收敛；当 $l>1$ 时级数发散；当 $l=1$ 时级数可能收敛也可能发散.

定理 2 又称为判别级数敛散性的达朗贝尔（D'Alembert）准则.

证　由于 $\lim\limits_{n\to\infty}\dfrac{u_{n+1}}{u_n}=l$，对任意给定正数 $\varepsilon>0$，总存在正数 N，使当 $n>N$ 时，恒有

$$\left|\frac{u_{n+1}}{u_n}-l\right|<\varepsilon,\text{即 } l-\varepsilon<\frac{u_{n+1}}{u_n}<l+\varepsilon.$$

当 $l<1$ 时，取 $\varepsilon=\dfrac{1-l}{2}>0$，从而当 $n>N$ 时，有

$$\frac{u_{n+1}}{u_n}<l+\varepsilon=\frac{1+l}{2}\xedquals{\text{记作}}q<1,$$

则从某一个 n 开始，如当 $n\geqslant m$ 的所有 n，将有

$$\frac{u_{n+1}}{u_n}<q\qquad\text{或}\qquad u_{n+1}<u_nq,$$

即

$$u_{m+1}<u_mq,\quad u_{m+2}<u_{m+1}q<u_mq^2,\quad u_{m+3}<u_{m+2}q<u_{m+1}q^2<u_mq^3,\cdots.$$

从而级数

$$u_{m+1}+u_{m+2}+u_{m+3}+\cdots$$

的各项均小于公比为 $q(q<1)$ 的等比级数 $u_mq+u_mq^2+u_mq^3+\cdots$ 的相应各项，从而级数 $\sum\limits_{k=1}^{\infty}u_{m+k}$ 也收敛，而级数 $\sum\limits_{n=1}^{\infty}u_n$ 只比该级数多了前面的 m 项，因而也是收敛的.

当 $l>1$，由 $\lim\limits_{n\to\infty}\dfrac{u_{n+1}}{u_n}=l$ 可知，从某一个 n 开始的所有 n 值，均有

$$\frac{u_{n+1}}{u_n}>1\qquad\text{或}\qquad u_{n+1}>u_n,$$

说明级数的一般项 u_n 从某项开始是单调递增的,因而 $\lim\limits_{n\to\infty} u_n \neq 0$,故级数 $\sum\limits_{n=1}^{\infty} u_n$ 收敛的必要条件不满足,则级数必定发散.

如果当 $\lim\limits_{n\to\infty} \dfrac{u_{n+1}}{u_n} = +\infty$ 时,级数 $\sum\limits_{n=1}^{\infty} u_n$ 同样也是发散的.

当 $l = 1$ 时,级数的敛散性不能确定.

如 p-级数,不论 p 为何值,均有

$$\lim_{n\to\infty} \frac{u_{n+1}}{u_n} = \lim_{n\to\infty} \frac{n^p}{(n+1)^p} = 1,$$

但 p-级数的敛散性与 p 是有关的.

【例 5】 判别下列正项级数的敛散性:

(1) $\sum\limits_{n=1}^{\infty} \dfrac{n^2}{2^n}$;   (2) $\sum\limits_{n=1}^{\infty} \dfrac{n^n}{2^n n!}$.

解 (1) 由于 $l = \lim\limits_{n\to\infty} \dfrac{u_{n+1}}{u_n} = \lim\limits_{n\to\infty} \dfrac{(n+1)^2}{2^{n+1}} \cdot \dfrac{2^n}{n^2}$

$$= \lim_{n\to\infty} \frac{1}{2} \cdot \left(\frac{n+1}{n}\right)^2 = \frac{1}{2} < 1.$$

由比值法可知级数 $\sum\limits_{n=1}^{\infty} \dfrac{n^2}{2^n}$ 收敛.

(2) 由于 $l = \lim\limits_{n\to\infty} \dfrac{u_{n+1}}{u_n} = \lim\limits_{n\to\infty} \dfrac{(n+1)^{n+1}}{2^{n+1}(n+1)!} \cdot \dfrac{2^n n!}{n^n}$

$$= \lim_{n\to\infty} \frac{1}{2} \cdot \left(\frac{n+1}{n}\right)^n = \lim_{n\to\infty} \frac{1}{2} \cdot \left(1 + \frac{1}{n}\right)^n = \frac{e}{2} > 1.$$

由比值法可知级数 $\sum\limits_{n=1}^{\infty} \dfrac{n^n}{2^n n!}$ 发散.

*6.2.3 根植判定法

定理 3 设 $\sum\limits_{n=1}^{\infty} u_n$ 为正项级数,且

$$\lim_{n\to\infty} \sqrt[n]{u_n} = l,$$

则当 $l < 1$ 时级数收敛;当 $l > 1$ 时级数发散;当 $l = 1$ 时级数可能收敛也可能发散.

定理 3 又称判别级数敛散性的柯西准则,其证明与定理 2 的证明相仿,这里从略.

【例6】 判别正项级数 $\sum\limits_{n=1}^{\infty} \dfrac{n^n}{e^n}$ 的敛散性.

解 由于 $\lim\limits_{n\to\infty} \sqrt[n]{u_n} = \lim\limits_{n\to\infty} \sqrt[n]{\dfrac{n^n}{e^n}} = \lim\limits_{n\to\infty} \dfrac{n}{e} = +\infty$.

可知从某一个 n 开始的所有 n 值,有 $\sqrt[n]{u_n} > 1$,则 $u_n > 1$,即级数的一般项不趋于零,因而原级数是发散的.

习题 6.2

1. 用比值法判定下列级数的敛散性:

(1) $\sum\limits_{n=1}^{\infty} \dfrac{n}{2^n}$;

(2) $\sum\limits_{n=1}^{\infty} \dfrac{n}{(n+1)!}$;

(3) $\sum\limits_{n=1}^{\infty} \dfrac{4^n \cdot n!}{n^n}$;

(4) $\sum\limits_{n=1}^{\infty} n\tan \dfrac{\pi}{2^{n+1}}$.

2. 用比较法或其极限形式判定下列级数的敛散性:

(1) $\sum\limits_{n=1}^{\infty} \dfrac{n+1}{n^2+1}$;

(2) $\sum\limits_{n=1}^{\infty} \dfrac{1}{n^2+a^2}$;

(3) $\sum\limits_{n=1}^{\infty} \dfrac{1}{\sqrt{n}}\sin\dfrac{1}{n}$;

(4) $\sum\limits_{n=1}^{\infty} \ln(1+\dfrac{1}{n^2})$.

3. 判定下列级数的敛散性:

(1) $\sum\limits_{n=1}^{\infty} \dfrac{n+1}{n}$;

(2) $\sum\limits_{n=1}^{\infty} (\dfrac{1}{n} - \dfrac{2^n}{3^n})$;

(3) $\sum\limits_{n=1}^{\infty} \dfrac{1}{2n+3}$;

(4) $\sum\limits_{n=1}^{\infty} \dfrac{1}{1+b^n}$ $(b>0)$;

*(5) $\sum\limits_{n=1}^{\infty} (\dfrac{2n+1}{3n-2})^n$.

6.3 任意项级数

在上一节中,我们讨论了正项级数敛散性的判定方法,本节要讨论其他形式的常数项级数的敛散性问题.

如果级数每一项都是负数,则乘以 -1 以后就可转化为正项级数了,可用正项级数的敛散性判别法判定其敛散性；如果级数从某一项开始以后，所有各项具有相同符号，那么把前面的这些项去掉后，级数的敛散性不变，从而仍可以用正项级数的敛散性判别法判定其敛散性；但是级数中的一般项 u_n 可正可负，即既有无穷多项正，又有无穷多项负，这样的级数需要另作讨论了，本节就要讨论这类级数的敛散性问题.

6.3.1 交错级数

我们首先讨论各项符号依次为正负相间的级数，即

$$\sum_{n=1}^{\infty}(-1)^n u_n \qquad 或 \qquad \sum_{n=1}^{\infty}(-1)^{n-1}u_n \qquad (u_n>0, n=1,2,\cdots),$$

这类级数称为交错级数. 有如下充分判别方程法

定理 1（莱布尼兹准则）　若交错级数 $\sum\limits_{n=1}^{\infty}(-1)^{n-1}u_n(u_n>0)$ 满足条件

(1) $u_n \geqslant u_{n+1}$ 　$(n=1,2,\cdots)$；

(2) $\lim\limits_{n\to\infty}u_n=0$.

则级数 $\sum\limits_{n=1}^{\infty}(-1)^{n-1}u_n$ 收敛，其和 $S<u_1$. 若用前 n 项部分和 S_n 作为 S 的近似值，误差估计式为

$$|S-S_n|\leqslant u_{n+1}.$$

证　要证级数 $\sum\limits_{n=1}^{\infty}(-1)^{n-1}u_n$ 收敛，其部分和数列 $\{S_n\}$ 有极限 S，只要证 $\{S_n\}$ 的两个子数列 $\{S_{2m}\}$ 与 $\{S_{2m+1}\}$ 的极限均为 S 即可. 由于可将 S_{2m} 写成如下两种形式

$$S_{2m}=(u_1-u_2)+(u_3-u_4)+\cdots+(u_{2m-1}-u_{2m}), \qquad (*)$$
$$S_{2m}=u_1-(u_2-u_3)-\cdots-(u_{2m-2}-u_{2m-1})-u_{2m}. \qquad (**)$$

由条件(1)知两式中所有括号内的差均非负，从而由（*）式知道 $\{S_{2m}\}$ 单调递增，而由（**）式知道 $S_{2m}\leqslant u_1$，即数列 $\{S_{2m}\}$ 单调增加有上界. 故 $\lim\limits_{m\to\infty}S_{2m}$ 存在，设此极限值为 S，从而有 $S\leqslant u_1$. 再由

$$S_{2m+1}=S_{2m}+u_{2m+1},$$

由条件(2)知，$\lim\limits_{m\to\infty}u_{2m+1}=0$，于是

$$\lim_{m\to\infty}S_{2m+1}=\lim_{m\to\infty}S_{2m}+\lim_{m\to\infty}u_{2m+1}=S.$$

从而 $\lim\limits_{n\to\infty}S_n=S$，即级数 $\sum\limits_{n=1}^{\infty}(-1)^{n-1}u_n$ 收敛，其和 $S\leqslant u_1$.

用级数的部分和 S_n 作为收敛级数和 S 的近似值时，表达式

$$|S - S_n| = u_{n+1} - u_{n+2} + u_{n+3} - \cdots$$

也是一个交错级数，且满足定理 1 的条件，从而也自然成立

$$|S - S_n| \leqslant u_{n+1}.$$

【例 1】 判别交错级数 $\displaystyle\sum_{n=1}^{\infty} \frac{(-1)^n}{n}$ 的敛散性.

解 由于 $\dfrac{1}{n} > \dfrac{1}{n+1}$ $(n = 1, 2, \cdots)$，且 $\displaystyle\lim_{n \to \infty} \frac{1}{n} = 0$，从而由交错级数的莱布尼兹判定法知道，此级数收敛.

6.3.2 绝对收敛与条件收敛

对于任意项级数 $\displaystyle\sum_{n=1}^{\infty} u_n$，若 $\displaystyle\sum_{n=1}^{\infty} |u_n|$ 收敛，则称 $\displaystyle\sum_{n=1}^{\infty} u_n$ 为绝对收敛级数；若 $\displaystyle\sum_{n=1}^{\infty} |u_n|$ 发散，但级数 $\displaystyle\sum_{n=1}^{\infty} u_n$ 收敛，则称 $\displaystyle\sum_{n=1}^{\infty} u_n$ 为条件收敛级数.

如，$\displaystyle\sum_{n=1}^{\infty} (-1)^{n-1} \frac{1}{n^2}$ 是绝对收敛级数，因为 $\displaystyle\sum_{n=1}^{\infty} \left| (-1)^{n-1} \frac{1}{n^2} \right| = \sum_{n=1}^{\infty} \frac{1}{n^2}$ 收敛（$p = 2 > 1$ 的 p -级数）.

又如，级数 $\displaystyle\sum_{n=1}^{\infty} (-1)^{n-1} \frac{1}{n}$ 是条件收敛收敛，因为 $\displaystyle\sum_{n=1}^{\infty} \left| (-1)^{n-1} \frac{1}{n} \right| = \sum_{n=1}^{\infty} \frac{1}{n}$ 发散，但 $\displaystyle\sum_{n=1}^{\infty} \frac{(-1)^{n-1}}{n}$ 收敛（由例 1 知道）.

绝对收敛级数与收敛级数之间有如下重要关系：

定理 2 若级数 $\displaystyle\sum_{n=1}^{\infty} |u_n|$ 收敛，则级数 $\displaystyle\sum_{n=1}^{\infty} u_n$ 收敛.

证 由于 $-|u_n| \leqslant u_n \leqslant |u_n|$，有 $0 \leqslant u_n + |u_n| \leqslant 2|u_n|$，又因为正项级数 $\displaystyle\sum_{n=1}^{\infty} |u_n|$ 收敛，由比较判别法知道 $\displaystyle\sum_{n=1}^{\infty} (u_n + |u_n|)$ 也收敛，又

$$u_n = (u_n + |u_n|) - |u_n|,$$

由收敛级数的性质知道级数 $\displaystyle\sum_{n=1}^{\infty} u_n$ 也收敛.

定理 2 表明绝对收敛的级数必为收敛级数，但必须注意，定理 2 的逆命题是不成立的，即若级数 $\displaystyle\sum_{n=1}^{\infty} u_n$ 收敛，但 $\displaystyle\sum_{n=1}^{\infty} |u_n|$ 不一定收敛. 如 $\displaystyle\sum_{n=1}^{\infty} (-1)^{n-1} \frac{1}{n}$ 收敛，

但 $\sum\limits_{n=1}^{\infty}\left|(-1)^{n-1}\dfrac{1}{n}\right|=\sum\limits_{n=1}^{\infty}\dfrac{1}{n}$ 发散.

【例2】 判别级数 $\sum\limits_{n=1}^{\infty}\dfrac{\cos(nx)}{n^2}$ 的敛散性.

解 由于 $\left|\dfrac{\cos nx}{n^2}\right|\leqslant\dfrac{1}{n^2}$,又级数 $\sum\limits_{n=1}^{\infty}\dfrac{1}{n^2}$ 收敛,由正项级数的比较判别法

知,级数 $\sum\limits_{n=1}^{\infty}\left|\dfrac{\cos nx}{n^2}\right|$ 收敛,从而原级数为绝对收敛的.

【例3】 讨论级数 $\sum\limits_{n=1}^{\infty}\dfrac{(-1)^n}{n^p}$ 的敛散性,若收敛,判定是绝对收敛?还是条

件收敛?

解 先判定 $\sum\limits_{n=1}^{\infty}\left|\dfrac{(-1)^n}{n^p}\right|$ 的收敛性,

因为 $\sum\limits_{n=1}^{\infty}\left|\dfrac{(-1)^n}{n^p}\right|=\sum\limits_{n=1}^{\infty}\dfrac{1}{n^p}$,这是 p-级数,所以当 $p>1$ 时收敛,从而绝对

收敛;

当 $p\leqslant1$ 时发散,从而非绝对收敛,再判定原级数 $\sum\limits_{n=1}^{\infty}\dfrac{(-1)^n}{n^p}$ 收敛性,

当 $p\leqslant1$ 时,若 $0<p\leqslant1$,则 $\dfrac{1}{n^p}\to0$, $\dfrac{1}{(n+1)^p}<\dfrac{1}{n^p}$,所以此交错级数收

敛;

若 $p\leqslant0$,则 $\dfrac{1}{n^p}$ 不趋于零,所以此交错级数发散.

综上所述, $\sum\limits_{n=1}^{\infty}\dfrac{(-1)^n}{n^p}\begin{cases}p>0 & 收敛\begin{cases}p>1 & 绝对收敛\\ p\leqslant1 & 条件收敛.\end{cases}\\ p\leqslant0 & 发散\end{cases}$

最后指出,当我们用比值法和根值法判定了正项级数 $\sum\limits_{n=1}^{\infty}|u_n|$ 为发散时,可

以断言,原级数 $\sum\limits_{n=1}^{\infty}u_n$ 一定发散,不会条件收敛.这是因为用这两种判别法判定

正向级数 $\sum\limits_{n=1}^{\infty}|u_n|$ 发散的依据是 $\lim\limits_{n\to\infty}|u_n|\neq0$,于是,显然有 $\lim\limits_{n\to\infty}u_n\neq0$,所以

$\sum\limits_{n=1}^{\infty}u_n$ 发散.

习题 6.3

1.判别下列级数是否收敛?如果收敛,判别是绝对收敛还是条件收敛?

(1) $\sum_{n=1}^{\infty} \frac{(-1)^{n-1}}{2^n \cdot n}$;

(2) $\sum_{n=1}^{\infty} \frac{(-1)^{n+1}}{2n-1}$;

(3) $\sum_{n=1}^{\infty} \frac{(-1)^{n-1}}{\ln n}$;

(4) $\sum_{n=1}^{\infty} (-1)^n \frac{n!}{2^n}$.

2.讨论级数 $\sum_{n=1}^{\infty} (-1)^{n-1} \frac{a^n}{n}$ (其中 a 为常数) 的收敛性.

6.4　幂级数

6.4.1　函数项级数及其收敛域

级数的每一项都是变量 x 的函数,就称为函数项级数.

设函数列 $u_1(x),u_2(x),\cdots,u_n(x),\cdots$ 中的每个函数都在区间 (a,b) 内有定义,则

$$\sum_{n=1}^{\infty} u_n(x) = u_1(x) + u_2(x) + \cdots + u_n(x) + \cdots \qquad (*)$$

就称为定义在 (a,b) 内的函数项级数.

对于 (a,b) 内每一个定点 x_0 ,它是常数项级数

$$\sum_{n=1}^{\infty} u_n(x_0) = u_1(x_0) + u_2(x_0) + \cdots + u_n(x_0) + \cdots,$$

如果级数 $\sum_{n=1}^{\infty} u_n(x_0)$ 收敛,称 x_0 为函数项级数 $(*)$ 的收敛点,否则就称为发散点.收敛点的全体称为函数项级数 $(*)$ 的收敛域.

如, $\sum_{n=1}^{\infty} x^{n-1} = 1 + x + x^2 + \cdots + x^{n-1} + \cdots$

是定义在 $(-\infty,\infty)$ 内的函数项级数,也是以公比为 x 的等比级数,因为当 $|x|<1$ 时级数收敛,当 $|x|\geqslant 1$ 时级数发散.故函数项级数 $\sum_{n=1}^{\infty} x^{n-1}$ 的收敛域为 $(-1,1)$.

函数项级数 $\displaystyle\sum_{n=1}^{\infty}u_n(x)$ 在其收敛域内任何一个点 x,所对应的级数都有一个确定的和值与其对应,

$$S(x) = \sum_{n=1}^{\infty}u_n(x).$$

因此 $S(x)$ 是定义在收敛域上的函数,我们称 $S(x)$ 为函数项级数的 $\displaystyle\sum_{n=1}^{\infty}u_n(x)$ 和函数.

如,当 $|x|<1$ 时,等比级数 $\displaystyle\sum_{n=1}^{\infty}x^{n-1} = \dfrac{1}{1-x}$,这就是说,等比级数在其收敛域 $(-1,1)$ 上的和函数为 $S(x) = \dfrac{1}{1-x}$.

6.4.2　幂级数的收敛半径与收敛区间

如果函数项级数 $\displaystyle\sum_{n=0}^{\infty}u_n(x)$ 的一般项 $u_n(x)$ 为 $x-x_0$ 的幂函数,即

$$u_n(x) = a_n(x-x_0)^n, \qquad n = 0,1,2,\cdots,$$

此时函数项级数形如

$$\sum_{n=0}^{\infty}a_n(x-x_0)^n = a_0 + a_1(x-x_0) + a_2(x-x_0)^2 + \cdots + a_n(x-x_0)^n + \cdots,$$

称为 $x-x_0$ 的幂级数或在 x_0 点处的幂级数. 其中 a_n 称为幂级数的系数.

特别地,当 $x_0 = 0$ 时,级数化为

$$\sum_{n=0}^{\infty}a_nx^n = a_0 + a_1x + a_2x^2 + \cdots + a_nx^n + \cdots,$$

称它为 x 的幂级数.

下面主要针对 x 的幂级数进行讨论,而对于一般的幂级数,作变换 $t = x - x_0$ 即可.

首先,我们研究幂级数的收敛域问题,下面的阿贝尔定理,揭示出幂级数的收敛域具有很简单的形式.

定理 1(Abel 定理) 若幂级数 $\displaystyle\sum_{n=0}^{\infty}a_nx^n$ 在点 $x_0 \neq 0$ 处收敛,则当 $|x| < |x_0|$ 时,级数 $\displaystyle\sum_{n=0}^{\infty}a_nx^n$ 绝对收敛;若在点 x_0 处发散,则当 $|x| > |x_0|$ 时,级数 $\displaystyle\sum_{n=0}^{\infty}a_nx^n$ 发散.

证 若当 $x_0 \neq 0$ 时，即级数 $\sum\limits_{n=0}^{\infty} a_n x_0^n$ 收敛，根据级数收敛的必要条件，有

$$\lim_{n \to \infty} a_n x_0^n = 0,$$

从而数列 $\{a_n x_0^n\}$ 必有界，即存在常数 $M > 0$，使得

$$|a_n x_0^n| \leqslant M, \qquad n = 0, 1, 2, \cdots,$$

当 $|x| < |x_0|$ 时，有

$$|a_n x^n| = \left| a_n x_0^n \left(\frac{x}{x_0}\right)^n \right| \leqslant M \left| \frac{x}{x_0} \right|^n,$$

而级数 $\sum\limits_{n=0}^{\infty} M \left| \frac{x}{x_0} \right|^n$ 是公比为 $\left| \frac{x}{x_0} \right|$ 的等比级数，因为当 $\left| \frac{x}{x_0} \right| < 1$ 时是收敛的，由比较判别法知，幂级数 $\sum\limits_{n=0}^{\infty} a_n x^n$ 在 $|x| < |x_0|$ 时绝对收敛.

又若级数 $\sum\limits_{n=0}^{\infty} a_n x_0^n$ 发散，则当 $|x| > |x_0|$ 时，级数 $\sum\limits_{n=0}^{\infty} a_n x^n$ 均发散，可以用反证法来说明这一点，因为假如存在点 x_1，有 $|x_1| > |x_0|$，且级数 $\sum\limits_{n=0}^{\infty} a_n x_1^n$ 收敛，由前面的结论知道，级数 $\sum\limits_{n=0}^{\infty} a_n x_0^n$ 必收敛，这与假设矛盾了. 故在满足不等式 $|x| > |x_0|$ 的任一点 x 处，级数均发散.

推论 若幂级数 $\sum\limits_{n=0}^{\infty} a_n x^n$ 在点 $x_0 \neq 0$ 处收敛，又在点 $x_1 \neq 0$ 处发散，则存在唯一的正数 R，使该幂级数在 $|x| < R$ 内绝对收敛，而在 $|x| > R$ 的所有 x 点处均发散.

我们把正数 R 称为幂级数 $\sum\limits_{n=0}^{\infty} a_n x^n$ 的收敛半径.

为了叙述上的统一，我们约定，若幂级数 $\sum\limits_{n=0}^{\infty} a_n x^n$ 除了点 $x = 0$ 外，其他点处均发散，这时记 $R = 0$；而若幂级数 $\sum\limits_{n=0}^{\infty} a_n x^n$ 在区间 $(-\infty, +\infty)$ 内均收敛，这时记 $R = +\infty$.

从而对任意一个幂级数 $\sum\limits_{n=0}^{\infty} a_n x^n$，都有唯一的 $R(0 \leqslant R \leqslant +\infty)$，使得当 $|x| < R$ 时，幂级数绝对收敛，而当 $|x| > R$ 时，幂级数发散，此时称区间 $(-R, R)$ 为幂级数 $\sum\limits_{n=0}^{\infty} a_n x^n$ 的收敛区间.

注意: 当 $R < +\infty$, 幂级数 $\sum\limits_{n=0}^{\infty} a_n x^n$ 在其收敛区间 $(-R, R)$ 的端点 $x = \pm R$ 可能绝对收敛, 可能条件收敛, 也可能发散, 这要根据常数项级数 $\sum\limits_{n=0}^{\infty} a_n (-R)^n$, $\sum\limits_{n=0}^{\infty} a_n R^n$ 的敛散性来确定. 收敛区间与其收敛的端点即为幂级数的收敛域.

因此, 对于幂级数 $\sum\limits_{n=0}^{\infty} a_n x^n$, 其收敛性问题关键在于确定它的收敛半径 R. 下面介绍一种根据幂级数的系数 a_n 来确定收敛半径的常用方法.

定理 2 设幂级数 $\sum\limits_{n=0}^{\infty} a_n x^n$ 的系数 $a_n \neq 0$, $n = 0, 1, 2, \cdots$, 且

$$\lim_{n \to \infty} \left| \frac{a_{n+1}}{a_n} \right| = \rho,$$

则当 $\rho \neq 0$ 时, 收敛半径 $R = \dfrac{1}{\rho}$, 特别, 当 $\rho = 0$ 时, $R = +\infty$; 当 $\rho = +\infty$ 时, $R = 0$.

也就是说幂级数 $\sum\limits_{n=0}^{\infty} a_n x^n$ 的收敛半径为

$$R = \lim_{n \to \infty} \left| \frac{a_n}{a_{n+1}} \right|.$$

证 此结论是由比值法得到的, 因为

$$\lim_{n \to \infty} \left| \frac{u_{n+1}}{u_n} \right| = \lim_{n \to \infty} \left| \frac{a_{n+1} x^{n+1}}{a_n x^n} \right| = \lim_{n \to \infty} \left| \frac{a_{n+1}}{a_n} \right| \cdot |x| = \rho \cdot |x|.$$

当 $0 < \rho < +\infty$, 则当 $0 \leqslant \rho \cdot |x| < 1$, 即 $|x| < \dfrac{1}{\rho}$ 时, 级数 $\sum\limits_{n=0}^{\infty} a_n x^n$ 绝对收敛; 当 $\rho \cdot |x| > 1$, 即 $|x| > \dfrac{1}{\rho}$ 时级数发散. 故级数 $\sum\limits_{n=0}^{\infty} a_n x^n$ 的收敛半径为 $R = \dfrac{1}{\rho}$.

当 $\rho = 0$, 则在任何一点 x 处, 都有 $\rho \cdot |x| = 0 < 1$, 因而级数总是收敛的, 故此时 R 为 $+\infty$.

当 $\rho = +\infty$, 在任何一点 $x \neq 0$ 处, 级数总是发散的. 因而级数 $\sum\limits_{n=0}^{\infty} a_n x^n$ 仅在 $x = 0$ 点处收敛, 此时 $R = 0$.

【**例 1**】 求下列幂级数的收敛半径、收敛区间及收敛域

(1) $\sum_{n=1}^{\infty} \dfrac{x^n}{3^n n}$;　　　　　　　(2) $\sum_{n=1}^{\infty} \dfrac{(-1)^{n-1}}{n!} x^n$.

解 (1) 因为 $R = \lim\limits_{n \to \infty} \left| \dfrac{a_n}{a_{n+1}} \right| = \lim\limits_{n \to \infty} \dfrac{1}{3^n n} \cdot \dfrac{3^{n+1}(n+1)}{1} = 3$,

所以级数 $\sum\limits_{n=1}^{\infty} \dfrac{x^n}{3^n n}$ 的收敛半径 $R = 3$, 收敛区间 $(-3, 3)$.

当 $x = 3$ 时, 级数成为 $\sum\limits_{n=1}^{\infty} \dfrac{3^n}{3^n n} = \sum\limits_{n=1}^{\infty} \dfrac{1}{n}$, 这是调和级数, 故发散.

当 $x = -3$ 时, 级数成为 $\sum\limits_{n=1}^{\infty} \dfrac{(-3)^n}{3^n n} = \sum\limits_{n=1}^{\infty} \dfrac{(-1)^n}{n}$, 这是交错级数, 由前例知道收敛. 所以该级数的收敛域为 $[-3, 3)$.

(2) $R = \lim\limits_{n \to \infty} \left| \dfrac{a_n}{a_{n+1}} \right| = \lim\limits_{n \to \infty} \dfrac{(n+1)!}{n!} = \lim\limits_{n \to \infty} (n+1) = +\infty$,

即级数 $\sum\limits_{n=1}^{\infty} \dfrac{(-1)^{n-1}}{n!} x^n$ 的收敛半径 R 为 $+\infty$, 级数的收敛域为 $(-\infty, +\infty)$.

【**例 2**】 求下列幂级数的收敛半径与收敛区间：

(1) $\sum_{n=1}^{\infty} \dfrac{(-1)^n}{\sqrt{n}} (x-1)^n$;　　　(2) $\sum_{n=0}^{\infty} \dfrac{n}{4^n} x^{2n+1}$.

解 (1) 作变换 $t = x - 1$, 得级数, $\sum\limits_{n=1}^{\infty} \dfrac{(-1)^n}{\sqrt{n}} t^n$, 先求此级数的收敛半径.

因为

$$R = \lim_{n \to \infty} \left| \dfrac{a_n}{a_{n+1}} \right| = \lim_{n \to \infty} \dfrac{\sqrt{n+1}}{\sqrt{n}} = 1,$$

故级数 $\sum\limits_{n=1}^{\infty} \dfrac{(-1)^n}{\sqrt{n}} t^n$ 的收敛半径为 1, 收敛区间为 $(-1, 1)$,

又因为 $-1 < x - 1 < 1$, 即, 因此原级数 $\sum\limits_{n=1}^{\infty} \dfrac{(-1)^n}{\sqrt{n}} (x-1)^n$ 收敛半径也是 1, 收敛区间为 $(0, 2)$.

(2) 因为此级数缺 x 的偶数项, 所以不能直接套用公式 $R = \lim\limits_{n \to \infty} \left| \dfrac{a_n}{a_{n+1}} \right|$ 计算其收敛半径. 但可直接利用比值法求收敛半径. 由于

$$\lim_{n \to \infty} \left| \frac{u_{n+1}}{u_n} \right| = \lim_{n \to \infty} \left| \frac{(n+1)x^{2(n+1)+1}}{4^{n+1}} \cdot \frac{4^n}{nx^{2n+1}} \right| = \lim_{n \to \infty} \frac{1}{4} \frac{n+1}{n} |x|^2 = \frac{|x|^2}{4},$$

由比值判别法,有

当 $\dfrac{|x|^2}{4} < 1$,即 $|x| < 2$ 时,级数绝对收敛;当 $\dfrac{|x|^2}{4} > 1$,即 $|x| > 2$ 时,级数发散,因而级数的收敛半径 $R = 2$,收敛区间 $(-2,2)$.

6.4.3 幂级数的运算性质

设幂级数 $\displaystyle\sum_{n=0}^{\infty} a_n x^n$ 的收敛区间为 $(-R,R)$,则对每一 $x \in (-R,R)$,级数 $\displaystyle\sum_{n=0}^{\infty} a_n x^n$ 均收敛,故均有唯一确定的和 S 与之对应,记作 $S = S(x)$,我们称 $S(x)$ 为幂级数的和函数,则

$$S(x) = \sum_{n=0}^{\infty} a_n x^n, \ x \in (-R,R).$$

幂级数 $\displaystyle\sum_{n=0}^{\infty} a_n x^n$ 的和函数 $S(x)$ 在其收敛区间 $(-R,R)$ 内具有良好的性质,下面介绍这些性质及幂级数的运算,证明从略.

定理 3 设幂级数 $\displaystyle\sum_{n=0}^{\infty} a_n x^n$ 在其收敛区间 $(-R,R)$ 内的和函数为 $S(x)$,则 $S(x)$ 具有如下性质:

(1) **连续性** $S(x)$ 在 $(-R,R)$ 内连续,即对任意 $x_0 \in (-R,R)$,均有

$$\lim_{x \to x_0} S(x) = S(x_0).$$

(2) **可导性** $S(x)$ 在 $(-R,R)$ 内可导,且

$$S'(x) = \left(\sum_{n=0}^{\infty} a_n x^n \right)' = \sum_{n=0}^{\infty} (a_n x^n)' = \sum_{n=1}^{\infty} n a_n x^{n-1},$$

即幂级数在收敛区间内可以逐项求导,且求导后所得的幂级数其收敛区间仍为 $(-R,R)$.

(3) **可积性** $S(x)$ 在 $(-R,R)$ 内可积,且

$$\int_0^x S(x) \mathrm{d}x = \int_0^x \left(\sum_{n=0}^{\infty} a_n x^n \right) \mathrm{d}x = \sum_{n=0}^{\infty} \int_0^x a_n x^n \mathrm{d}x = \sum_{n=0}^{\infty} \frac{a_n}{n+1} x^{n+1},$$

即幂级数在收敛区间内可以逐项积分,且积分后所得的幂级数其收敛区间仍为 $(-R,R)$.

这里指出,幂级数逐项求导,逐项积分后,收敛区间不变,但收敛域可能改

变,即区间端点的收敛性可能改变,从而求收敛域时应再判定端点处的收敛性.

注意:以上性质对形如 $\displaystyle\sum_{n=0}^{\infty}a_n(x-x_0)^n$ 的幂级数也是正确的.只须以 $x-x_0$ 替代 x,以 (x_0-R,x_0+R) 替代 $(-R,R)$ 即可.

例如,当 $|x|<1$ 时,

$$\frac{1}{1-x}=\sum_{n=0}^{\infty}x^n=1+x+x^2+\cdots+x^n+\cdots,$$

在其收敛区间 $(-1,1)$ 内逐项求导,得

$$\frac{1}{(1-x)^2}=\sum_{n=1}^{\infty}nx^{n-1}=1+2x+3x^2+\cdots+nx^{n-1}+\cdots \qquad x\in(-1,1).$$

又在 $(-1,1)$ 内取从 0 到 x 的逐项积分

$$\int_0^x\frac{1}{1-x}\mathrm{d}x=-\ln(1-x)=\sum_{n=0}^{\infty}\int_0^x x^n\mathrm{d}x$$

$$=\sum_{n=0}^{\infty}\frac{1}{n+1}x^{n+1}=x+\frac{1}{2}x^2+\cdots+\frac{1}{n+1}x^{n+1}+\cdots \quad x\in(-1,1),$$

即 $\qquad -\ln(1-x)=\displaystyle\sum_{n=0}^{\infty}\frac{1}{n+1}x^{n+1}$

$$=x+\frac{1}{2}x^2+\cdots+\frac{1}{n+1}x^{n+1}+\cdots \quad x\in[-1,1).$$

幂级数除了定理 3 中所具有的性质外,还有如下性质,证明从略.

定理 4 设幂级数 $\displaystyle\sum_{n=0}^{\infty}a_nx^n=S(x)$,其收敛区间为 $(-R_1,R_1)$;幂级数 $\displaystyle\sum_{n=0}^{\infty}b_nx^n=\sigma(x)$,其收敛区间为 $(-R_2,R_2)$,取 $R=\min(R_1,R_2)$,由于两个幂级数在 $(-R,R)$ 均绝对收敛,对于任意 $x\in(-R,R)$,有

$$(1)S(x)\pm\sigma(x)=\sum_{n=0}^{\infty}a_nx^n\pm\sum_{n=0}^{\infty}b_nx^n=\sum_{n=0}^{\infty}(a_n\pm b_n)x^n,$$

且在 $(-R,R)$ 内绝对收敛;

$$(2)S(x)\cdot\sigma(x)=\sum_{n=0}^{\infty}a_nx^n\cdot\sum_{n=0}^{\infty}b_nx^n=\sum_{n=0}^{\infty}(\sum_{i=0}^{n}a_ib_{n-i})x^n$$

$$=\sum_{n=0}^{\infty}(a_0b_n+a_1b_{n-1}+\cdots+a_nb_0)x^n,$$

且在 $(-R,R)$ 内绝对收敛.

下面我们举例说明利用等比级数 $\displaystyle\sum_{n=0}^{\infty}x^n=\frac{1}{1-x}$ $(|x|<1)$ 求某些幂级数

的和函数的方法.

【例3】 求幂级数 $\displaystyle\sum_{n=1}^{\infty} nx^{n-1}\,(\,|\,x\,|<1\,)$ 的和函数.

解 将此幂级数与等比级数比较,主要区别是分子上多 n,可以通过积分去掉此 n.

记和函数 $S(x) = \displaystyle\sum_{n=1}^{\infty} nx^{n-1}\quad(\,|\,x\,|<1\,)$,则

$$\int_0^x S(x)\mathrm{d}x = \int_0^x (\sum_{n=1}^{\infty} nx^{n-1})\mathrm{d}x = \sum_{n=1}^{\infty}\int_0^x nx^{n-1}\mathrm{d}x = \sum_{n=1}^{\infty} n\frac{x^n}{n} = \sum_{n=1}^{\infty} x^n = \frac{1}{1-x} - 1.$$

再求导,就得到和函数

$$S(x) = (\int_0^x S(x)\mathrm{d}x)' = (\frac{1}{1-x} - 1)' = \frac{1}{(1-x)^2}.$$

注意:此题也可以按以下方式求得

$$S(x) = \sum_{n=1}^{\infty} nx^{n-1} = \sum_{n=1}^{\infty} (x^n)' = (\sum_{n=1}^{\infty} x^n)' = (\frac{1}{1-x} - 1)' = \frac{1}{(1-x)^2}.$$

【例4】 求幂级数 $\displaystyle\sum_{n=0}^{\infty} \frac{(-1)^n}{2n+1} x^{2n+1}\,(\,|\,x\,|\leqslant 1\,)$ 的和函数,并求和 $\displaystyle\sum_{n=0}^{\infty} \frac{(-1)^n}{2n+1}$.

解 将此级数与等比级数比较,主要区别为分母上多 $2n+1$,可以通过求导去掉.

记和函数 $\quad S(x) = \displaystyle\sum_{n=0}^{\infty} \frac{(-1)^n}{2n+1} x^{2n+1}\,(\,|\,x\,|\leqslant 1\,)$,则

$$S'(x) = (\sum_{n=0}^{\infty} \frac{(-1)^n}{2n+1} x^{2n+1})' = \sum_{n=0}^{\infty} (\frac{(-1)^n}{2n+1} x^{2n+1})'$$

$$= \sum_{n=0}^{\infty} (-1)^n x^{2n} = \sum_{n=0}^{\infty} (-x^2)^n = \frac{1}{1-(-x^2)} = \frac{1}{1+x^2},$$

两边再取从 0 到 x 的积分,得

$$S(x) - S(0) = \int_0^x S'(x)\mathrm{d}x = \int_0^x \frac{1}{1+x^2}\mathrm{d}x = \arctan x,$$

又直接代入 $x=0$,求得 $S(0) = 0$,从而 $S(x) = \arctan x\quad(\,|\,x\,|\leqslant 1\,)$.

再取 $x=1$,得到 $\displaystyle\sum_{n=0}^{\infty} \frac{(-1)^n}{2n+1} = S(1) = \arctan 1 = \frac{\pi}{4}$.

习题 6.4

1.求下列幂级数的收敛半径与收敛区间：

(1) $\dfrac{x}{2} + \dfrac{x^2}{3} + \dfrac{x^3}{4} + \cdots$；

(2) $\dfrac{x}{1 \cdot 3} + \dfrac{x^2}{2 \cdot 3^2} + \dfrac{x^3}{3 \cdot 3^3} + \dfrac{x^4}{4 \cdot 3^4} + \cdots$；

(3) $\displaystyle\sum_{n=1}^{\infty} \dfrac{2^n}{n!} x^n$；

(4) $\displaystyle\sum_{n=1}^{\infty} \dfrac{(x-2)^n}{\sqrt{n+1}}$；

(5) $\displaystyle\sum_{n=1}^{\infty} \dfrac{2n-1}{2^n} x^{2n}$.

2.求下列幂级数在其收敛区间内的和函数：

(1) $\displaystyle\sum_{n=1}^{\infty} (n+1) x^n$；　　　　　　　　(2) $\displaystyle\sum_{n=1}^{\infty} \dfrac{x^n}{n \cdot 2^n}$.

3.求幂级数 $x + \dfrac{x^3}{3} + \dfrac{x^5}{5} + \dfrac{x^7}{7} + \cdots$ 的收敛区间与和函数，并由此计算级

数 $\displaystyle\sum_{n=1}^{\infty} \dfrac{1}{(2n-1) \cdot 2^n}$ 的和.

6.5　函数的幂级数展开

前面是讨论幂级数的收敛性及和函数的问题,但在许多应用中要讨论相反的问题:也就是将函数用幂级数来表示.那么函数 $f(x)$ 在什么条件下可以展开为一个幂级数 $\displaystyle\sum_{n=0}^{\infty} a_n (x-x_0)^n$?如果可以展开,其幂级数的系数 $a_n (n = 0, 1, 2, \cdots)$ 如何由 $f(x)$ 确定?所展成的幂级数在哪个区间内收敛于 $f(x)$?

6.5.1　泰勒级数

我们先假设 $f(x)$ 能展开成 $x - x_0$ 的幂级数,即成立等式

$$f(x) = \sum_{n=0}^{\infty} a_n(x-x_0)^n$$
$$= a_0 + a_1(x-x_0) + a_2(x-x_0)^2 + \cdots + a_n(x-x_0)^n + \cdots,$$

那么幂级数的系数 $a_n(n=0,1,2,\cdots)$ 与 $f(x)$ 有什么关系? 有如下定理.

定理 1　若函数 $f(x)$ 在 (x_0-R, x_0+R) 内能展成 $x-x_0$ 的幂级数,

$$f(x) = \sum_{n=0}^{\infty} a_n(x-x_0)^n$$
$$= a_0 + a_1(x-x_0) + a_2(x-x_0)^2 + \cdots + a_n(x-x_0)^n + \cdots,$$

$$(*)$$

则 $f(x)$ 在区间 (x_0-R, x_0+R) 内具有任意阶导数,且

$$a_0 = f(x_0)\ ,\quad a_n = \frac{f^{(n)}(x_0)}{n!}\ ,n=1,2,\cdots.$$

证　在 (*) 式中,令 $x=x_0$,得

$$a_0 = f(x_0),$$

根据幂级数在其收敛区间内可以逐项求导,且其收敛半径 R 不变,则有

$$f'(x) = a_1 + 2a_2(x-x_0) + 3a_3(x-x_0)^2 + \cdots,$$
$$f''(x) = 2a_2 + 3\cdot 2a_3(x-x_0) + 4\cdot 3a_4(x-x_0)^2 + \cdots,$$
$$\cdots\cdots$$
$$f^{(n)}(x) = n!a_n + (n+1)!a_{n+1}(x-x_0) + \frac{(n+2)!}{2!}a_{n+2}(x-x_0)^2 + \cdots,$$
$$\cdots\cdots$$

在上述式中,再令 $x=x_0$,得

$$f'(x_0) = a_1, f''(x_0) = 2a_2,\cdots, f^{(n)}(x_0) = n!a_n,\cdots,$$

即

$$a_n = \frac{f^{(n)}(x_0)}{n!},\quad n=1,2,\cdots$$

于是

$$f(x) = \sum_{n=0}^{\infty} \frac{f^{(n)}(x_0)}{n!}(x-x_0)^n\qquad |x-x_0| < R,$$

其中　$f^{(0)}(x_0) = f(x_0),\qquad 0! = 1.$

由此可见,若 $f(x)$ 在 (x_0-R, x_0+R) 内可以展开成幂级数 $\sum_{n=0}^{\infty} a_n(x-x_0)^n$,

则必有 $a_n = \dfrac{f^{(n)}(x_0)}{n!}, n=0,1,2,\cdots$,从而 $f(x)$ 的幂级数展开式的形式是唯一的.

另一方面,如果 $f(x)$ 在 x_0 处具有任意阶导数,我们总可以作出形式为

$$\sum_{n=0}^{\infty} \frac{f^{(n)}(x_0)}{n!}(x-x_0)^n$$

$$= f(x_0) + f'(x_0)(x-x_0) + \frac{f''(x_0)}{2!}(x-x_0)^2 + \cdots + \frac{f^{(n)}(x_0)}{n!}(x-x_0)^n + \cdots$$

的幂级数，于是我们可以有定义

定义　若 $f(x)$ 在 x_0 处具有任意阶导数，则可以得到级数

$$\sum_{n=0}^{\infty} \frac{f^{(n)}(x_0)}{n!}(x-x_0)^n$$

$$= f(x_0) + f'(x_0)(x-x_0) + \frac{f''(x_0)}{2!}(x-x_0)^2 + \cdots + \frac{f^{(n)}(x_0)}{n!}(x-x_0)^n + \cdots,$$

称此级数为函数 $f(x)$ 在 x_0 点处的泰勒（$Taylor$）级数，记作

$$f(x) \sim \sum_{n=0}^{\infty} \frac{f^{(n)}(x_0)}{n!}(x-x_0)^n,$$

其系数 $\dfrac{f^{(n)}(x_0)}{n!}$ 称为泰勒系数.

特别，当取 $x_0 = 0$ 时，称为 $f(x)$ 的马克劳林（Maclaurin）级数，记作

$$f(x) \sim \sum_{n=0}^{\infty} \frac{f^{(n)}(0)}{n!}x^n.$$

定理 1 告诉我们，当 $f(x)$ 能展开成为 $\displaystyle\sum_{n=0}^{\infty} a_n(x-x_0)^n$ 时，则此级数的系数必为泰勒系数，从而此级数必是 $f(x)$ 在 x_0 点处的泰勒级数，即 $f(x)$ 的幂级数展开式是唯一确定的. 在定义中我们采用了记号"$\sim$"，表明此时在 x_0 点可以作出 $f(x)$ 的泰勒级数. 下面说明 $f(x)$ 还应满足什么条件，方能使它的泰勒级数在其收敛区间内收敛于 $f(x)$ 自身，即其和函数 $S(x) = f(x)$.

我们利用一元微分学中介绍的泰勒公式，即

$$f(x) = \sum_{k=0}^{n} \frac{f^{(k)}(x_0)}{k!}(x-x_0)^k + R_n(x), \qquad x \in (x_0 - R, x_0 + R)$$

来解决这个问题.

定理 2　设 $f(x)$ 在区间 $(x_0 - R, x_0 + R)$ 内具有任意阶导数，则 $f(x)$ 在 x_0 点处的泰勒级数在区间 $(x_0 - R, x_0 + R)$ 内收敛于 $f(x)$ 的充要条件是 $f(x)$ 在 x_0 点处的泰勒公式余项 $R_n(x)$ 的极限为零，即

$$\lim_{n \to \infty} R_n(x) = 0, \quad x \in (x_0 - R, x_0 + R).$$

证　由已知条件，得 $f(x)$ 在 x_0 点处的 n 阶泰勒公式为

$$f(x) = S_n(x) + R_n(x),$$

其中

$$S_n(x) = f(x_0) + f'(x_0)(x-x_0) + \frac{f''(x_0)}{2!}(x-x_0)^2 + \cdots + \frac{f^{(n)}(x_0)}{n!}(x-x_0)^n,$$

$$R_n(x) = \frac{f^{(n+1)}(\xi)}{(n+1)!}(x-x_0)^n, \qquad \xi = x_0 + \theta(x-x_0), \qquad 0 < \theta < 1.$$

从而,对于满足 $|x-x_0| < R$ 的一切 x

$$\lim_{n \to \infty} S_n(x) = f(x)$$

的充要条件是 $\quad \lim_{n \to \infty} R_n(x) = 0, \quad x \in (x_0 - R, x_0 + R).$

这里的 $S_n(x)$ 正好是 $f(x)$ 在 x_0 点处的泰勒级数的前 $n+1$ 项部分和,因此,若 $S_n(x)$ 满足

$$\lim_{n \to \infty} S_n(x) = f(x) \qquad x \in (x_0 - R, x_0 + R),$$

就意味着 $f(x)$ 在 x_0 点处的泰勒级数 $\sum\limits_{n=0}^{\infty} \dfrac{f^{(n)}(x_0)}{n!}(x-x_0)^n$ 在区间 $(x_0 - R, x_0 + R)$ 内收敛于 $f(x)$,即

$$f(x) = \sum_{n=0}^{\infty} \frac{f^{(n)}(x_0)}{n!}(x-x_0)^n$$

$$= f(x_0) + f'(x_0)(x-x_0) + \frac{f''(x_0)}{2!}(x-x_0)^2 + \cdots + \frac{f^{(n)}(x_0)}{n!}(x-x_0)^n + \cdots,$$

其中 $x \in (x_0 - R, x_0 + R)$.

6.5.2 函数的幂级数展开

下面讨论怎么样将函数展开成幂级数,一般有直接展开与间接展开两种方法. 我们先来说明直接展开法.

将函数 $f(x)$ 直接展开成 x 的幂级数(马克劳林级数)的步骤为:

第一步:求出 $f(x)$ 在 $x=0$ 点处的各阶导数值 $f^{(n)}(0)$;

第二步:作出幂级数 $\sum\limits_{n=0}^{\infty} \dfrac{f^{(n)}(0)}{n!} x^n$,并求其收敛半径 R;

第三步:考察泰勒公式余项 $R_n(x)$ 在区间 $(-R, R)$ 内的极限

$$\lim_{n \to \infty} R_n(x) = \lim_{n \to \infty} \frac{f^{(n+1)}(\theta x)}{(n+1)!} x^{n+1}, \qquad (0 < \theta < 1)$$

是否为零,若为零,则 $f(x)$ 的马克老林级数在 $(-R, R)$ 内收敛于 $f(x)$,即

$$f(x) = \sum_{n=0}^{\infty} \frac{f^{(n)}(0)}{n!} x^n, \qquad x \in (-R, R),$$

若极限不为零,则幂级数 $\sum\limits_{n=0}^{\infty} \dfrac{f^{(n)}(0)}{n!}x^n$ 虽然在 $(-R,R)$ 内收敛,但它的和函数 $S(x)$ 不是 $f(x)$.

【例1】 将 $f(x) = \mathrm{e}^x$ 展开成 x 的幂级数.

解 因 $f^{(n)}(x) = \mathrm{e}^x$,则 $f^{(n)}(0) = 1$,$n = 0,1,2,\cdots$,得到幂级数

$$\sum_{n=0}^{\infty} \frac{f^{(n)}(0)}{n!}x^n = \sum_{n=0}^{\infty} \frac{x^n}{n!},$$

其收敛区间为 $(-\infty,+\infty)$,泰勒公式余项

$$|R_n(x)| = \left| \mathrm{e}^{\theta x} \cdot \frac{x^{n+1}}{(n+1)!} \right| < \mathrm{e}^{|x|} \cdot \frac{|x|^{n+1}}{(n+1)!} \qquad (0 < \theta < 1).$$

而级数 $\sum\limits_{n=0}^{\infty} \dfrac{|x|^{n+1}}{(n+1)!}$ 对任何 x 都收敛,从而其一般项 $u_n = \dfrac{|x|^{n+1}}{(n+1)!} \to 0$ $(n \to \infty)$. 又 $\mathrm{e}^{|x|}$ 是有限数,因而对 $x \in (-\infty,+\infty)$,有

$$\lim_{n \to \infty} R_n(x) = 0,$$

从而 e^x 的 x 的幂级数展开式为

$$\mathrm{e}^x = \sum_{n=0}^{\infty} \frac{x^n}{n!} = 1 + x + \frac{x^2}{2!} + \cdots + \frac{x^n}{n!} + \cdots \qquad x \in (-\infty,+\infty).$$

【例2】 将 $f(x) = \sin x$ 展开成 x 的幂级数.

解 因 $f^{(n)}(x) = \sin\left(x + \dfrac{n\pi}{2}\right)$,$n = 0,1,2,\cdots$,有

$$f(0) = 0, f'(0) = 1, f''(0) = 0, f'''(0) = -1, \cdots,$$
$$f^{(2k)}(0) = 0, f^{(2k+1)}(0) = (-1)^k, \cdots.$$

从而得到幂级数

$$\sum_{n=0}^{\infty} \frac{f^{(n)}(0)}{n!}x^n = \sum_{k=0}^{\infty} (-1)^k \frac{x^{2k+1}}{(2k+1)!},$$

其收敛区间为 $(-\infty,+\infty)$. n 阶泰勒公式余项

$$|R_n(x)| = \left| \frac{\sin\left(\theta x + \dfrac{n+1}{2}\pi\right)}{(n+1)!}x^{n+1} \right| \leqslant \frac{|x|^{n+1}}{(n+1)!} \qquad (0 < \theta < 1).$$

由例1知,当 $x \in (-\infty,+\infty)$ 时,有 $\lim\limits_{n \to \infty} \dfrac{|x|^{n+1}}{(n+1)!} = 0$,则 $\lim\limits_{n \to \infty} R_n(x) = 0$. 从而得 $\sin x$ 的 x 的幂级数展开式为

$$\sin x = \sum_{n=0}^{\infty} (-1)^n \frac{x^{2n+1}}{(2n+1)!}$$

$$= x - \frac{x^3}{3!} + \frac{x^5}{5!} - \cdots + (-1)^n \frac{x^{2n+1}}{(2n+1)!} + \cdots \quad x \in (-\infty, +\infty).$$

将上式逐项求导,得

$$\cos x = \sum_{n=0}^{\infty} (-1)^n \frac{x^{2n}}{(2n)!}$$

$$= 1 - \frac{x^2}{2!} + \frac{x^4}{4!} - \cdots + (-1)^n \frac{x^{2n}}{(2n)!} + \cdots \quad x \in (-\infty, +\infty).$$

从上面的例子可以看到,用直接法将函数展开成幂级数还是相当麻烦的,所以通常我们是利用泰勒级数的唯一性,利用某些个已知的展开式,通过逐项求导、逐项积分,或四则运算、变量代换等方法来求得函数 $f(x)$ 的幂级数展开式,这样的展开方法称为间接展开法.

通常我们是利用 $e^x, \sin x, \cos x, \ln(1+x), (1+x)^\alpha$ 这五个函数的麦克劳林级数,再通过运算求出函数 $f(x)$ 的幂级数.

下面是 $e^x, \sin x, \cos x, \ln(1+x), (1+x)^\alpha$ 的麦克劳林级数:

$(1) e^x = \sum_{n=0}^{\infty} \frac{x^n}{n!} = 1 + x + \frac{x^2}{2!} + \cdots + \frac{x^n}{n!} + \cdots \quad x \in (-\infty, +\infty)$;

$(2) \sin x = \sum_{n=0}^{\infty} (-1)^n \frac{x^{2n+1}}{(2n+1)!}$

$$= x - \frac{x^3}{3!} + \frac{x^5}{5!} - \cdots + (-1)^n \frac{x^{2n+1}}{(2n+1)!} + \cdots \quad x \in (-\infty, +\infty);$$

$(3) \cos x = \sum_{n=0}^{\infty} (-1)^n \frac{x^{2n}}{(2n)!}$

$$= 1 - \frac{x^2}{2!} + \frac{x^4}{4!} - \cdots + (-1)^n \frac{x^{2n}}{(2n)!} + \cdots \quad x \in (-\infty, +\infty);$$

$(4) \ln(1+x) = \sum_{n=1}^{\infty} \frac{(-1)^{n-1}}{n} x^n$

$$= x - \frac{x^2}{2} + \frac{x^3}{3} - \cdots + \frac{(-1)^{n-1}}{n} x^n + \cdots \quad x \in (-1, 1];$$

$(5) (1+x)^\alpha = 1 + \sum_{n=1}^{\infty} \frac{\alpha(\alpha-1)\cdots(\alpha-n+1)}{n!} x^n$

$$= 1 + \alpha x + \frac{\alpha(\alpha-1)}{2!} x^2 + \cdots + \frac{\alpha(\alpha-1)\cdots(\alpha-n+1)}{n!} x^n +$$

$$\cdots \quad x \in (-1, 1).$$

217

其中第(1)、(2)、(3)前面已经推导了,第(4)、(5)式也可类似推导得到,在此略了.

【例3】 将 $f(x) = \ln(x^2 + 3x + 2)$ 展开成 x 的幂级数.

解 因为 $f(x) = \ln(x^2 + 3x + 2) = \ln(1+x) + \ln(2+x)$,故可利用 $\ln(1+x)$ 的展开式.

由 $\ln(1+x) = \sum_{n=1}^{\infty} \frac{(-1)^{n-1}}{n} x^n, x \in (-1,1]$,

又 $\ln(2+x) = \ln\left[2\left(1+\frac{x}{2}\right)\right] = \ln 2 + \ln\left(1+\frac{x}{2}\right) = \ln 2 + \sum_{n=1}^{\infty} \frac{(-1)^{n-1}}{n}\left(\frac{x}{2}\right)^n$,

其中 $\frac{x}{2} \in (-1,1]$,得到 $x \in (-2,2]$.

从而 $f(x) = \ln(x^2 + 3x + 2) = \ln(1+x) + \ln(2+x)$

$$= \sum_{n=1}^{\infty} \frac{(-1)^{n-1}}{n} x^n + \ln 2 + \sum_{n=1}^{\infty} \frac{(-1)^{n-1}}{n}\left(\frac{x}{2}\right)^n$$

$$= \ln 2 + \sum_{n=1}^{\infty} \frac{(-1)^{n-1}}{n}\left(1+\frac{1}{2^n}\right) x^n.$$

其中收敛区间应该取两个收敛区间 $(-1,1]$, $(-2,2]$ 中较小的那个 $(-1,1]$.

【例4】 将 $f(x) = \arctan x$ 展开成 x 的幂级数.

解 因为 $(\arctan x)' = \frac{1}{1+x^2}$,所以可以先展开 $\frac{1}{1+x^2}$,再积分即可.

利用 $\frac{1}{1-x} = \sum_{n=0}^{\infty} x^n$,得到

$$\frac{1}{1+x^2} = \frac{1}{1-(-x^2)} = \sum_{n=0}^{\infty} (-x^2)^n = \sum_{n=0}^{\infty} (-1)^n x^{2n} \qquad x \in (-1,1).$$

再取 0 到 x 的积分,

$$\arctan x = \int_0^x \frac{1}{1+x^2} dx = \int_0^x \left(\sum_{n=0}^{\infty} (-1)^n x^{2n}\right) dx$$

$$= \sum_{n=0}^{\infty} \int_0^x (-1)^n x^{2n} dx = \sum_{n=0}^{\infty} (-1)^n \frac{x^{2n+1}}{2n+1}.$$

由于在 $x = \pm 1$,级数 $\sum_{n=0}^{\infty} (-1)^n \frac{1}{2n+1}$ 是收敛的交错级数,从而收敛域为 $[-1,1]$.

【例5】 将 $f(x) = \frac{1}{2+x}$ 展开成 $x-1$ 的幂级数.

解 这是展开成 $x-1$ 的泰勒级数,我们还是利用 $\frac{1}{1-x} = \sum_{n=0}^{\infty} x^n$,作如下变形

由于 $f(x) = \dfrac{1}{2+x} = \dfrac{1}{3+(x-1)} = \dfrac{1}{3} \cdot \dfrac{1}{1-(-\dfrac{x-1}{3})}$，用 $-\dfrac{x-1}{3}$ 代替

x，得

$$\frac{1}{2+x} = \frac{1}{3} \cdot \frac{1}{1-(-\dfrac{x-1}{3})} = \frac{1}{3} \sum_{n=0}^{\infty} (-\frac{x-1}{3})^n$$

$$= \sum_{n=0}^{\infty} \frac{(-1)^n}{3^{n+1}}(x-1)^n, \quad \left|\frac{x-1}{3}\right| < 1, \text{即 } x \in (-2,4).$$

习题 6.5

1. 用直接展开法将函数 $f(x) = 2^x$ 展开成马克劳林级数.

2. 将下列函数展开成 x 的幂级数：

(1) a^x；

(2) $\ln(3+x)$；

(3) $\sin 2x$；

(4) $x^2 \arctan x$；

(5) $\ln(1+x+x^2)$；

(6) $\dfrac{1}{\sqrt{1-x^2}}$.

3. 将 $\dfrac{1}{x}$ 展开成 $x-1$ 的幂级数.

4. 将 $\cos x$ 展开成 $x + \dfrac{\pi}{3}$ 的幂级数.

5. 将 $\dfrac{1}{x^2+3x+2}$ 展开成 $x+4$ 的幂级数.

6. 利用 $\ln(1+x)$ 的幂级数展开式，证明当 $x \in (-1,1)$ 时 $\ln\dfrac{1+x}{1-x} = 2(x + \dfrac{x^3}{3}$

$+ \cdots + \dfrac{x^{2n+1}}{2n+1} + \cdots)$.

*6.6　傅里叶级数

在某些工程技术问题中，经常遇到周期现象，周期函数是反映客观世界的周期运动.

正弦函数是常见的周期函数，例如，描述简谐振动的函数：

$$S = A\sin(\omega t + \phi),$$

这是一个以 $\frac{2\pi}{\omega}$ 为周期的正弦函数，其中 S 表示动点的位置，t 为时间，A 为振幅，ω 为角频率，ϕ 为初相位．从交流发电机获得的交流电流也可以用类似的正弦函数表示．

利用三角函数的和角公式，上式可写成

$$S = A\sin(\omega t + \phi) = a\cos \omega t + b\sin \omega t,$$

其中 $a = A\sin \phi, b = A\cos \phi$．

为研究周期函数方便，与函数展开为幂级数类似，我们需要研究将周期函数展开成正弦及余弦函数为项的级数问题，即用级数

$$\frac{a_0}{2} + \sum_{n=1}^{\infty}(a_n\cos n\omega x + b_n\sin n\omega x)$$

来表示周期函数 $f(x)$，我们称这类级数称为三角级数，其中 $a_0, a_n, b_n(n = 1, 2, \cdots)$ 称为三角级数的系数．

6.6.1 三角函数系的正交性

函数列

$$1, \cos x, \sin x, \cos 2x, \sin 2x, \cdots, \cos nx, \sin nx, \cdots$$

称为三角函数系．此三角函数系在 $[-\pi, \pi]$ 上是正交的，即三角函数系中任两个不同的函数的乘积在 $[-\pi, \pi]$ 上的积分为零．这是因为

$$\int_{-\pi}^{\pi}\cos nx\,\mathrm{d}x = \frac{1}{n}\sin nx \bigg|_{-\pi}^{\pi} = 0;$$

$$\int_{-\pi}^{\pi}\sin nx\,\mathrm{d}x = -\frac{1}{n}\cos nx \bigg|_{-\pi}^{\pi} = 0;$$

$$\int_{-\pi}^{\pi}\cos nx\cos kx\,\mathrm{d}x = \int_{-\pi}^{\pi}\frac{1}{2}\big[\cos(n+k) + \cos(n-k)\big]\mathrm{d}x = 0 \quad (n \neq k);$$

同理 $\displaystyle\int_{-\pi}^{\pi}\sin nx\sin kx\,\mathrm{d}x = 0 \quad (n \neq k);$

$$\int_{-\pi}^{\pi}\sin nx\cos kx\,\mathrm{d}x = 0.$$

6.6.2 傅里叶级数

现在来讨论如何把一个函数展开成三角级数的问题．

假设以 2π 为周期的函数 $f(x)$ 在 $[-\pi, \pi]$ 上能展开成三角级数，即有等式

$$f(x) = \frac{a_0}{2} + \sum_{k=1}^{\infty}(a_k\cos kx + b_k\sin kx). \qquad (*)$$

像函数展开成为幂级数一样,关键也在于如何确定三角级数的系数 $a_0, a_n, b_n (n = 1, 2, \cdots)$,使得上式成立. 这些系数的确定,三角函数系的正交性起着决定性的作用. 将 $\cos nx$ 或 $\sin nx$ 乘 $(*)$ 式,然后逐项积分,利用三角函数系的正交性,可求得这些系数.

$$\int_{-\pi}^{\pi} f(x) \mathrm{d}x = \int_{-\pi}^{\pi} \frac{a_0}{2} \mathrm{d}x + \sum_{k=1}^{\infty} \left[\int_{-\pi}^{\pi} a_k \cos kx \mathrm{d}x + \int_{-\pi}^{\pi} b_k \sin kx \mathrm{d}x \right] = a_0 \pi.$$

于是
$$a_0 = \frac{1}{\pi} \int_{-\pi}^{\pi} f(x) \mathrm{d}x. \tag{1}$$

用 $\cos nx$ 乘以 $(*)$ 的两边,并取区间 $[-\pi, \pi]$ 上的积分,有

$$\int_{-\pi}^{\pi} f(x) \cos nx \mathrm{d}x$$

$$= \int_{-\pi}^{\pi} \frac{a_0}{2} \cos nx \mathrm{d}x + \sum_{k=1}^{\infty} \left[\int_{-\pi}^{\pi} a_k \cos nx \cdot \cos kx \mathrm{d}x + \int_{-\pi}^{\pi} b_k \cos nx \cdot \sin kx \mathrm{d}x \right]$$

$$= a_n \int_{-\pi}^{\pi} \cos^2 nx \mathrm{d}x = a_n \int_{-\pi}^{\pi} \frac{1}{2}(1 - \cos 2nx) \mathrm{d}x = a_n \cdot \pi.$$

于是
$$a_n = \frac{1}{\pi} \int_{-\pi}^{\pi} f(x) \cos nx \mathrm{d}x \ (n = 1, 2, \cdots). \tag{2}$$

类似地,可以得到

$$b_n = \frac{1}{\pi} \int_{-\pi}^{\pi} f(x) \sin nx \mathrm{d}x \ (n = 1, 2, \cdots). \tag{3}$$

我们称 $(1)(2)(3)$ 式为函数 $f(x)$ 的傅里叶系数,以它们作系数的三角级数

$$\frac{a_0}{2} + \sum_{n=1}^{\infty} (a_n \cos nx + b_n \sin nx)$$

称为函数 $f(x)$ 的傅里叶级数.

对于任意定义在 $(-\infty, \infty)$ 内的周期为 2π 的函数 $f(x)$,只要可积,就可以作出傅里叶级数,记作

$$f(x) \sim \frac{a_0}{2} + \sum_{n=1}^{\infty} (a_n \cos nx + b_n \sin nx).$$

但是,这样作出的级数是否收敛,即使收敛,其和函数 $S(x)$ 是否就是 $f(x)$,我们还不知道.

傅里叶级数的收敛性理论比较复杂,我们只给出一个常用的主要结论.

狄利克雷(*Dirichlet*)定理 设函数 $f(x)$ 以 2π 为周期,并在一个周期内满足条件:

(1) 连续或只有有限个第一类间断点;

(2) 只有有限个极值点,

则 $f(x)$ 的傅里叶级数 $\dfrac{a_0}{2}+\sum\limits_{n=1}^{\infty}(a_n\cos nx+b_n\sin nx)$ 收敛,其和函数 $S(x)$ 有

$$S(x)=\begin{cases}f(x), & \text{当 } x \text{ 为 } f(x) \text{ 的连续点}\\ \dfrac{1}{2}\big[f(x^+)+f(x^-)\big], & \text{当 } x \text{ 为 } f(x) \text{ 的间断点}\end{cases}.$$

定理中的条件通常称为狄利克雷充分条件,上述定理告诉我们,若 $f(x)$ 在 $[-\pi,\pi]$ 上连续或只有有限个第一类间断点,并且不作无限次的振动,那么由 $f(x)$ 所作出的傅里叶级数一定收敛,并且在连续点收敛于 $f(x)$ 本身,在间断点收敛于该点左右极限的算术平均值.

【例1】 设 $f(x)$ 是以 2π 为周期的周期函数,它在 $[-\pi,\pi)$ 上的表达式为

$$f(x)=|x|=\begin{cases}-x, & -\pi\leqslant x<0\\ x, & 0\leqslant x<\pi\end{cases}.$$

将 $f(x)$ 在 $(-\infty,\infty)$ 内展开成傅里叶级数.

解 先求 $f(x)$ 的傅里叶系数,

$$a_0=\frac{1}{\pi}\int_{-\pi}^{\pi}f(x)\mathrm{d}x=\frac{1}{\pi}\int_{-\pi}^{\pi}|x|\mathrm{d}x=\frac{2}{\pi}\int_0^{\pi}x\mathrm{d}x=\pi,$$

$$a_n=\frac{1}{\pi}\int_{-\pi}^{\pi}f(x)\cos nx\,\mathrm{d}x=\frac{1}{\pi}\int_{-\pi}^{\pi}|x|\cos nx\,\mathrm{d}x$$

分部积分

$$=\frac{2}{\pi}\int_0^{\pi}x\cos nx\,\mathrm{d}x=\frac{2}{n\pi}\Big[x\sin nx+\frac{1}{n}\cos nx\Big]\Big|_0^{\pi}$$

$$=\frac{2}{n^2\pi}(\cos n\pi-1)=\frac{2((-1)^n-1)}{n^2\pi},\qquad n=1,2,\cdots,$$

$$b_n=\frac{1}{\pi}\int_{-\pi}^{\pi}f(x)\mathrm{d}x=\frac{1}{\pi}\int_{-\pi}^{\pi}|x|\cdot\sin nx\,\mathrm{d}x=0,\qquad n=1,2,\cdots.$$

因 $f(x)=|x|$ 在 $[-\pi,\pi)$ 内为偶函数,如图6-2,由于 $f(x)$ 在 $(-\infty,\infty)$ 内连续,由狄利克雷定理知,$f(x)$ 所展开成的傅里叶级数其和函数 $S(x)=f(x),x\in(-\infty,\infty)$.

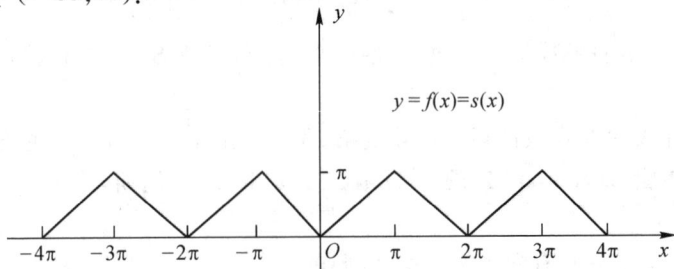

图 6-2

于是，$f(x)$ 在 $(-\infty,\infty)$ 内展开成的傅里叶级数为

$$f(x) = \frac{\pi}{2} + \sum_{n=1}^{\infty} \frac{2((-1)^n - 1)}{n^2 \pi} \cos nx, \quad x \in (-\infty, +\infty).$$

【例 2】 将函数

$$f(x) = \begin{cases} 0, & -\pi \leqslant x < 0 \\ 2, & 0 \leqslant x \leqslant \pi \end{cases}$$

在 $[-\pi, \pi]$ 内展开为傅里叶级数，并作出该级数和函数的图形.

解 先计算 $f(x)$ 傅里叶级数的系数

$$a_0 = \frac{1}{\pi}\int_{-\pi}^{\pi} f(x)\mathrm{d}x = \frac{1}{\pi}\int_0^{\pi} 2\mathrm{d}x = 2,$$

$$a_n = \frac{1}{\pi}\int_{-\pi}^{\pi} f(x)\cos nx\,\mathrm{d}x = \frac{1}{\pi}\int_0^{\pi} 2\cdot\cos nx\,\mathrm{d}x = 0 \quad (n=1,2,\cdots),$$

$$b_n = \frac{1}{\pi}\int_{-\pi}^{\pi} f(x)\sin nx\,\mathrm{d}x = \frac{1}{\pi}\int_0^{\pi} 2\cdot\sin nx\,\mathrm{d}x$$

$$= \frac{2}{n\pi}(1-\cos n\pi) = \frac{2(1-(-1)^n)}{n\pi}. \quad (n=1,2,\cdots).$$

我们也可以讨论 n 的奇偶性，进一步细分此式，

当 $n=2m$ 时，$b_{2m}=0$，$\quad (m=1,2,\cdots)$；

当 $n=2m-1$ 时，$b_{2m-1}=\dfrac{4}{(2m-1)\pi}$，$\quad (m=1,2,\cdots)$.

函数 $f(x)$ 在 $[-\pi,\pi]$ 上满足收敛定理条件，将 $f(x)$ 作周期为 2π 的周期延拓，可见延拓后函数在 $x=k\pi(k=0,\pm1,\pm2,\cdots)$ 点间断，所以其傅里叶级数在 $x=k\pi$ 收敛于

$$\frac{f(0^+)+f(0^-)}{2} = \frac{2+0}{2} = 1,$$

作出和函数的图形，如图 6-3 所示.

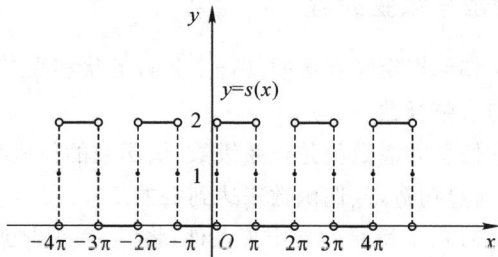

图 6-3

从而 $f(x)$ 的傅里叶级数为

$$f(x) = 1 + \sum_{n=1}^{\infty} \frac{2(1-(-1)^n)}{n\pi}\sin nx = 1 + \sum_{m=1}^{\infty} \frac{4}{(2m-1)\pi}\sin(2m-1)x,$$
$$x \in (-\pi,0),(0,\pi).$$

6.6.3 奇、偶函数的傅里叶级数

当函数 $f(x)$ 在 $[-\pi,\pi]$ 上满足狄利克雷条件时，若 $f(x)$ 为奇函数，则 $f(x)\cos nx$ 为奇函数，而 $f(x)\sin nx$ 为偶函数. 由傅里叶系数公式可知

$$a_n = \frac{1}{\pi}\int_{-\pi}^{\pi} f(x)\cos nx\, dx = 0, \quad (n=0,1,2,\cdots);$$
$$b_n = \frac{2}{\pi}\int_{0}^{\pi} f(x)\sin nx\, dx, \qquad (n=,1,2,\cdots).$$

于是 $f(x)$ 所展成的傅里叶级数只含正弦函数项，

$$f(x) \sim \sum_{n=1}^{\infty} b_n \sin nx$$

称为正弦级数.

若 $f(x)$ 为偶函数，则 $f(x)\sin nx$ 为奇函数，而 $f(x)\cos nx$ 为偶函数. 于是

$$a_n = \frac{2}{\pi}\int_{0}^{\pi} f(x)\cos nx\, dx, \qquad (n=0,1,2,\cdots);$$
$$b_n = \frac{1}{\pi}\int_{-\pi}^{\pi} f(x)\sin nx\, dx = 0, \quad (n=,1,2,\cdots).$$

所以，偶函数所展成傅里叶级数只含常数项与余弦函数项，

$$f(x) \sim \frac{a_0}{2} + \sum_{n=1}^{\infty} a_n \cos nx$$

称为余弦级数，如例 1 就是由偶函数展成的余弦级数.

6.6.4 正弦级数与余弦级数

下面我们讨论如何把定义在区间 $[0,\pi]$ 上满足狄利克雷条件的函数 $f(x)$ 展开为正弦级数与余弦级数.

因为奇函数的傅里叶级数就是正弦级数，偶函数的傅里叶级数就是余弦级数，所以我们可以通过构造奇、偶函数来达到目的.

设 $f(x)$ 是在 $[0,\pi]$ 上满足收敛定理条件，将 $f(x)$ 作奇延拓（或偶延拓），即定义 $f(x)$ 在 $(-\pi,0)$ 上的值，使得延拓后的函数在 $(-\pi,\pi)$ 上为奇函数（或偶函数），然后再将延拓后的函数展开成傅里叶级数，则此级数一定是正弦（或余弦）

级数,再限制 $x \in [0, \pi]$,从而就得到了 $f(x)$ 的正弦级数(或余弦级数).

【例3】 将函数 $f(x) = x$,$x \in [0, \pi]$,展开成正弦级数.

解 将 $f(x)$ 作奇延拓(如图 6-4),再求傅里叶系数

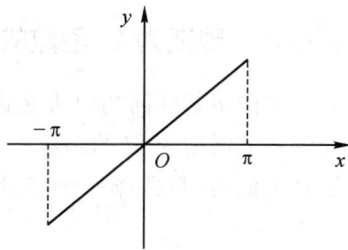

图 6-4

$$a_n = 0, \quad (n = 0, 1, 2, \cdots),$$

$$b_n = \frac{2}{\pi} \int_0^\pi f(x) \sin nx \, dx = \frac{2}{\pi} \int_0^\pi x \cdot \sin nx \, dx$$

$$= -\frac{2}{n} \int_0^\pi x \, d\cos nx = -\frac{2}{n} \left(x\cos nx \Big|_0^\pi - \int_0^\pi \cos nx \, dx \right)$$

$$= (-1)^{n+1} \frac{2\pi}{n} \qquad (n = 1, 2, \cdots).$$

画出先作奇延拓再作周期延拓后函数的图形,如图 6-5 所示.

可见,$f(x)$ 在 $x = \pm\pi$ 间断,其傅里叶级数收敛于

$$\frac{f(\pi^+) + f(\pi^-)}{2} = \frac{-\pi + \pi}{2} = 0.$$

从而 $f(x)$ 的傅里叶级数为

$$f(x) = \sum_{n=1}^\infty (-1)^{n+1} \frac{2\pi}{n} \sin nx, \qquad x \in (-\pi, \pi).$$

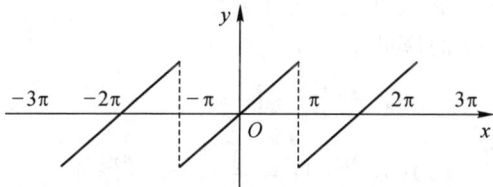

图 6-5

下面是和函数 $y = S(x)$ 的图形,如图 6-6 所示.

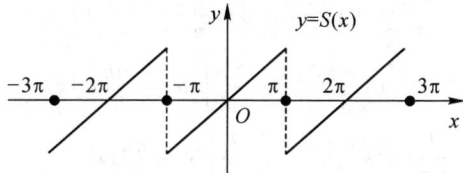

图 6-6

6.6.5　周期为 $2l$ 函数的傅里叶级数

在许多实际问题中所遇到的周期函数,它的周期不一定是 2π,所以在这里介绍一下周期为 $2l$ 的函数的傅里叶级数,其展开的思路与周期为 2π 的周期函数是类似的,只要作一个变量代换就可以转化了.本段叙述展开的公式,证明略了.

设 $f(x)$ 是周期为 $2l$ 的周期函数,满足收敛定理条件,则 $f(x)$ 的傅里叶级数为

$$f(x) \sim \frac{a_0}{2} + \sum_{n=1}^{\infty}\left(a_n\cos\frac{n\pi}{l}x + b_n\sin\frac{n\pi}{l}x\right),$$

其中

$$a_0 = \frac{1}{l}\int_{-l}^{l}f(x)\mathrm{d}x,$$

$$a_n = \frac{1}{l}\int_{-l}^{l}f(x)\cos\frac{n\pi}{l}x\,\mathrm{d}x \qquad (n=1,2,\cdots),$$

$$b_n = \frac{1}{l}\int_{-l}^{l}f(x)\sin\frac{n\pi}{l}x\,\mathrm{d}x \qquad (n=1,2,\cdots).$$

【例4】　设 $f(x)$ 是以 $2l$ 为周期的周期函数,它在 $(-l,l]$ 上的表达式为

$$f(x) = \begin{cases} 0, & -1 < x \leqslant 0 \\ x, & 0 < x \leqslant l \end{cases}.$$

将 $f(x)$ 在 $(-\infty,\infty)$ 内展开成傅里叶级数.

解　先求 $f(x)$ 的傅里叶系数

$$a_0 = \frac{1}{l}\int_{-l}^{l}f(x)\mathrm{d}x = \frac{1}{l}\int_{0}^{l}x\mathrm{d}x = \frac{l}{2},$$

$$a_n = \frac{1}{l}\int_{-l}^{l}f(x)\cos\frac{n\pi}{l}x\,\mathrm{d}x = \frac{1}{l}\int_{0}^{l}x\cos\frac{n\pi}{l}x\,\mathrm{d}x$$

$$= \frac{1}{l}\left[\frac{l}{n\pi}x\sin\frac{n\pi}{l}x\,\Big|_0^l - \frac{l}{n\pi}\int_0^l\sin\frac{n\pi}{l}x\,\mathrm{d}x\right]$$

$$= \frac{1}{l}\left[0 + \frac{l^2}{n^2\pi^2}\cos\frac{n\pi}{l}x\,\Big|_0^l\right] = \frac{l}{n^2\pi^2}\left[(-1)^n - 1\right],$$

$$b_n = \frac{1}{l}\int_{-l}^{l}f(x)\sin\frac{n\pi}{x}x\,\mathrm{d}x = \frac{1}{l}\int_{0}^{l}x\sin\frac{n\pi}{x}x\,\mathrm{d}x$$

$$= \frac{1}{l}\left[-\frac{l}{n\pi}x\cos\frac{n\pi}{l}x\,\Big|_0^l + \frac{l}{n\pi}\int_0^l\cos\frac{n\pi}{l}x\,\mathrm{d}x\right]$$

$$= (-1)^{n+1}\frac{l}{n\pi}.$$

作出 $f(x)$ 的图形,如图 6-7 所示,可见 $f(x)$ 在 $x = (2k-1)l(k = 0, \pm 1,$ $\pm 2 \cdots)$ 间断,所以 $f(x)$ 的傅里叶级数在 $x = (2k-1)l$ 收敛于

$$\frac{f(l^+) + f(l^-)}{2} = \frac{0+l}{2} = \frac{l}{2},$$

从而 $f(x)$ 在 $(-\infty, \infty)$ 内所展开成的傅里叶级数为

$$f(x) = \frac{l}{4} + \sum_{n=1}^{\infty} \left[\frac{l}{n^2 \pi^2} [(-1)^n - 1] \cos \frac{n\pi}{l} + (-1)^{n+1} \frac{l}{n\pi} \sin \frac{n\pi}{l} x \right]$$

$$x \neq (2k-1)l(k = 0, \pm 1, \pm 2 \cdots).$$

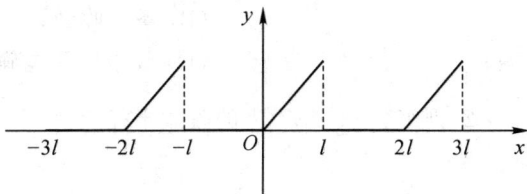

图 6-7

同理,我们也可以将定义在 $[0, l]$ 上的函数展开成正弦级数及余弦级数,公式是类似的,在此不作详细讨论了.

习题 6.6

1.将下列周期为 2π 的周期函数展开成傅里叶级数:

(1) $f(x) = x^2 \quad (-\pi \leqslant x < \pi)$;

(2) $f(x) = \begin{cases} x & -\pi \leqslant x < 0 \\ 1 & 0 \leqslant x < \pi \end{cases}$.

2.将 $f(x) = x+1, x \in [0, \pi]$ 分别展开成正弦级数及余弦级数.

3.将 $f(x) = \begin{cases} 0 & -2 \leqslant x < 0 \\ 1 & 0 \leqslant x < 2 \end{cases}$ 展开成傅里叶级数.

综合测试题六

一、单项选择题:

1.设级数 $\sum\limits_{n=1}^{\infty} u_n$ 收敛,则下列结论中不正确的是(   ).

(A) $\sum\limits_{n-1}^{\infty} u_{n+4}$ 收敛;

(B) $\lim\limits_{n \to \infty} u_n^2 = 0$;

(C) $\sum\limits_{n=1}^{\infty} (u_n - u_{n+1})$ 收敛;

(D) $\sum\limits_{n=1}^{\infty} u_n^2$ 收敛.

2.下列级数中条件收敛的级数是(　　).

(A) $\sum\limits_{n=1}^{\infty}(-1)^{n-1}\dfrac{1}{n^2}$;　　　　　　　(B) $\sum\limits_{n=1}^{\infty}(-1)^{n-1}\dfrac{n}{\sqrt{2n^2+1}}$;

(C) $\sum\limits_{n=1}^{\infty}(-1)^{n-1}(\sqrt{n+1}-\sqrt{n})$;　　(D) $\sum\limits_{n=1}^{\infty}(-1)^{n-1}\ln^n 2$.

3.若级数 $\sum\limits_{n=1}^{\infty}c_n(x+2)^n$ 在 $x=-4$ 处是收敛的,则此级数在 $x=1$ 处是(　　).

(A) 发散;　　　　　　　　　(B) 条件收敛;

(C) 绝对收敛;　　　　　　　(D) 收敛性不能确定.

4.设 $\lim\limits_{n\to\infty}\left|\dfrac{a_{n+1}}{a_n}\right|=2$,则级数 $\sum\limits_{n=1}^{\infty}a_n x^{2n+1}$ 的收敛半径 R 为(　　).

(A)1;　　　　　　　　　　(B)2;

(C) $\sqrt{2}$;　　　　　　　　　(D) $\dfrac{1}{\sqrt{2}}$.

二、填空题:

1.当 p _____ 时,级数 $\sum\limits_{n=1}^{\infty}(-1)^n\dfrac{1}{n^{2p}}$ 绝对收敛;

2.设 $\dfrac{1}{3+x}=\sum\limits_{n=0}^{\infty}a_n(x-1)^n(-3<x<5)$,则 $a_n=$ _____;

*3.设 $S(x)$ 是 $f(x)=\begin{cases}2 & -\pi<x\leqslant 0 \\ x^3 & 0<x\leqslant\pi\end{cases}$ 傅里叶级数的和函数,则 $S(3\pi)=$

_____.

三、解答题:

1.判别下列级数的敛散性:

(1) $\sum\limits_{n=1}^{\infty}\dfrac{(-1)^n+n}{2^n}$;　　　　　　　(2) $\sum\limits_{n=1}^{\infty}\dfrac{n\sin^2\dfrac{n\pi}{3}}{3^n}$;

(3) $\sum\limits_{n=1}^{\infty}3^n\sin\dfrac{\pi}{4^n}$;　　　　　　　(4) $\sum\limits_{n=1}^{\infty}\dfrac{n^n}{n!}$.

2.判定下列级数的绝对收敛性与条件收敛性:

(1) $\sum\limits_{n=1}^{\infty}(-1)^n\ln\dfrac{n+1}{n}$;　　　　　　(2) $\sum\limits_{n=1}^{\infty}\dfrac{b^n}{n^k}$.

3.求下列幂级数的的收敛半径、收敛区间及和函数.

(1) $\sum\limits_{n=1}^{\infty} \dfrac{x^n}{3^n \cdot n}$;　　　　　(2) $\sum\limits_{n=0}^{\infty} \dfrac{n+1}{n!} x^n$.

4.将函数 $f(x) = \arctan x + \dfrac{1}{2} \ln \dfrac{1+x}{1-x}$ 展开为 x 的幂级数.

*5.将函数 $f(x) = x, x \in [0, \pi]$ 展开成余弦级数.

四、证明:设正项级数 $\sum\limits_{n=1}^{\infty} a_n$ 收敛,则级数 $\sum\limits_{n=1}^{\infty} \dfrac{\sqrt{a_n}}{n}$ 也收敛.

参 考 答 案

习题 1.1

1. (1) $y' = 3x^2 - \dfrac{2}{x^3} + 3^x\ln 3$;

   (2) $y' = 18x(3x^2 + 2)^2 - \dfrac{1}{2}(x+1)^{-\frac{3}{2}}$;

   (3) $y' = -\sin x \cdot \ln\tan x + \dfrac{1}{\sin x}$;

   (4) $y' = \dfrac{-1}{1+x^2}$, $y'' = \dfrac{2x}{(1+x^2)^2}$;

   (5) $\dfrac{\mathrm{d}y}{\mathrm{d}x} = -\sin 2x \cdot f'(\cos^2 x)$;

   (6) $y' = \dfrac{\mathrm{e}^y}{1-x\mathrm{e}^y}$, $\mathrm{d}y = \dfrac{\mathrm{e}^y}{1-x\mathrm{e}^y}\mathrm{d}x$;

   (7) $\dfrac{\mathrm{d}y}{\mathrm{d}x} = \dfrac{3}{2}(1-t)$.

2. $a = b = -1$;切线方程 $y = x - 2$;法线方程 $y = -x$.

3. (1) $\left(-\infty, -\dfrac{1}{2}\right)$ 单调减少;$\left(-\dfrac{1}{2}, +\infty\right)$ 单调增加;$y\left(-\dfrac{1}{2}\right) = -\dfrac{1}{2}\mathrm{e}^{-1}$ 极小

   值;

   (2) $(0,2)$ 单调减少;$(2, +\infty)$ 单调增加;$y(2) = 8$ 极小值.

4. $(-\infty, -1)$, $(1, +\infty)$ 凸区间;$(-1,1)$ 凹区间;$(\pm 1, \ln 2)$ 拐点.

5. 略.

习题 1.2

1. (1) $\dfrac{3^x}{\ln 3} + \ln|x| - \dfrac{x^2}{2} + 6\sqrt{x} + C$;

   (2) $-\dfrac{1}{2}\cos x^2 + C$;

   (3) $\arcsin \dfrac{r}{2} + \sqrt{4 - r^2} + C$;

(4) $\dfrac{1}{2}(x-\dfrac{1}{2}\sin 2x)-\cos x+\dfrac{1}{3}\cos^3 x+C$;

(5) $x\arctan x-\dfrac{1}{2}\ln(1+x^2)+C$;

(6) $-x^2 e^{-x}-2x e^{-x}-2e^{-x}+C$.

2.(1) $\dfrac{\pi}{4}$;　　(2)5;　　(3) $\dfrac{22}{3}$;　　(4)$1-\dfrac{\pi}{4}$;　　(5) $\dfrac{1}{\pi}$;

(6)$1-\dfrac{2}{e}$;　(7) $\dfrac{2}{\pi}+6$.

3. e.

4. 极小值 $I(0)=0$.

5. $\dfrac{32}{3}$.

6. 切线方程 $y=e\,x$.

习题 1.3

1.(1)$C(10)=125,\bar{C}(10)=12.5,C'(10)=5$;(2)$Q=20$.

2.(1)$R'=26-4Q-12Q^2;C'=8+2Q$;(2)$Q=1;L_{\max}(1)=11$.

3.(1)$E_d(4)\approx-0.54$,增加 0.46%;(2)$P=5$.

综合测试题一

一、1.$2x\cos(x^2+1)$;　　2.$\dfrac{\pi}{2}$;　　3.$\dfrac{1}{12}$;　　4.$a=2$.

二、1.$(1+x^2)^{-\frac{3}{2}}$;　　2.$x^x(\ln x+1)$;　　3.$\dfrac{1}{x}\cdot f'(\ln x)$;　　4.$-\dfrac{1}{2}e^{-2}+\dfrac{11}{6}$;

5.$\arcsin x+\sqrt{1-x^2}+C$;

6.$\dfrac{1}{2}x\sin 2x+\dfrac{1}{4}\cos 2x+\dfrac{1}{2}\sin 2x+C$;

7.$2e^2+2$.

三、切线方程 $y=-x$;法线方程 $y=x+4$.

四、$(-\infty,1)$ 单调递增,$(1,+\infty)$ 单调递减,$x=1$ 时取到极大值 e^{-1};

$(-\infty,2)$ 曲线凸,$(2,+\infty)$ 曲线凹,$(2,2e^{-2})$ 是拐点.

五、略.

六、$t=\dfrac{1}{4}$,最小值为 $\dfrac{1}{4}$.

七、$f(x)$ 在 $x=0$ 点连续但不可导.

习题 2.2

1. (1) $-e^{-y} = e^x + C$; (2) $\ln y = Ce^{-\frac{1}{x}}$;

(3) $1 + x^2 = C(1 + y^2)$; (4) $x = Cy^4(4-x)$.

2. (1) $x^2 y = 4$; (2) $y^2 = 2\ln(1+e^x) + 1 - 2\ln 2$.

*3. (1) $-\dfrac{x}{y} = 2\ln|y| + C$; (2) $\ln\dfrac{y}{x} - 1 = Cx$.

4. $(x-3)^2 + (y-4)^2 = 25$.

5. $p = a - (a - p_0)e^{-kr}, a$.

习题 2.3

1. (1) $y = \dfrac{x^2}{3} + \dfrac{3}{2}x + \dfrac{C}{x}$; (2) $y = \dfrac{x + C}{\cos x}$;

(3) $y = \dfrac{\sin x + C}{x^2 - 1}$; (4) $x = y(\dfrac{y^2}{2} + C)$.

2. (1) $y = e^{-x}(\dfrac{1}{2}e^{2x} + \dfrac{3}{2})$; (2) $y = \dfrac{1}{x}(-\cos x + \pi - 1)$.

3. $y = 2(e^x - x - 1)$.

4. $y = x(1 - 4\ln x)$.

5. (1) $\arctan(x + y) = x + C$; (2) $\ln(xy) = Cx$.

6. $y(e) = \dfrac{1}{2}$.

习题 2.4

1. (1) $y = \dfrac{1}{24}y^4 - \dfrac{1}{27}e^{-3x} + \dfrac{C_1}{2}x^2 + C_2 x + C_3$; (2) $y = C_1\ln|x| + C_2$;

(3) $y = \dfrac{1}{9}x^3 + C_1\ln x + C_2$; (4) $y = C_2 e^{C_1 x}$;

(5) $y = -\ln|\cos(x + C_1)| + C_2$.

2. (1) $\arctan y = x + \dfrac{\pi}{4}$; (2) $y = (x+1)\ln(x+1) - 2x + 1$.

3. $y = x^3 + x^2 + 2x + 1$.

习题 2.6

1. (1) $y = C_1 e^{3x} + C_2 e^{-x}$; (2) $y = C_1\cos 3x + C_2\sin 3x$;

(3) $y = C_1 + C_2 e^{2x}$; (4) $y = e^x(C_1\cos 2x + C_2\sin 2x)$.

2. (1) $y = (2 - x)e^x$; (2) $y = 2\cos 5x + \sin 5x$.

3. 当 $k < 0$ 时,通解 $y = C_1 e^{\sqrt{-k}x} + C_2 e^{-\sqrt{-k}x}$;

当 $k = 0$ 时,通解 $y = C_1 + C_2 x$;

当 $k > 0$ 时,通解 $y = C_1 \cos \sqrt{k} x + C_2 \sin \sqrt{k} x$.

习题 2.7

1. $(1) y = (C_1 + C_2 x) e^x + \dfrac{1}{2} x^2 e^x$;

$(2) y = C_1 \cos 2x + C_2 \sin 2x + (\dfrac{1}{8} x - \dfrac{1}{16}) e^{2x}$;

$(3) y = C_1 e^{-x} + C_2 e^{-2x} + (\dfrac{3}{2} x^2 - 3x) e^{-x}$;

$(4) y = C_1 \cos 2x + C_2 \sin 2x + \dfrac{1}{3} x \sin x - \dfrac{2}{9} \cos x$;

$(5) y = e^x (C_1 \cos 2x + C_2 \sin 2x) - \dfrac{1}{4} x e^x \cos 2x$;

$(6) y = C_1 e^{-x} + C_2 e^{-2x} + \dfrac{3}{2} x - \dfrac{9}{4} - \dfrac{1}{3} e^x$.

2. $(1) y = -\dfrac{3}{2} \cos x + \dfrac{5}{2} \sin x + \dfrac{3}{2} e^{-x}$;

$(2) y = \dfrac{9}{10} e^{4x} + \dfrac{8}{5} e^{-x} - \dfrac{3}{2}$;

$(3) y = -\cos x - \dfrac{1}{3} \sin x + \dfrac{1}{3} \sin 2x$.

3. $f(x) = \dfrac{1}{2} (e^x + \cos x + \sin x)$.

综合测试题二

一、1. $y = 2x^2 + 2$;   2. $f(x) = \ln 2 \cdot e^{2x}$;

3. $y = C_1 \cos x + C_2 \sin x$;   4. $y = C_1 e^{2x} + C_2 e^{3x}$.

二、1. A;   2. D;   3. C;   4. D.

三、1. $\sqrt{1 - y^2} = \dfrac{1}{3x} + C$;   2. $y = -\dfrac{1}{5} x^3 + C x^{\frac{1}{2}}$;

3. $y = C_1 \cos x + C_2 \sin x + x^2 - 1$;   4. $y = \arcsin x$;

5. $\sqrt{xy} = x + C$.

四、$f(x) = \dfrac{3}{2} e^{2x} - x - \dfrac{1}{2}$.

五、$y(x) = -2x e^x + e^x$.

习题 3.1

1. (1) 第一卦限;(2) 第五卦限; (3) 第三卦限; (4) 第七卦限.

2. (1) 在 x 轴上; (2) 在 z 轴上; (3) 在 xOy 面上; (4) 在 yOz 面上.

3.$(\sqrt{2},0,0),(0,\sqrt{2},0),(-\sqrt{2},0,0),(0,-\sqrt{2},0)$;

$(\sqrt{2},0,2),(0,\sqrt{2},2),(-\sqrt{2},0,2),(0,-\sqrt{2},2)$.

4.$2\sqrt{10}$.

5.点 P 到原点的距离 $\sqrt{14}$，到 x 轴距离 $\sqrt{13}$，到 y 轴距离 $\sqrt{10}$，到 z 轴距离 $\sqrt{5}$.

6.$P(0,1,-2)$.

习题 3.2

1.$(7,-2,-5)$.

2.(1) $\sqrt{11}$; (2)$\cos\alpha=-\dfrac{3}{\sqrt{11}}$,$\cos\beta=\dfrac{1}{\sqrt{11}}$,$\cos\gamma=\dfrac{1}{\sqrt{11}}$;

(3)$(-\dfrac{3}{\sqrt{11}},\dfrac{1}{\sqrt{11}},\dfrac{1}{\sqrt{11}})$.

3.$A(6,-7,-12)$.

4.$\pm(-\dfrac{1}{3},\dfrac{2}{3},-\dfrac{2}{3})$.

习题 3.3

1.(1)2; (2)$(-7,-10,1)$; (3)$\cos(\boldsymbol{a},\boldsymbol{b})=\dfrac{2}{\sqrt{154}}$.

2.11.

3.$\boldsymbol{a}\times\boldsymbol{b}=(2,-2,-2)$,面积为 $2\sqrt{3}$.

4.(1)$k(-4,1,-7)(k\neq0)$; (2) $\dfrac{\sqrt{66}}{2}$.

5.$\pm(\dfrac{\sqrt{5}}{5},\dfrac{2\sqrt{5}}{5},0)$.

6.-18.

7.-2.

8.24.

9.平行四边形的面积 $\sqrt{3}$，对角线 $\sqrt{7}$ 和 $\sqrt{3}$.

10.$(-20,10,10)$.

11.略.

习题 3.4

1.$x-3y+7z+26=0$.

2.(1)$x-3y+z+11=0$; (2)$2x+2y-z-3=0$;

(3)$x-z=0$; (4)$y=-1$.

3. $\dfrac{5}{3}\sqrt{6}$.

4. $\dfrac{\pi}{3}$.

5.(1) $\dfrac{x-1}{1} = \dfrac{y-2}{-3} = \dfrac{z-3}{0}$;

  (2) $\dfrac{x}{1} = \dfrac{y}{3} = \dfrac{z}{-2}$;

  (3) $\dfrac{x-2}{3} = \dfrac{y+1}{2} = \dfrac{z-3}{-1}$.

6. $\dfrac{x-1}{-6} = \dfrac{y+4}{16} = \dfrac{z}{1}$, $\begin{cases} x = 1-6t \\ y = -4+16t \\ z = t \end{cases}$ （t 是参数）.

7.(1) 垂直； （2）直线 L 在平面 π 上.

8. $\arcsin\dfrac{\sqrt{7}}{14}$.

9. $\dfrac{x-3}{2} = \dfrac{y-1}{1} = \dfrac{z}{3}$.

10. $8x - 9y - 22z - 59 = 0$.

11. $3x + y - 3z - 2 = 0$.

12. $(\dfrac{2}{3}, -\dfrac{5}{3}, \dfrac{2}{3})$.

13. $\dfrac{\sqrt{966}}{14}$.

习题 3.5

1. $(x-1)^2 + (y+2)^2 + (z-3)^3 = 14$.

2.(1) 在平面表示一条平行于 y 轴的直线；在空间表示平行于 yOz 面的一张平面.

  (2) 在平面表示一条抛物线；在空间表示一张抛物柱面.

  (3) 在平面表示原点；在空间表示 z 轴所在直线.

  (4) 在平面表示点$(1,2)$ 或$(1,-2)$；在空间表示两条平行于 z 轴的直线.

3. 绕 y 轴: $\dfrac{y^2}{4} + \dfrac{x^2+z^2}{9} = 1$;

  绕 z 轴: $\dfrac{x^2+y^2}{4} + \dfrac{z^2}{9} = 1$.

4. $x + 1 = y^2 + z^2$.

5. 投影柱面为 $x^2 + y^2 + x + y = 1$，投影曲线为 $\begin{cases} x^2 + y^2 + x + y = 1 \\ z = 0 \end{cases}$.

6. $y + z = 1$.

习题 3.6

1.（1）椭球面;（2）旋转抛物面;（3）下半圆锥面;（4）旋转抛物面;（5）球面;（6）抛物柱面.

2. 略.

综合测试题三

一、1. $\dfrac{1}{\sqrt{14}}(-2,-3,1)$;   2. $-\dfrac{3}{5}$;   3. $z = x^2 + y^2$，旋转抛物面;

     4. $\dfrac{x-2}{-3} = \dfrac{y-1}{0} = \dfrac{z}{2}$;   5. $\begin{cases} x^2 + y^2 - x - 2 = 0 \\ z = 0 \end{cases}$.

二、1. A;   2. C;   3. D.

三、$\sqrt{19}$.

四、$C\left(0,0,\dfrac{1}{5}\right)$.

五、$2x + y + 2z \pm 2\sqrt[3]{3} = 0$.

六、$z = 0$ 或 $24y + 7z = 0$.

七、$\dfrac{x-2}{4} = \dfrac{y-3}{3} = \dfrac{z+1}{1}$.

八、$\left(-\dfrac{2}{7}, -\dfrac{4}{7}, \dfrac{6}{7}\right)$.

九、在 xOy 平面上的投影域为 $x^2 + y^2 \leqslant 1$; 在 yOz 平面上的投影为 $\begin{cases} y^2 \leqslant z \leqslant 1 \\ -1 \leqslant y \leqslant 1 \end{cases}$.

习题 4.1

1. $f(x,2) = x^2 - \ln x + \ln 2 - 8, f(1,y) = 1 - y^3 + \ln y, f(1,2) = -7 + \ln 2$.

2. $f(x,y) = x^2 \cdot \dfrac{1-y}{1+y}$.

3.（1）$\{(x,y) \mid y \neq 2x\}$;   (2) $\{(x,y) \mid x^2 > y - 1\}$;

  （3）$\{(x,y) \mid 1 < x^2 + y^2 \leqslant 4\}$;

    （4）$\{(x,y,z) \mid z^2 \geqslant x^2 + y^2, z \neq 0\}$.

4.(1)$\ln 2$；　　　(2)$\dfrac{1}{6}$；　　　(3)0；　　　(4)极限不存在.

5.(1)$\{(x,y)\,|\,x^2+y^2\geqslant 1\}$；　　　(2)$\{(x,y)\,|\,x+y>0,x>0\}$.

习题 4.2

1.(1)$z_x=2xy-y^3,z_y=x^2-3xy^2$；

(2)$z_x=\mathrm{e}^{xy}\cdot y,z_y=\mathrm{e}^{xy}\cdot x$；

(3)$z_x=\dfrac{2}{\sin\dfrac{2x}{y}}\cdot\dfrac{1}{y},z_y=\dfrac{2}{\sin\dfrac{2x}{y}}\cdot(-\dfrac{x}{y^2})$；

(4)$z_x=\dfrac{y^2}{(x^2+y^2)^{\frac{3}{2}}},z_y=\dfrac{-xy}{(x^2+y^2)^{\frac{3}{2}}}$；

(5)$u_x=yz(1+x)^{yz-1},u_y=(1+x)^{yz}\ln(1+x)\cdot z,u_z=(1+x)^{yz}\ln(1+x)\cdot y$.

2.$f_x(x,1)=1$.

3.略.

4.(1)$\dfrac{\partial^2 z}{\partial x^2}=y(y-1)x^{y-2},\dfrac{\partial^2 z}{\partial y^2}=x^y(\ln x)^2,\dfrac{\partial^2 z}{\partial x\partial y}=x^{y-1}(1+y\ln x)$；

(2)$\dfrac{\partial^2 z}{\partial x^2}=\dfrac{2xy}{(x^2+y^2)^2},\dfrac{\partial^2 z}{\partial y^2}=\dfrac{-2xy}{(x^2+y^2)^2},\dfrac{\partial^2 z}{\partial x\partial y}=\dfrac{y^2-x^2}{(x^2+y^2)^2}$.

5.略.

习题 4.3

1.(1)$\mathrm{d}z=(y+\dfrac{1}{y})\mathrm{d}x+(x-\dfrac{x}{y^2})\mathrm{d}y$；

(2)$\mathrm{d}z=y\cos(xy)\mathrm{d}x+x\cos(xy)\mathrm{d}y$；

(3)$\mathrm{d}z=\dfrac{1}{\sqrt{x^2+y^2}}(x\mathrm{d}x+y\mathrm{d}y)$；

(4)$\mathrm{d}u=y\mathrm{e}^{xy}\mathrm{d}x+x\mathrm{e}^{xy}\mathrm{d}y+\mathrm{d}z$.

2.$\mathrm{d}z=\dfrac{2}{7}\mathrm{d}x+\dfrac{4}{7}\mathrm{d}y$.

3.2.0393.

习题 4.4

1.$\dfrac{\partial z}{\partial x}=\dfrac{-3x+13y}{(3x+y)^3},\dfrac{\partial z}{\partial y}=\dfrac{-8x+2y}{(3x+y)^3}$.

2.$\dfrac{\mathrm{d}z}{\mathrm{d}t}=(\cos t-6t^2)\mathrm{e}^{\sin t-2t^3}$.

3.$\dfrac{\mathrm{d}z}{\mathrm{d}x}=\dfrac{\mathrm{e}^{-2x}-2x\mathrm{e}^{-2x}}{1+x^2\mathrm{e}^{-4x}}$.

237

4. $\dfrac{\partial w}{\partial x} = \mathrm{e}^{x^2+y^2+y^4\sin^2 x}(2x + y^4\sin 2x);\dfrac{\partial w}{\partial y} = \mathrm{e}^{x^2+y^2+y^4\sin^2 x}(2y + 4y^3\sin x).$

5. (1) $\dfrac{\partial u}{\partial x} = 2xf_1' + y\mathrm{e}^{xy}f_2',\dfrac{\partial u}{\partial y} = -2yf_1' + x\mathrm{e}^{xy}f_2';$

    (2) $\dfrac{\partial u}{\partial x} = yf_1' + (-\dfrac{y}{x^2})f_2',\dfrac{\partial u}{\partial y} = xf_1' + \dfrac{1}{x}f_2';$

    (3) $\dfrac{\partial u}{\partial x} = f_1' + yf_2' + yzf_3',\dfrac{\partial u}{\partial y} = xf_2' + xzf_3',\dfrac{\partial u}{\partial z} = xyf_3';$

    (4) $\dfrac{\partial z}{\partial x} = \mathrm{e}^y f_1' + f_2',\dfrac{\partial z}{\partial y} = x\mathrm{e}^y f_1' + f_3'.$

6—7. 略

8. (1) $\dfrac{\partial^2 z}{\partial x^2} = y^2 f_{11}'' + 4yf_{12}'' + 4f_{22}'',\dfrac{\partial^2 z}{\partial y^2} = x^2 f_{11}'' - 2xf_{12}'' + f_{22}'',$

    $\dfrac{\partial^2 z}{\partial x\partial y} = xyf_{11}'' + (2x - y)f_{12}'' - 2f_{22}'' + f_1';$

    (2) $\dfrac{\partial^2 z}{\partial x^2} = \dfrac{y^2}{x^4}f_{22}'' + \dfrac{2y}{x^3}f_2',\dfrac{\partial^2 z}{\partial y^2} = f_{11}'' + \dfrac{2}{x}f_{12}'' + \dfrac{1}{x^2}f_{22}'',$

    $\dfrac{\partial^2 z}{\partial x\partial y} = -\dfrac{y}{x^2}f_{12}'' - \dfrac{y}{x^3}f_{22}'' - \dfrac{1}{x^2}f_2';$

    (3) $\dfrac{\partial^2 z}{\partial x^2} = 2f' + 4x^2 f'',\dfrac{\partial^2 z}{\partial y^2} = 2f' + 4y^2 f'',\dfrac{\partial^2 z}{\partial x\partial y} = 4xyf''.$

    习题 4.5

1. $\dfrac{\mathrm{d}y}{\mathrm{d}x} = \dfrac{y - y^2 x}{x + x^2 y}.$

2. $\dfrac{\mathrm{d}y}{\mathrm{d}x} = \dfrac{x + y}{x - y}.$

3. $\dfrac{\partial z}{\partial x} = -\dfrac{\sqrt{xyz} - yz}{3\sqrt{xyz} - xy},\dfrac{\partial z}{\partial y} = -\dfrac{2\sqrt{xyz} - xz}{3\sqrt{xyz} - xy}.$

4. $\dfrac{\partial z}{\partial x} = \dfrac{yz}{\mathrm{e}^z - xy},\dfrac{\partial z}{\partial y} = \dfrac{xz}{\mathrm{e}^z - xy};\dfrac{\partial^2 z}{\partial x^2} = \dfrac{2y^2 z\mathrm{e}^z - 2xy^3 z - y^2 z^2 \mathrm{e}^z}{(\mathrm{e}^z - xy)^3}.$

5. $m\dfrac{\partial z}{\partial x} + n\dfrac{\partial z}{\partial y} = -1.$

*6. $\dfrac{\mathrm{d}x}{\mathrm{d}z} = \dfrac{z - y}{y - x},\dfrac{\mathrm{d}y}{\mathrm{d}z} = \dfrac{x - z}{y - x}.$

    习题 4.6

1. (1) 切线 $\dfrac{x - a}{0} = \dfrac{y}{a} = \dfrac{z}{b}$,法平面 $ay + bz = 0;$

(2) 切线 $\dfrac{x-1}{2} = \dfrac{y}{-1} = \dfrac{z-1}{3}$，法平面 $2x - y + 3z - 5 = 0$；

(3) 切线 $\dfrac{x-1}{2} = \dfrac{y-1}{1} = \dfrac{z-1}{-3}$，法平面 $2x + y - 3z = 0$.

2.(1) 切平面 $2y + z - 5 = 0$，法线 $\dfrac{x}{0} = \dfrac{y-1}{2} = \dfrac{z-3}{1}$；

(2) 切平面 $x + 2y - z - 4 = 0$，法线 $\dfrac{x-2}{1} = \dfrac{y-1}{2} = \dfrac{z}{-1}$.

3. 切点 $(-1, -2, 1)$，切平面 $2x + y + z + 3 = 0$，法线 $\dfrac{x+1}{2} = \dfrac{y+2}{1} = \dfrac{z-1}{1}$.

4. 切线 $\dfrac{x+1}{1} = \dfrac{y+1}{2} = \dfrac{z+1}{3}$ 或 $\dfrac{x+\dfrac{1}{3}}{3} = \dfrac{y+\dfrac{1}{9}}{2} = \dfrac{z+\dfrac{1}{27}}{1}$.

*5. 切线 $\dfrac{x-\dfrac{1}{\sqrt{2}}}{1} = \dfrac{y-\dfrac{1}{\sqrt{2}}}{-1} = \dfrac{z-2}{-2}$，法平面 $x - y - 2z + 4 = 0$.

习题 4.7

1.(1) 极大值 $z(0,0) = 0$；

(2) 极大值 $z(-3,2) = 31$，极小值 $z(1,0) = -5$；

(3) 无极值；

(4) 极小值 $z(\dfrac{1}{2}, -1) = -\dfrac{1}{2}\mathrm{e}$.

2. 长与宽均为 $4\mathrm{m}$，高为 $2\mathrm{m}$.

3. $(\dfrac{1}{6}, -\dfrac{1}{3}, \dfrac{4}{3})$.

4. 最短距离 $d = \dfrac{\sqrt{2}}{2}$.

5. 最近距离 $d = \dfrac{67}{24}$.

综合测试题四

一、1. B，D；2. B；3. C.

二、1. $\dfrac{\pi}{4}$；2. $\dfrac{\partial z}{\partial x} = y\mathrm{e}^{xy} f'_1 + 2x f'_2$；   3. 切平面 $2x + y - 4 = 0$；   4. 2.

三、略.

四、1. $\mathrm{d}z \Big|_{(1,-1)} = 4\mathrm{d}x + 4\mathrm{d}y$.

2. $\dfrac{\partial^2 z}{\partial x^2} = \dfrac{2xy}{(x^2+y^2)^2}, \dfrac{\partial^2 z}{\partial y^2} = -\dfrac{2xy}{(x^2+y^2)^2}, \dfrac{\partial^2 z}{\partial x \partial y} = \dfrac{y^2-x^2}{(x^2+y^2)^2}.$

3. $\dfrac{\partial^2 z}{\partial x^2} = \dfrac{1}{y^2} f_{22}'', \dfrac{\partial^2 z}{\partial x \partial y} = \dfrac{1}{y} f_{12}'' - \dfrac{x}{y^3} f_{22}'' - \dfrac{1}{y^2} f_2'.$

4. 略.

5. $\dfrac{\partial z}{\partial y} = \dfrac{y\varphi\left(\dfrac{z}{y}\right) - z\varphi'\left(\dfrac{z}{y}\right)}{2yz - y\varphi'\left(\dfrac{z}{y}\right)}.$

6. 切点 $(-3,-1,3)$, 切平面 $x+3y+z-3=0.$

7. 切点 $\left(\dfrac{\sqrt{3}}{3}, \dfrac{\sqrt{3}}{3}, \dfrac{\sqrt{3}}{3}\right).$

习题 5.2

1. (1) $\displaystyle\int_0^1 \mathrm{d}x \int_{x^2}^x f(x,y)\mathrm{d}y, \int_0^1 \mathrm{d}y \int_y^{\sqrt{y}} f(x,y)\mathrm{d}x;$

(2) $\displaystyle\int_0^1 \mathrm{d}x \int_{e^x}^e f(x,y)\mathrm{d}y, \int_1^e \mathrm{d}y \int_0^{\ln y} f(x,y)\mathrm{d}x;$

(3) $\displaystyle\int_{-a}^a \mathrm{d}x \int_0^{\sqrt{a^2-x^2}} f(x,y)\mathrm{d}y, \int_0^a \mathrm{d}y \int_{-\sqrt{a^2-y^2}}^{\sqrt{a^2-y^2}} f(x,y)\mathrm{d}x;$

(4) $\displaystyle\int_1^2 \mathrm{d}x \int_{\frac{1}{x}}^x f(x,y)\mathrm{d}y, \int_{\frac{1}{2}}^1 \mathrm{d}y \int_{\frac{1}{y}}^2 f(x,y)\mathrm{d}x + \int_1^2 \mathrm{d}y \int_y^2 f(x,y)\mathrm{d}x.$

2. (1) 0; (2) $\dfrac{6}{55}$; (3) 1; (4) $\dfrac{45}{8}$; (5) $\dfrac{9}{4}$.

3. (1) $\displaystyle\int_0^1 \mathrm{d}y \int_y^1 f(x,y)\mathrm{d}x;$

(2) $\displaystyle\int_1^4 \mathrm{d}y \int_{\sqrt{y}}^2 f(x,y)\mathrm{d}x;$

(3) $\displaystyle\int_0^1 \mathrm{d}y \int_{e^y}^e f(x,y)\mathrm{d}x;$

(4) $\displaystyle\int_0^2 \mathrm{d}x \int_{\frac{x}{2}}^{3-x} f(x,y)\mathrm{d}y;$

(5) $\displaystyle\int_0^1 \mathrm{d}y \int_0^{y^2} f(x,y)\mathrm{d}x + \int_1^2 \mathrm{d}y \int_0^{\sqrt{2y-y^2}} f(x,y)\mathrm{d}x.$

4. (1) $\displaystyle\int_0^{\frac{\pi}{2}} \mathrm{d}\theta \int_0^2 f(\rho)\rho\mathrm{d}\rho;$

(2) $\displaystyle\int_{\frac{\pi}{4}}^{\frac{\pi}{3}} \mathrm{d}\theta \int_0^{\frac{4}{\cos\theta}} f(\tan\theta)\rho\mathrm{d}\rho;$

(3) $\displaystyle\int_0^{\frac{\pi}{2}} \mathrm{d}\theta \int_{\frac{1}{\sin\theta+\cos\theta}}^1 f(\rho^2)\rho\mathrm{d}\rho$.

5. (1) $\dfrac{\pi}{2}(\mathrm{e}^4-1)$; (2) $-6\pi^2$; (3) $\dfrac{3}{2}\pi a^4$.

6. (1) $1-\sin 1$; (2) $\dfrac{3}{8}\mathrm{e}-\dfrac{1}{2}\mathrm{e}^{\frac{1}{2}}$ （提示：先改变积分次序）.

7. 略（提示：改变积分次序）

8. $f(x,y)=1-2xy-2(x^2+y^2)$.

习题 5.3

1. 体积 $V=\dfrac{1}{2}$.

2. 体积 $V=\dfrac{5}{6}\pi$.

3. 体积 $V=18\pi$; 表面积 $S=\dfrac{62}{3}\pi$.

4. $\sqrt{2}\,\pi$.

5. 质量 $M=\displaystyle\iint_D \sqrt{x^2+y^2}\mathrm{d}\sigma$,其中 D 由 $y=0,y=x,x=1$ 围成.

习题 5.4

1. $\displaystyle\int_{-1}^1 \mathrm{d}x\int_{-\sqrt{1-x^2}}^{\sqrt{1-x^2}}\mathrm{d}y\int_{\sqrt{x^2+y^2}}^1 f(x,y,z)\mathrm{d}z$

2. (1) 18; (2) $\dfrac{1}{120}$; (3) $2\pi a^4$; (4) $\dfrac{64}{15}\pi$;

*(5) $\dfrac{4}{5}\pi a^5$; *(6) $\dfrac{7}{6}\pi$.

*3. 略.

习题 5.5

1. (1) $2\pi a^9$; (2) $4\sqrt{2}$; (3) $\dfrac{\sqrt{2}}{3}+\dfrac{1}{8}\left(\dfrac{5\sqrt{5}}{3}+\dfrac{1}{15}\right)$.

2. (1) $-\dfrac{4}{3}$; (2) $-\dfrac{\pi}{2}$; (3) -2π; (4) 2; (5) 10.

3. 0.

4. (1) 14; (2) $\dfrac{\pi}{2}a^4$; (3) $\dfrac{1}{30}$; (4) $\dfrac{3}{2}\pi a^2-2a$.

5. $\dfrac{3\pi}{8}a^2$.

6. $e^2 \cos 1 - 1$.

*习题 5.6

1.(1)$4\sqrt{61}$；　(2)3π；　(3)$\dfrac{1+\sqrt{2}}{2}\pi$；　(4)$2\pi\arctan\dfrac{1}{2}$.

2.(1)$\dfrac{2}{15}$；　(2)$\dfrac{4\sqrt{2}}{3}$.

3.(1)$3\pi R^2 H$；　(2)$\dfrac{12\pi}{5}R^5$.

综合测试题五

一、1. C；　2. C；　3. A；　4. B.

二、1.$\displaystyle\int_1^e \mathrm{d}x \int_0^{\ln x} f(x,y)\mathrm{d}y$；　2.$\dfrac{1}{2}(1-e^{-4})$；　3.$\dfrac{3\pi}{2}$.

三、1.$\dfrac{9}{4}$；　　2.$\dfrac{16}{3}(\sqrt{2}-1)$；　　3.$2\sqrt{5}\pi$；　　4.$\dfrac{2\pi}{3}(5\sqrt{5}-4)$；

　　5. 27π；　　　6.$\dfrac{1}{8}\pi ma^2$；　　　7.$\dfrac{\pi}{2}R^4\left(1-\dfrac{\sqrt{2}}{2}\right)$.

四、略.

习题 6.1

1.(1)$\dfrac{n}{n+1}$；　(2)$(-1)^{n-1}\dfrac{1}{2n-1}$；　(3)$\dfrac{x^{n+1}}{2n}$.

2.(1)发散；　(2)收敛,和为 $s=\dfrac{1}{2}$.

习题 6.2

1.(1)收敛；　(2)收敛；　(3)发散；　(4)收敛.

2.(1)发散；　(2)收敛；　(3)收敛；　(4)收敛.

3.(1)发散；　(2)发散；　(3)发散；　(4)当 $b>1$ 时收敛,当 $0<b\leqslant 1$ 时发散；

　*(5)收敛.

习题 6.2

1.(1)绝对收敛；　(2)条件收敛；　(3)条件收敛；　(4)发散.

2.当 $|a|<1$ 时绝对收敛,当 $|a|>1$ 时发散,当 $a=1$ 时条件收敛,当 $a=-1$ 时发散.

习题 6.3

　1.(1)收敛半径 $R=1$,收敛区间 $(-1,1)$；

(2) 收敛半径 $R = 3$，收敛区间 $(-3,3)$；

(3) 收敛半径 $R = +\infty$，收敛区间 $(-\infty,\infty)$；

(4) 收敛半径 $R = 1$，收敛区间 $(1,3)$；

(5) 收敛半径 $R = \sqrt{2}$，收敛区间 $(-\sqrt{2},\sqrt{2})$.

2.(1) 收敛区间 $(-1,1)$，和函数 $S(x) = \dfrac{x^2}{1-x}$；

(2) 收敛区间 $(-2,2)$，和函数 $S(x) = \ln2 - \ln(2-x)$.

3. 收敛区间 $(-1,1)$，和函数 $S(x) = \dfrac{1}{2}\ln\dfrac{1+x}{1-x}$，和 $\dfrac{\sqrt{2}}{2}\ln(1+\sqrt{2})$.

习题 6.5

1. $2^x = \displaystyle\sum_{n=0}^{\infty} \dfrac{(\ln2)^n}{n!}x^n$, $\quad(-\infty,\infty)$

2.(1) $a^x = \displaystyle\sum_{n=0}^{\infty} \dfrac{(\ln a)^n}{n!}x^n$, $\quad(-\infty,\infty)$；

(2) $\ln(3+x) = \ln3 + \displaystyle\sum_{n=1}^{\infty} \dfrac{(-1)^{n-1}}{n\cdot 3^n}x^n$, $\quad(-3,3]$；

(3) $\sin 2x = \displaystyle\sum_{n=0}^{\infty} \dfrac{(-1)^n 2^{2n+1}}{(2n+1)!}x^{2n+1}$, $\quad(-\infty,\infty)$；

(4) $x^2 \arctan x = \displaystyle\sum_{n=0}^{\infty} \dfrac{(-1)^n}{2n+1}x^{2n+3}$, $\quad[-1,1]$；

(5) $\ln(1+x+x^2) = \displaystyle\sum_{n=1}^{\infty} \dfrac{1}{n}x^n - \displaystyle\sum_{n=1}^{\infty} \dfrac{1}{n}x^{3n}$, $\quad[-1,1)$；

(6) $\dfrac{1}{\sqrt{1-x^2}} = 1 + \dfrac{1}{2}x^2 + \dfrac{1\cdot 3}{2\cdot 4}x^4 + \dfrac{1\cdot 3\cdot 5}{2\cdot 4\cdot 6}x^6 + \cdots$, $\quad(-1,1)$.

3. $\dfrac{1}{x} = \displaystyle\sum_{n=0}^{\infty} (-1)^n(x-1)^n$, $\quad(0,2)$.

4. $\cos x = \dfrac{1}{2}\displaystyle\sum_{n=0}^{\infty}\left[\dfrac{(-1)^n}{(2n)!}(x+\dfrac{\pi}{3})^{2n} + \sqrt{3}\,\dfrac{(-1)^n}{(2n+1)!}(x+\dfrac{\pi}{3})^{2n+1}\right]$, $\quad(-\infty,\infty)$.

5. $\dfrac{1}{x^2+3x+2} = \displaystyle\sum_{n=0}^{\infty}(\dfrac{1}{2^{n+1}} - \dfrac{1}{3^{n+1}})(x+4)^n$, $\quad(-6,-2)$.

6. 略.

习题 6/6

1.(1) $x^2 = \dfrac{\pi^2}{3} + \displaystyle\sum_{n=1}^{\infty} \dfrac{4(-1)^n}{n^2}\cos nx$, $\quad(-\infty,\infty)$.

$(2)\,f(x) = \dfrac{1}{2} - \dfrac{\pi}{4} + \sum\limits_{n=1}^{\infty}\left[\dfrac{1-(-1)^n}{n^2\pi}\cos nx + \left(\dfrac{(-1)^{n+1}}{n} + \dfrac{1-(-1)^n}{n\pi}\right)\sin nx\right],$

$x \neq k\pi \quad (k = 0, \pm 1, \pm 2, \cdots).$

2. $x + 1 = \sum\limits_{n=1}^{\infty}\dfrac{2(1-(-1)^n(\pi+1))}{n\pi}\sin nx, \quad (0,\pi);$

$x + 1 = \dfrac{\pi+2}{2} + \sum\limits_{k=1}^{\infty}\dfrac{-4}{(2k-1)^2\pi}\cos(2k-1)x, \quad [0,\pi].$

3. $f(x) = \dfrac{1}{2} + \sum\limits_{k=1}^{\infty}\dfrac{2}{(2k-1)\pi}\sin\dfrac{2k-1}{2}\pi x, \quad (-2,0),(0,2).$

综合测试题六

一、1. D；　2. C；　3. D；　4. C.

二、1. $p > \dfrac{1}{2}$；　2. $a_n = \dfrac{(-1)^n}{4^{n+1}}$；　*3. $S(3\pi) = \dfrac{2+\pi^3}{2}$.

三、1.（1）收敛；　（2）收敛；　（3）收敛；　（4）发散.

  2.（1）条件收敛；

    （2）当$|b| < 1$时绝对收敛；当$|b| > 1$时发散；当$b=1$时$\begin{cases}k > 1 & \text{绝对收敛}\\ k \leqslant 1 & \text{发散}\end{cases}$；

    当$b = -1$时$\begin{cases}k > 1 & \text{绝对收敛}\\ 0 < k \leqslant 1 & \text{条件收敛}.\\ k \leqslant 0 & \text{发散}\end{cases}$

  3.（1）收敛半径$R = 3$；收敛区间$(-3,3)$；和函数$S(x) = \ln 3 - \ln(3-x)$；

    （2）收敛半径$R = +\infty$；收敛区间$(-\infty,\infty)$；和函数$S(x) = x\mathrm{e}^x + \mathrm{e}^x.$

  4. $\sum\limits_{n=0}^{\infty}\dfrac{2}{4n+1}x^{4n+1}, \quad (-1,1).$

  *5. $x = \dfrac{\pi}{2} + \sum\limits_{n=1}^{\infty}\dfrac{-4}{(2n-1)^2\pi}\cos(2n-1)x, \quad [0,\pi].$

四、提示：$\dfrac{\sqrt{a_n}}{n} \leqslant \dfrac{1}{2}\left(a_n + \dfrac{1}{n^2}\right).$

图书在版编目(CIP)数据

高等数学:专升本 / 李永琪主编. ——杭州:浙江
大学出版社,2019.1(2025.1 重印)
 ISBN 978-7-308-18811-1

 Ⅰ.①高… Ⅱ.①李… Ⅲ.①高等数学—成人高等教
育—升学参考资料 Ⅳ.①O13

 中国版本图书馆 CIP 数据核字(2018)第 291583 号

高等数学(专升本)

李永琪　主编

许红娅　张素红　副主编

责任编辑	周卫群
责任校对	邹小宁
封面设计	周　灵
出版发行	浙江大学出版社
	(杭州市天目山路 148 号　邮政编码 310007)
	(网址:http://www.zjupress.com)
排　　版	杭州青翊图文设计有限公司
印　　刷	杭州高腾印务有限公司
开　　本	787mm×960mm　1/16
印　　张	16
字　　数	305 千
版 印 次	2019 年 1 月第 1 版　2025 年 1 月第 9 次印刷
书　　号	ISBN 978-7-308-18811-1
定　　价	35.00 元